光电防护理论与技术

李洪才　侯传勋　编著

张志利　蔡　伟　审定

科学出版社

北京

内 容 简 介

本书紧密结合当前武器装备及人员面临的光电侦察及打击威胁,系统介绍了光电防护技术概述、目标光学特性与探测原理、可见光隐身伪装原理与技术、红外隐身伪装原理与防护技术、激光告警与干扰防护技术和光电防护效能评估理论与方法,内容涵盖了光学、红外、激光和高光谱等波段的侦察探测、隐身伪装及防护理论和技术。

本书可以作为武器系统与工程、武器发射工程、信息对抗技术等兵器类专业的高年级本科生或研究生教材,同时也可以作为相关专业技术人员的参考用书。

图书在版编目(CIP)数据

光电防护理论与技术／李洪才,侯传勋编著. —北京:科学出版社,2023.4
ISBN 978-7-03-075273-4

Ⅰ.①光… Ⅱ.①李… ②侯… Ⅲ.①光电技术—防护工程 Ⅳ.①TN2

中国国家版本馆 CIP 数据核字(2023)第 067456 号

责任编辑:许 健／责任校对:谭宏宇
责任印制:黄晓鸣／封面设计:殷 靓

科 学 出 版 社 出版
北京东黄城根北街 16 号
邮政编码:100717
http://www.sciencep.com

南京展望文化发展有限公司排版
广东虎彩云印刷有限公司印刷
科学出版社发行 各地新华书店经销

*

2023 年 4 月第 一 版 开本:787×1092 1/16
2024 年 9 月第二次印刷 印张:13 3/4
字数:317 000

定价:70.00 元
(如有印装质量问题,我社负责调换)

前　言

随着军用光电技术的不断进步,各类先进的光电侦察探测系统和光电制导武器在当前高技术条件下的全天时侦察与精确打击中发挥着越来越重要的作用。特别是海湾战争之后,相关技术及装备发展迅速,形成了一个相对独立和完整的技术领域。

光电防护是光电对抗的组成部分,但前者更强调突出"防"和"护",主要着眼于战场敌对双方中的被动方,在充分了解敌方各种光电威胁的前提下,可灵活采取各种光电手段和应对措施。其根本目的在于提升己方人员和装备在战场上的生存能力,从而为反制对方争取时间和机会。由于光电防护技术和装备可以有效削弱和破坏敌方各类光电侦察和打击武器的效果,因此受到了世界各国军方和国防工业领域专家的普遍重视。

为贯彻落实党的二十大提出的"深入实施科教兴国战略、人才强国战略",着力培养我国光电防护领域的专业人才,本书定位于光电防护领域的高年级本科或研究生教材,适用于相关学科专业基础课程教学,旨在较为全面地反映光电防护技术领域所涉及的系统知识和发展概貌。全书共六章。第一章概述光电防护技术的基本概念、主要分类与基本特征,以及军事目标面临的光电威胁和光电防护技术的作用及发展。第二章主要介绍目标光学特性基础、光在大气中的传输,以及典型的光学探测技术。第三章到第五章大致按照光波段进行划分,分别介绍激光、可见光、红外工作波段内的隐身伪装原理、典型干扰防护技术和影响因素等内容。第六章则围绕光电防护效果检测与评估方法,分别从可见光、红外、高光谱和激光四个方面阐述相关工作波段内的隐身伪装效果评估方法,以及目标毁伤效应评估方法。力图给读者呈现一个较为完整的光电防护效果评估方法与技术体系。

本书是作者在近年来所在教学组共同承担相关课程的讲义、教材等教学资料的基础上,同时参阅了国内外众多专著、教材和文献资料编写而成的。在此谨向所有著作者表示衷心的谢意!

在本书的出版过程中,得到了作者所在大学、研究生院和各级机关的大力支持,以及所在教研室同事的无私帮助,在此谨向他们一并表示衷心的感谢!

因作者水平有限,书中难免有不当和错误之处,恳请读者批评指正!

作　者

2022 年 12 月

目　录

第一章
概　述

20世纪70年代以来,随着军用光电技术的迅速发展,尤其是以光电侦察和光电制导为代表的远程精确打击技术,成为典型军事目标的主要威胁。因此,与之对应的光电防护技术及装备得到各国军方和国防工业部门的高度重视,并开始飞速发展。光电防护是利用光电防护设备,并结合相应的战术动作,对敌方光电侦察设备、光电精确制导武器等进行有效的侦察告警、欺骗诱惑和干扰抑制,以削弱或破坏敌方光电侦察设备和光电制导武器的使用效能,提高自身人员及装备的战场生存能力。

第一节　光电防护技术简介

一、基本概念与分类

光电防护技术是指在紫外、可见光、红外、激光等光学波段范围内,针对敌方光电侦察设备、光电制导武器等光电装备进行侦察、告警、欺骗、迷惑、诱惑及干扰,以削弱、降低甚至使敌方光电武器作战效能丧失,从而有效保护己方军事目标和人员免遭敌方威胁的各种技术措施的总称。光电防护是电子战的一个重要组成部分,光学波段在电磁波段中的分布如图1-1所示。按作战对象所利用的光波段进行分类,主要包含激光、红外、紫外和可见光波段。其中,激光工作波段虽然可以包含在可见光和红外波段内,但由于其特性及应用均不同于普通的可见光和红外光,因此将其单独归类。

按照光电防护装备的功能进行分类,可分为光电侦察告警、光电干扰和光电防御三部分(刘京郊,2004),具体如图1-2所示。

(一) 光电侦察告警

光电侦察告警是指利用光电技术手段对敌方光电装备辐射或散射的光波信号进行搜索、截获、定位及识别,并迅速判别威胁程度,及时提供情报和发出告警。光电侦察告警有主动侦察告警和被动侦察告警两种方式。主动侦察告警是利用敌方光电装备的光学特性而进行的侦察,即向对方发射光波,再对反射(或散射)回来的光信号进行探测、分析和识别,从而获得敌方情报的一种手段;被动侦察告警是指利用各种光电探测装置截获和跟踪敌方装备的光学反射、散射及辐射信号,并进行分析和识别以获取敌方目标信息情报的一种手段。

光电侦察告警是实施有效光电干扰的前提。随着导弹武器的发展,导弹逼近告

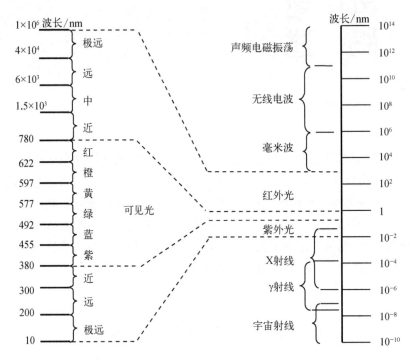

图 1-1 光学波段分布示意图

警技术已被各国争相研究与开发。光电告警装备利用光电探测器,对敌方武器装备所辐射或散射的光波进行侦察、截获及识别,判断威胁的性质和危险等级,确定来袭方向,然后发出警报并启动与之相连的防御系统实施相应的对抗防护措施。光电告警设备具有体积小、质量轻、成本低、角分辨率高(可达微弧度量级)、无源工作(不易被敌探测)等特点,目前已广泛安装和应用于各种战机、战舰和地面重要军事目标的自卫。

（二）光电干扰

光电干扰是通过辐射、转发、发射或吸收光波能量,削弱或破坏敌方光电装备的正常工作,以达到保护己方目标的一种干扰手段。光电干扰分为有源干扰和无源干扰两种方式。有源干扰又称为主动干扰,它利用己方光电装备辐射或转发敌方光电装备相应波段的光波,欺骗、压制或致盲敌方的光电制导武器或者光电观瞄、跟踪等设备;无源干扰也称为被动干扰,是利用一些本身不产生光波辐射的干扰器材或材料,反射、散射或吸收光波能量,或人为地改变己方目标的光学特性,使敌方光电装备效能降低或被欺骗而失效,从而保护己方目标。

（三）光电防御

光电防御技术包括反光电侦察和抗光电干扰技术。反光电侦察是指针对敌方的光电侦察告警设备,利用光电隐身、伪装材料或者假目标等器材,抑制己方目标光电辐射及反

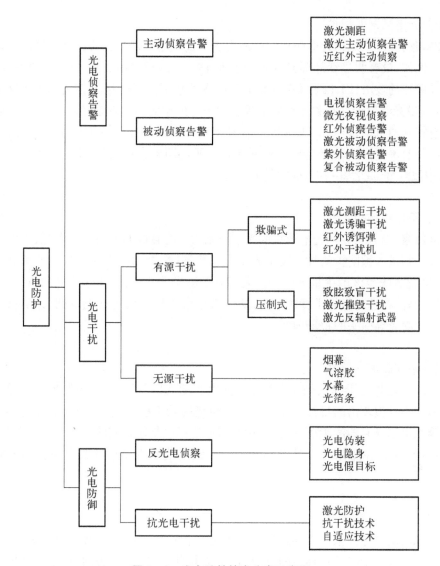

图 1-2 光电防护技术分类示意图

射的光波信号,或降低目标与背景之间的差异,使己方目标不易于被敌方发现及识别的技术。

抗光电干扰是指在己方目标上,通过采取激光防护材料、抗干扰措施,衰减或滤除敌方发射的强激光或其他干扰光波,保护己方光电设备或作战人员免遭干扰和损伤的技术。光学伪装网、伪装遮障、光学假目标和激光护目镜等制式器材和装备是目前最为成熟的光电防御器材。

二、基本特征

在具体战场实践中采取的光电防护措施必须满足如下四个基本特征:光电频谱匹配性、干扰视场相关性、最佳距离有效性和干扰时机实时性(李云霞等,2009)。需要说明的是,以下特征均为实施有效光电干扰的必要条件,而非充分条件。

（一）光电频谱匹配性

光电频谱匹配性是指光电防护中所采用的干扰光电频谱必须与被干扰目标的光电频谱相同。例如，没有明显红外辐射特征的地面目标，一般很容易受到具有目标指示功能的激光制导武器的攻击，因此地面的重要军事目标通常都选择配备工作波长为 1.06 μm 和 10.6 μm 的激光欺骗干扰和激光致盲干扰装置来防护相应的敌方激光制导设备；具有明显红外辐射特征的机动目标（如飞机等），容易受到红外制导导弹的追踪和攻击，因此红外诱饵及红外有源干扰波段应当与红外制导武器所使用的光电谱段相同，一般应选择 3~5 μm 的中波红外，或者 8~14 μm 的长波红外。

（二）干扰视场相关性

光电侦察、光电制导和光电干扰的光学视场均具有较好的方向性。因此，光电干扰的光波信号必须进入被防护的敌方装备光学视场范围内，否则敌方光电装备就探测不到干扰信号，也就意味着该干扰是无效的。尤其对于激光干扰防护，由于激光的束散角很小，且方向性较好，在进行激光干扰防护时，必须考虑激光导引头的视场范围，并确保干扰激光能够进入激光导引头的视场内。

（三）最佳距离有效性

光电防护理想的干扰效果就是将来袭光电制导武器引偏，使光电制导武器导引头在其视场内看不到被攻击的目标。在一定引偏距离内是否引偏至导引头视场外，主要取决于距来袭光电制导武器的距离，因此干扰距离的选择也是能否实施有效干扰的关键问题。例如，红外干扰弹在距来袭红外制导导弹一定距离范围内发射才具有最佳的诱骗干扰效果。

（四）干扰时机实时性

战术光电制导导弹末段制导距离一般在几千米至十几千米，而导弹飞行速度很快，从告警到实施有效干扰必须在很短的时间（通常为几秒）内完成。否则，敌方来袭导弹将在未形成有效干扰动作前命中目标。因此，对光电防护的实时性要求比较高。

三、分层防护原则

根据海湾战争、科索沃战争等实际战例分析，为确保光电防护取得理想的效果，从战术上讲可采用"分层对抗防护"的原则来对付空中来袭光电精确制导武器的打击（付小宁等，2012）。第一层高度约为 30 km 以上，为远方侦察、接收卫星、雷达情报的信息层，称为光电防护战术应用预备层；第二层高度约为 10~30 km，为侦察、告警、识别和导弹反击层；第三层高度约为 5~10 km，为有效施放有源干扰、实施导弹及火炮的反击层，对精确制导武器实施拦截或使其脱离目标；第四层高度约为 0.3~5 km，为实施密集火炮，施放有源干扰、机动转移、光电干扰、水雾干扰和气球云干扰层，进一步干扰和诱偏精确制导武器，使其丢失目标；第五层高度为 300 m 以下，为伪装隐身层，是最后的光电干扰防护措施。其中第一至第三层主要采用主动的手段；第四、第五层主要采用被动的手段，采取战术上的光电欺骗干扰措施,对目标进行光电伪装、隐蔽和欺骗干扰等方法,使敌方光电武器目标搜索捕获和跟踪系统得不到必要的信息,或者为其提供虚假的目标信息诱敌上当。被动方法的范围包括许多提高目标生存能力的措施,在战术应用中,它们是光电防护成本最低和效费比最好的方法之一。

第二节 军事目标面临的光电威胁

一、光电侦察威胁

随着现代高科技战争的发展,地面机动作战面临敌方侦察与精确打击的双重威胁。侦察是军队为获取军事斗争特别是战争所需敌方或有关战区的情况而采取的措施,是实施正确指挥、取得作战胜利的重要保障(蔡伟等,2016)。现代侦察技术分类多种多样,按照光电侦察装备的搭载平台可分为天基侦察、空基侦察、抵近侦察等;另外也可按照所利用的光波段分为可见光侦察、红外侦察和紫外侦察等(薛模根等,2021)。

(一)天基光电侦察威胁

天基光电侦察是利用航天器上的光电遥感器等侦察设备,从运行轨道上对目标实施侦察、监视或跟踪,以获取侦察情报。利用航天器从空间进行侦察时具有侦察范围大、面积广、飞行速度快、可定期或连续地监视感兴趣的区域、侦察效果好且侦察合法化等特点,而被广泛应用。

目前使用最广泛的平台是侦察卫星。对军事目标而言,主要威胁是光学成像侦察卫星和导弹预警卫星。卫星侦察时间几乎覆盖一天24小时,甚至同一时间有多颗卫星临空侦察。

1. 光学成像侦察卫星

光学成像侦察卫星是一类利用星载的光电设备对地面目标进行摄影以获取图像,通过分析图像获取军事情报(目标的位置、性质等)的侦察卫星。星载的光电设备主要有可见光、红外和高光谱等成像侦察设备,可昼夜对地面目标进行摄影、探测,以获取敏感目标及地域的光学图像。使用可见光照相能够获得极佳的地面分辨率,照片直观,易于判读;红外成像可以全天时昼夜工作,并具有揭露部分伪装的能力;高光谱成像不仅能全天时工作,还可以利用不同目标和地物的光谱特征,区分"同色异谱"的地面目标,因而具备揭露军事伪装目标的强大能力。

在当今的天基侦察活动中,美国处于绝对领先地位,具备在全球范围、全天候、全天时、全电磁谱段获取敏感目标及地域信息的能力。处于第二梯队的欧洲、俄罗斯、以色列、印度、日本,以及刚刚进入该阵营的韩国,也已拥有了分辨率优于1 m的光学成像侦察卫星。

美国从1959年开始研制光学成像侦察卫星,美国在轨运行的典型成像侦察卫星包括KH-12"锁眼"(Keyhole)系列光学侦察卫星、"长曲棍球"(Lacrosse)雷达卫星、8X混合成像卫星和"作战快速响应太空"卫星等,这些不同功能的成像侦察卫星视角覆盖全球,可以进行全天时、全天候的实时侦察。其中 KH 锁眼系列光学成像侦察卫星应用最多,至今已发展到第六代,历代 KH 系列侦察卫星相关参数如表 1-1 所示。

表 1-1　美国 KH 系列侦察卫星相关参数

代　数	工 作 寿 命	地面分辨率/m	发 射 颗 数
第一代	3~28 天	3~6	—
	3~5 天	2~3	6
第二代	20~28 天	<3.6	49
	4~10 天	0.6	38
第三代	14~36 天	0.6~2.4	30
	9~19 天	<0.6	53
第四代	5~220 天	0.3	16
第五代	2~3 年	1.5~3	
第六代	6~15 年	0.1	

以美国的光学成像侦察卫星 KH-12 锁眼卫星为例,卫星运行在近/远地点(398/896 km)、倾角 98°的太阳同步轨道上,重约 17 t,设计寿命 8 年。其搭载有可见光、红外、多光谱和超光谱传感器等成像侦察设备,具体为:① 大口径光学 CCD 照相机,其地面分辨率达 0.1~0.15 m,采用 CCD 多光谱线阵器件和"凝视"成像技术,使卫星在获取高几何分辨率的同时还具有多光谱成像及微光探测能力,它还采用了自适应光学成像技术,使卫星在高轨普查和低轨详查时能快速改变镜头焦距,这样就能在低轨道具有优越的分辨率,在高轨道获得较宽的幅宽,其瞬时观测幅宽为 40~50 km;② 红外热成像仪,可提供优良的夜间侦察能力,目标分辨率达 0.6~1 m;③ 数据中继转发器和天线,能通过美国的"数据中继卫星"实现大容量、高速率的图像实时传送,图像从摄取到传至地面不超过 1.5 h;④ 载有大量燃料,具有较强的变轨能力。根据美国国家图像可判读性等级,0.1 m 分辨率的可见光照片能够识别轰炸机上的铆钉线,能够探测到安装在码头上的起重机的绞盘缆线,能够识别车辆挡风玻璃上的雨刷等。

俄罗斯目前现役的成像侦察卫星主要有"阿尔康""琥珀"和"角色"。"阿尔康 1"属于俄第七代照相侦察卫星,在望远镜的焦面上装备有 8 个谱段 CCD 探测器阵列,工作在可见光及近红外谱段(0.4~1.1 μm),其高倍率望远镜可以观测到地面轨迹任一侧约 1 000 km 宽的区域,其最大亮点是利用 2~5 m 的低分辨率提供高度灵活的广域监视。"琥珀"系列光学成像卫星分辨率约 0.2 m,卫星具有较强的应急发射能力,能迅速对发生在世界各地的危机作出及时反应。军民两用的"资源 DK-1"高分辨遥感卫星可提供分辨率为 1 m 的黑白图像和分辨率为 2 m 的彩色图像,具有大容量星上存储能力以及高速下行链路,可迅速将最新图像传回地面站。

法国目前在轨成像侦察卫星主要是太阳神-2系列卫星,包括2004年底发射的"太阳神-2A"卫星和2008年发射升空的"太阳神-2B"卫星。太阳神-2系列卫星携带两台成像仪:一台是中分辨率宽视场光学相机,另一台是高分辨率窄视场可见光主相机,它还带有分辨率很高的红外通道,用于夜间侦察、伪装识别、监视导弹发射和探测核试验等活动。另外法国的军民两用"昴星团"高分辨率光学成像卫星采用双星组网,2颗卫星可实现对全球任意地区侦察,重访时间为24 h,卫星采用了全色成像与多光谱成像技术,全色分辨率约为0.7 m,多光谱分辨率为28 m,成像幅宽大于20 km。

印度光学成像侦察卫星主要是"制图星"系列侦察卫星,分辨率在0.5 m以内。截至2019年,印度利用11颗卫星已经初步建成了侦察监视网,侦察范围覆盖整个南亚地区,具备了定期对周边国家进行军事侦察的能力。

日本以应对朝鲜发射弹道导弹为由,从20世纪末开始实施侦察卫星计划。截至2019年,其在轨侦察卫星数量达到9颗(其中4颗光学侦察卫星),基本具备全天时、全天候的侦察能力,可保证对全球各地的目标每天至少侦察1次。光学侦察卫星分辨率为0.6 m,还有一颗光学侦察卫星试验星的分辨率可能超过0.4 m,能够对机场设施、导弹阵地、水面舰艇、水面航行状态或港口停泊状态的核潜艇进行较为详细的描述和解析。

以色列的成像侦察卫星技术水平与美国相当,目前在轨的是"地平线"系列光学成像侦察卫星,分辨率达到0.1~0.25 m。

此外,商用高分辨率的成像卫星技术也突飞猛进,美国在此方面独领风骚,成像分辨率最高已达到0.41 m,正日益成为世界各国重要的军事情报来源。美国在轨使用的高分辨商用卫星主要有"艾科诺斯-2""快鸟""世界观测-1"和"地球之眼-1",分辨率分别为1 m、0.61 m、0.45 m和0.41 m。

2. 导弹预警侦察卫星

导弹预警卫星是一种用于监视和发现敌方战略弹道导弹发射的预警侦察卫星,通常被发射到地球静止卫星轨道上,由几颗卫星组成预警网,卫星上装有高敏感的红外探测器等,可以探测导弹在飞出大气层后发动机尾焰的红外辐射,并配合使用电视摄像机跟踪导弹,从而及时准确地判明导弹并发出警报。

冷战时期,只有美、苏两国拥有完整的导弹预警系统。后来,俄罗斯经济困难以及被美国打压,导弹预警卫星大部分失效,俄罗斯自2016年开始逐渐完善其导弹预警侦察卫星系统。美国拥有世界上最先进的导弹预警侦察卫星,主要包括"空间跟踪与监视系统""国防支援计划卫星"和"高轨道天基红外系统"等。

"空间跟踪与监视系统"技术演示验证卫星装有1台宽视场捕获传感器和1台窄视场凝视型多波段跟踪传感器。宽视场捕获传感器,采用波长为0.7~3 μm的近红外及短波红外传感器,用于捕获助推段弹道导弹的尾焰。窄视场凝视型多色跟踪传感器,包括3种波长的传感器,其中波长为3~5 μm的中波红外传感器对助推段末期的弹道导弹进行跟踪,波长为8~12 μm的中长波红外传感器和波长为12~16 μm的长波红外传感器实现对弹道导弹飞行中段的持续跟踪,而且能连续跟踪弹头的分离,具备识别诱饵的能力。

国防支援计划在轨卫星载有6 000个红外探测单元,卫星探测范围可覆盖整个半球,探测过程中每10 s旋转一周,红外探测器阵列扫过地球的表面探测助推阶段的导弹尾焰。

高轨道天基红外系统可常年全天候探测并跟踪各种弹道导弹。监视卫星带有扫描型和凝视型两种红外探测器。扫描型探测器采用小型阵列高速扫描整个地区以建立完整的图像,用于对导弹发射时所喷出的尾焰进行初始探测;在探测到发射后,数据会被传给凝视型探测器,引导卫星对此红外事件进行连续跟踪并向地基任务控制站提供更为详细的数据。

(二)空基光电侦察威胁

空基光电侦察是指载有光电类侦察设备的航空器在环绕地球的大气层空间对敌方目标实施侦察监视,以获取侦察情报的活动。现代空基侦察平台有各种飞机和浮空器。搭载的侦察设备主要有可见光航空相机、红外航空相机、电视摄像机、侧视成像雷达等。

对地面军事目标而言,主要的空基光电侦察威胁为有人驾驶高空侦察机、无人驾驶高空侦察机、无人驾驶察打一体机。

1. 有人驾驶高空侦察机

有人驾驶高空侦察机是航空侦察的主力,它可携带可见光航空相机、红外航空相机、电视摄像机等,具备反应灵活,机动性好,能及时、准确地完成对战场情况侦察等优点。典型装备包括美国的 RC-135 系列侦察机、"曙光女神"高超声速战略侦察机等。

美国 RC-135S 侦察机载有精密的光学、红外线探测仪器,发现弹道导弹发射后立即追踪,并观察导弹飞行路径及导弹数量,机上立即分析、掌握发射地点及导弹种类、特征。而 RC-135X 侦察机载有更精密、更先进的可见光、红外侦察传感器,以及远距离激光距离测量系统。"曙光女神"高超声速战略侦察机载有精密光学成像系统、各类新型传感器,据称飞行速度不低于 $5Ma$,飞行高度可达 38.8 km。

2. 无人驾驶高空侦察机

无人驾驶高空侦察机可深入敌阵地前沿和敌后 100~200 km 甚至更远的距离,依靠机上的可见光照相机、标准或微光电视摄像机、前视红外遥感器等,对敌主要部署和重要目标进行实时的实地侦察,完成各种侦察和监视任务。

无人驾驶高空侦察机的典型装备是美国的"全球鹰"侦察机,其被称为大气层中的"侦察卫星"。"全球鹰"侦察机载有红外探测器(3.6~5.0 μm,主要用于发现伪装目标,分辨出活动目标和静止目标)、电视摄像机(0.4~0.8 μm,主要用于对所需探测目标进行拍照)等。飞行高度 19 810 m,续航时间大于 42 h,可跨洲际飞行,在距发射区 5 500 km 的目标区上空可停留 24 h 进行连续侦察监视。能准确识别地面各种飞机、导弹和车辆的类型,提供 7.4×10^4 km² 范围内目标的光电/红外图像。一天之内可对约 13.7×10^4 km² 的区域进行侦察,经过改装可持续飞行 6 个月。

此外美国还在研制飞行速度 6 400 km/h、飞行高度 30 000 m、可跨洲际飞行、轻松完成 1 h 全球打击的新型战略隐身侦察机。

3. 无人驾驶察打一体机

无人驾驶察打一体机的典型装备有美国的"捕食者"无人机。该无人机载有光电/红外侦察设备等,光学摄影机采用了 955 mm 可变焦镜头,高分辨率的前视红外系统有 6 个可调焦距,最小为 19 mm,最大 560 mm。无人机每侧机翼下有 3 个外挂点,最内侧挂架可挂载 1 枚 680 kg 的弹药,中间和外侧的挂架可分别挂载 1 枚 159 kg 和 68 kg 的弹药,在执行对地攻击任务时,最多可挂载 14 枚"海尔法"导弹,也可挂载 GBU-38 或 GBU-12 激光制导炸弹、毒刺空空导弹和"巴特"反坦克导弹等,作战能力很强。

二、光电精确打击威胁

光电精确制导武器,是以激光、可见光、红外或者紫外光为媒介获取目标信息,并引导导弹、炸弹等武器高精度命中目标的武器总称。具体而言,光电精确制导武器是针对目标特征状态,采用高精度光电探测、制导及控制技术,有效地从背景中探测、识别、选择目标并跟踪,然后高精度命中目标要害部位,最终摧毁目标的武器装备(韩裕生等,2021)。

美国是世界上装备机载精确制导武器最多的国家,也是装备系列最完备、制导技术最先进、采购和储备量最多的国家。在近年来发生的主要局部战争中,美军大量使用精确制导武器,取得了良好的作战效果。并且精确制导武器的使用比例逐渐上升,美军在未来参与的战争中将可能全部使用精确制导导弹和炸弹进行空中打击,可见精确制导武器已经成为信息化局部战争中物理杀伤的主要手段,并在战争中发挥重要作用。

根据武器制导系统的工作波段,光电精确制导武器可分为激光制导武器、可见光(电视)制导武器、红外制导武器、紫外制导武器以及复合制导武器。地面军事目标主要面临的光电制导精确打击威胁包括空地光电制导武器以及部分地地光电制导武器的精确打击。

(一)激光制导武器

激光制导武器以激光束作为信息载体,对武器进行精确制导以命中目标。现役武器主要有激光半主动寻的制导导弹、激光半主动寻的制导炸/炮弹和激光驾束制导导弹。表1-2列出了部分外军现役激光制导武器。

表1-2 部分外军现役激光制导武器

制导方式	名称和型号	国别	用 途	射程/km	发 射 载 体
激光半主动寻的制导导弹	"海尔法"反坦克导弹 AGM-114A/B/K/D 多型	美国	空对地 反坦克	9	AH-64"阿帕奇"直升机
	Maverick"幼畜"导弹 AGM-65E	美国	空对地	20	USMAC-4M 攻击机
	AS-30L 导弹	法国	空对地	3~12	"美洲虎"战斗机
	"机长-2"AGM-123	美国	空对地	25	海军舰载机
激光半主动寻的制导炸/炮弹	"宝石路"炸弹	美国	空对地	0.5~5	F117、F-5 型轰炸机
	KAB-500/1500 系列	俄罗斯	空对地	1~5	轰炸机
	Matra 系列炸弹	法国	空对地	0.5~5	"幻影"2000 等
	"铜斑蛇"制导炮弹	美国	地对地	12~20	155 毫米榴弹炮
激光驾束制导导弹	ADATS 防空反坦克系统	美国	防空或反坦克	5~6	地面或车载
	RBS-70 导弹	瑞典	防空或直升机	5	地面或直升机

1．"海尔法"系列激光制导导弹

"海尔法"导弹，又名"地狱火"，是美国研制生产的典型激光制导武器，主要装备于阿帕奇武装直升机，用于攻击各种坦克、战车及地面加固点目标等地面重要军事目标；除基本型号外，还有许多改进型，形成了 AGM - 114A/B/K/D 等多种型号，从海陆空均可发射进行对地攻击。最大破甲厚度可达 1.4 m，最大射程 9 km，命中概率为 96%。其激光导引头具有良好的抗光电干扰能力，可有效避免主动和被动的光电干扰，并且在烟尘和雨雾背景中也能很容易跟踪目标。

2．"宝石路"系列激光制导炸弹

美国的"宝石路"系列激光制导炸弹是目前世界上生产数量最多的精确制导炸弹，也是最有代表性的激光制导炸弹，已发展出Ⅰ、Ⅱ、Ⅲ三代，Ⅳ代正在研制。"宝石路"Ⅲ型的命中精度达到了 1 m 以内，最远射程超过了 15 km，远距攻击能力较强，命中率在 85% 以上。

3．KAB - 1500 系列炸弹

俄罗斯的 KAB - 1500 炸弹全重为 1 500 kg，战斗部重 1 100 kg，长 4.6 m，命中精度为 7 m，一般由轰炸机携带。该炸弹可穿入地下 10~20 m，或穿透厚达 2 m 的钢筋混凝土结构掩体，投掷高度为 1~5 km，能穿透 10~20 m 厚的土坯和 2 m 左右的钢筋混凝土结构。

4．"阿达茨"防空反坦克系统

"阿达茨"（ADATS）导弹系统用于实现防空和反坦克双重作战目的，由位于瑞士苏黎世的厄利空·康垂斯公司和位于加拿大魁北克的厄利空·康垂斯分公司联合研制。导弹采用精度非常高的激光驾束制导，最高飞行速度超过 $3Ma$，机动过载能力超过 $60g$，主要对抗攻击型直升机和地面坦克。

（二）红外制导武器

红外制导武器主要以红外光作为信息载体，对武器进行精确制导以命中目标。表 1 - 3 列出了部分现役红外制导武器。

表 1 - 3　部分现役红外/电视制导武器

光电制导武器名称/型号	国别/地区	末制导方式	射程/km	巡航速度	投射精度/m
战斧	美国	红外	1 100~1 600	0.72Ma	30
雄风 2E	中国台湾	红外/雷达	600	0.85Ma	12
X - 101/102	俄罗斯	红外/电视	2 500~2 800	0.75Ma	10
网火 PAM	美国	红外/激光/惯性	40	0.74Ma	5
维克-S	美国	红外/激光/雷达	15	超声速	—

1. "战斧"巡航导弹

美国的"战斧"巡航导弹属于典型的红外制导武器,主要用于攻击海上、地面加固硬目标、高价值目标等。武器系统具备双向通信能力,即攻击目标时,若发现目标有误或已经被摧毁,可向飞行中的导弹重新下达指令,导弹几分钟内可瞄准新目标;此外,飞行中的导弹若发生故障,可向指挥中心自动报告;导弹撞击前可发回图片,利于评估打击效果。

2. 雄风系列巡航导弹

中国台湾地区的雄风系列巡航导弹也采用了红外末制导方式。服役的雄风 2E 导弹射程达 600 km,飞行速度为 0.85Ma,命中精度 12 m;雄风 2ER 导弹射程为 1 250 km,飞行速度 0.85Ma,命中精度为 12 m;雄风 3 超声速反舰导弹射程 400 km,飞行速度达 2.5Ma。

3. X - 101/102 导弹

俄罗斯的 X - 101/102 导弹属于新型中程、亚声速、空射巡航导弹,重点攻击地面高价值战略目标。其中 X - 101 为常规战斗部型,X - 102 为核战斗部型。采用红外末制导方式,命中精度为 10~20 m,射程 2 500~2 800 km,飞行速度为 0.75Ma,具备一定的隐身能力,主要装备图- 160、图- 95MS、图- 22M3/5 等战机。

4. AGM - 53A 炸弹

美国的 AGM - 53A 炸弹又称"秃鹰",主要用于攻击水面、陆地严密设防的目标。弹长 4.22 m,射程 60~80 km,飞行速度 0.95Ma,末制导采用电视制导方式,导弹头部的摄像机具有宽、窄两种视场,宽视场用于目标搜索、识别和捕获,窄视场用于目标跟踪。

5. 防区外导弹

随着技术的进步,采用多模末制导体制(电视、红外或激光制导),同时兼具精确打击、高突防能力的远程、超远超防区外发射导弹/炸弹对发射设备的战时生存能力构成直接威胁。

美国的 AGM - 130 空地导弹主要用来攻击敌方严密设防的坚固目标,如指挥中心、机场、阵地和导弹发射车等。AGM - 130A/B/C/D 采用红外/电视成像末制导方式,AGM - 130E 采用红外/电视成像双模导引头,导弹最大射程为 230 km,飞行速度为 1.6Ma,超声速飞行。

(三) 电视制导导弹

电视制导是利用目标上反射的可见光信息来控制和导引导弹飞向目标的技术,因此电视制导是一种被动寻的制导技术。电视制导具有抗电磁干扰、能提供清晰的目标图像、跟踪精度高、可在低仰角下工作、体积质量小等优点,但因为电视制导是利用目标反射可见光信息进行制导的,所以在烟、雾、尘等能见度差的情况下,作战效能下降,夜间不能使用,无法实现全天候工作。

电视制导有两种方式,一种是遥控式电视制导,另一种是电视寻的制导。英、法联合研制的 AJ - 168"马特尔"(Martel)空地导弹是一种比较典型的采用遥控式电视制导技术的导弹系统。这种导弹系统的指控站就设在飞机座舱内,它采用的是追踪导引规律。飞机座舱内的指控人员通过操作(作用于导弹),使目标保持在电视屏幕的十字线的中央,这时指令装置就根据操作杆的动作转换成指令信号,然后通过数据传递吊舱中的天线发送给导弹,引导导弹对准目标飞行,直至命中目标。这种导弹可在低、中、高空发射,最大射程为 60 km,最大速度超过 $1Ma$(声速)。若作战距离较远,则导弹会自动进行低空飞行,以防止被敌方雷达发现。当目标进入电视摄像机视界内时,飞行员再将导弹导向目标。这种制导方式的主要缺点是载机在导弹命中目标之前不能脱离战区,易损性较大。

美国研制的"小牛"(Maverick,也译作"幼畜")空地导弹系列武器,分别采用电视制导、红外成像制导、激光制导等多种制导方式。目前,"小牛"导弹除装备美国空军、海军和陆战队外,还装备了一些国家和地区的战斗机,成为世界地空导弹领域最大的家族。在"小牛"地空导弹家族中,AGM-65A、AGM-65B 和 AGM-65H 这三种型号的导弹均采用电视寻的制导技术。

第三节　光电防护技术的作用及发展

由于光电制导武器具有制导精度高、抗干扰能力强和全天候作战等特点,因此已成为现代化高科技战争中的主要进攻武器。光电精确制导武器的发展大大刺激了光电防护技术和装备的迅速发展,使光电防护技术体系逐步完善。光电防护技术与装备已成为近年来电子战中发展最快、投资比重日益加大的一个领域。光电防护的相关设备及技术正逐渐从飞机、舰船等传统平台上,向地面移动高价值武器平台上转移,用于对来袭导弹、炸弹进行侦察告警和有效干扰防护,具有告警距离远、全天候工作、干扰迅速有效、单发成本低等特点,已成为地面高价值军事目标提升自身防护能力以及增强战场生存能力的重要保证。

一、光电防护技术的作用

随着激光、红外等光电子技术在军事上的应用,特别是光电探测技术和光电制导技术的发展,光电防护与伪装技术及相关装备在现代战争中发挥着越来越重要的作用。光电防护技术在军事上的重要作用主要表现在以下三点。

(1)侦察告警能提供及时的告警和威胁源的准确信息。实现有效防护的前提是及时发现威胁,光电侦察告警设备能够接收敌方武器的光电信息,为及时采取正确的军事行动、实施有效的欺骗干扰措施提供依据。

(2)伪装隐身是造成敌人获取错误情报的重要方法。敌对双方的作战企图和行动是建立在所获取情报基础上的,尽管现代光电侦察技术具有全天候、实时化、高分辨率和准确的定位识别能力,但由于伪装隐身技术的运用能使敌人造成错觉,以致获取错误情报。

(3)干扰诱骗可以扰乱、迷惑或破坏敌方光电探测设备和光电制导系统的正常工作。通过有效的干扰使它们降低效能或完全失效,以保障己方装备和人员免遭敌方侦察和威胁,为己方的反击行动创造条件。

此外,伪装隐身在现代战争中的作用,已远远超出了"出其不意、攻其不备"的传统意义,它不但直接关系到军事目标的安危,而且影响到军事行动能否顺利实施。伪装隐身技术对现代作战的影响包括以下几点(刘京郊,2004):

（1）提高了部队的生存能力。一方面,随着侦察监视技术和精确制导技术的发展,任何目标一旦被发现就有可能被摧毁;另一方面,尽管现代侦察手段和打击武器性能优越,但伪装能有效地降低敌方侦察器材的侦察效果和武器攻击的命中率,减少人员、武器装备、工事和各类目标的毁伤,是进行防御的有效手段。

因此,无论在进攻或防御中,作战双方首先面临的问题是如何保存自己。有效地运用伪装技术,隐真示假,既可增加敌人侦察的困难,使其不易发现真目标,又可故意暴露假目标,诱骗敌人对假目标实施攻击,分散敌方火力。

（2）增强了作战行动的突然性。可靠的伪装隐身技术,一方面隐蔽了自己的作战行动及战场配置;另一方面给敌人以错觉,起到了迷惑敌人的作用,为己方行动创造了可乘之机,使得己方兵器突防能力大大提高,增强了作战行动的突然性。

（3）使得作战任务和方法发生了变化。从提高部队的打击能力和提高部队的生存能力出发,伪装技术的发展,将使人们重新认识近战、夜战和步兵的作用,高技术条件下作战缺少伪装技术必将失去战场的主动权。

（4）侦察与反侦察的斗争更加激烈。大量用于战场的伪装装备和隐身兵器,由于采用光电对抗隐身技术,将使光电对抗的均势被打破,伪装由消极的反侦察向积极的反侦察方向发展,这必将形成更高层次的反伪装隐身技术的斗争,伪装隐身技术的进一步发展,将会更加促进侦察监视技术的发展。

在现代战场中,各种高技术侦察手段与现代化的伪装技术并存,一方面,随着智能化监视和目标搜索系统的使用,使部队的情报收集反应能力大大提高;另一方面,随着伪装技术,特别是隐形技术的发展,使某些兵器和目标更加难以被发现,生存能力相应提高。在这种情况下要想充分发挥武器的威力,摧毁敌人而不被敌人摧毁,就必须采取各种隐真措施和欺骗手段,隐蔽部队的编制、配置及作战企图等,同时运用各种侦察手段探测敌方行动,并根据敌方的行动及时采取对策,以获得有利态势或局部兵力优势,为夺取战争胜利创造有利条件。因此,在现代战争中侦察与伪装的斗争将越来越激烈。

综上所述,在战争中,伪装既是对付敌方侦察的主要手段,也是进行有力防御的盾牌,还是有效的进攻手段。伪装涉及光学、热学、声学、电磁、射频等多个学科领域,其中针对敌方光电侦察手段和精确光电制导武器的光电伪装,因其面临的威胁更加严峻,发展需求更加迫切而得到广泛重视。

二、光电防护技术的发展

（一）发展历程

近几十年来,军用光电技术在武器系统特别是侦察探测系统和精确制导系统中广泛应用,使得侦察设备及攻击性武器的作战效能大大增强,现代战争形态也发生了根本性变化。为提高战场对抗环境下重要军事目标的战场生存能力,光电防护技术及装备得到了各国的高度重视。也可以说,光电防护技术是随着信息作战和军用光电技术的发展而发展起来的,并伴随着光电侦察探测和光电精确制导技术的发展和应用而快速发展。下面从光电防护技术的几个重要工作波段分别介绍其主要发展历程(李云霞等,2009;刘京郊,2004)。

1. 电视(可见光)制导及防护

在电视遥控制导技术方面,由于电视视线制导存在着作战距离近、隐蔽性较差的缺点,目前主要是发展电视非视线制导,尤其是发展非视线光纤指令制导。这是由于光纤制导具有作用距离远、隐蔽性和安全性比较好的优点,而且光纤不向外辐射能量,不易受干扰。同时,光纤传输数据的速率高、容量大,可快速向制导站回传电视图像,因此导弹的命中精度高。但光纤制导也存在不足的一面,如导弹的飞行速度较慢,可能在中途被敌方拦截。另外,系统比较复杂,造价较高。

电视寻的末制导技术已成为电视精确制导的发展热点。其优点是制导精度高,可对付超低空目标(如巡航导弹)或低辐射能量的目标(如隐形飞机);可工作在宽光谱波段;无线电干扰对它无效;体积小、重量轻、电源消耗低,适用于小型导弹。电视寻的制导的不足之处是对气象条件要求较高,在雨雾天气和夜间不能使用。此外,由于电视寻的制导属于被动式制导,除非用很复杂的方法,否则得不到目标的距离信息。

电视制导无人攻击机是继电视制导导弹之后出现的新型精确制导武器,具有更大的灵活性、机动性以及长时间巡航能力。它可以深入敌方腹地,对目标进行先发制人的攻击和压制,在当今及未来战争中起着不可忽视的作用。此外发展电视、雷达、红外、激光等制导的复合制导技术是必然趋势。例如法国的新一代"响尾蛇"地空导弹,就有雷达、电视和红外三种制导方式并存,根据情况需要灵活运用。而美国的"小牛"空地导弹则实现品种系列化,如在晴天可以挂装 AGM-65B 电视制导导弹,在夜间可挂装 AGM-65D 红外成像制导导弹,攻击点状小目标时可挂装 AGM-65C/E 激光半主动寻的制导导弹等。

对这种可见光波段的光电武器防护目前主要采用烟幕遮蔽干扰方式,使敌方无法跟踪目标,并逐步发展采用强激光干扰手段致盲其光电传感器,使之丧失探测能力从而降低作战效能。

2. 红外探测及防护

20 世纪 50 年代中期,随着工作波段为 $1\sim3\ \mu m$ 非致冷的硫化铅(PbS)探测器件问世,空对空红外制导导弹应运而生。20 世纪 60 年代中期,伴随工作于 $3\sim5\ \mu m$ 波段的锑化铟(InSb)器件和致冷的硫化铅器件的相继问世,光电制导武器进一步发展,地对空和空对空红外制导导弹又获得成功。20 世纪 70 年代中期,光电探测器件的性能有了较大的提高,空中作战飞机面临更加严重的威胁。在 1973 年的越南战场上,越南使用苏联提供的便携式单兵肩扛发射防空导弹 SA-7 在三个月内击落了 24 架美国飞机。这促进了防护及对抗措施的研究。美国针对 SA-7 的威胁,研制出了与飞机尾喷口红外辐射特性相似的红外干扰弹,使来袭的红外制导导弹受红外诱饵欺骗而偏离被攻击的飞机。当然,对抗与反对抗是相互促进的。SA-7 红外制导导弹在加装了滤光片等反干扰措施后,又一次发挥它的威力。在 1973 年 10 月第四次中东战争中,这种导弹又击落了大量以色列飞机。后来,以色列采用了"喷气延燃"等红外有源干扰措施,又使这种导弹的命中概率明显下降,飞机损失大大减少。

20 世纪 70 年代中期,红外、紫外双色制导导弹(如美国的"毒刺"导弹和苏联的"针"式导弹)和红外成像制导导弹相继问世。目前,已有 $3\sim5\ \mu m$ 和 $8\sim12\ \mu m$ 两种波段的红外成像制导导弹,这种红外成像制导导弹的识别跟踪能力强,可以对地面目标、海上目标和空中目标实施精确打击,命中精度达 1 m 左右。而防护方面,又增加了面源红外诱饵、红外烟幕、强激光致盲等手段来迷惑或致盲红外制导导弹,使之降低或丧失探测能力。20世纪 90 年代初期,美国和英国开始联合研究用于保护大型飞机的多光谱红外定向干扰技术,这种技术可以对抗目前装备的各种红外制导导弹,也包括红外成像制导导弹。

3. 激光探测与防护

激光防护与对抗始于 20 世纪 70 年代。在越南战争中,美军曾为轰炸河内附近的清化大桥出动过 600 余架次飞机,投弹数千吨,不仅桥未炸毁,而且还付出毁机 18 架的代价。后采用刚刚研制成功的激光制导炸弹,仅在两小时内,用 20 枚激光制导炸弹就炸毁了包括清化大桥在内的 17 座桥梁,而飞机无一损失。面对这种威胁,各国普遍研究对策,当时主要采取烟幕遮蔽激光制导光路的技术途径。于是坦克及舰船都装备了烟幕发射装置,地面重点目标还配备了烟幕罐及烟幕发射车。与此同时,美国的激光制导炸弹也由"宝石路"Ⅰ型发展到"宝石路"Ⅲ型,制导精度也由 10 m 提高到了 1 m,并具有目标记忆能力。在海湾战争中,美国等多国部队又用激光制导武器对伊拉克电报电话通信大楼、防空司令部、空军司令部、导弹储藏室及桥梁等重点军事目标进行了"外科手术式"的精确打击,产生了巨大的军事威慑效果和重大的政治影响。激光防护技术再次引起各国军界的高度重视,美国研制的 AN/GLQ-13 激光防护系统和英国研制的 GLDOS 激光防护系统都采用有源欺骗干扰方式,可将来袭激光制导武器诱骗至假目标;美国研制的"魟鱼"车载强激光干扰系统可致盲来袭激光制导武器导引头的光电传感器,使之丧失制导能力。

4. 光电隐身伪装技术

光电子技术的发展,带来了光电制导技术的发展。光电制导武器的高精度制导和巨大的作战效能,促进了光电隐身伪装技术的形成和发展。隐身伪装是指为降低敌方侦察效果,欺骗、迷惑敌方,对作战企图、行动和重要目标等进行隐真示假的活动。具体地说,隐身伪装就是利用电子、电磁、光学、热学、声学等技术手段,通过改变目标本身原有特征信息,降低或消除目标的可探测特征,实现目标的"隐真";或模拟目标的可探测特征,仿制假目标以"示假",结合实施佯动、散布假情报和封锁消息等措施,降低敌方侦察器材、人员的侦察效果。目的是提高目标的生存能力,增强部队的战斗力,使敌人对己方军队的行动、配置、作战企图和各种军事目标的位置、状况等产生错觉,或造成指挥上的失误,保持己方军队行动的自由权,最大限度地发挥兵力兵器的军事效应,从而达成战役、战斗的胜利。

隐身伪装是对付敌人侦察和保障己方作战行动的最主要手段。伪装技术自古以来就为兵家所重视。《孙子兵法》中指出:兵者,诡道也。故能而示之不能,用而示之不用,近而示之远,远而示之近。这是关于战争中如何运用伪装的最早论述。到了近代,隐身伪装得到了进一步的广泛应用,成为保障部队作战不可缺少的战斗措施。在第二次世界大战的诺曼底登陆战中以及朝鲜战争、第四次中东战争、马岛战争、海湾战争、科索沃战争等战争中,伪装在新的技术基础上都得到了广泛运用,所采用的隐蔽、佯动、设置假目标、施放烟幕和兵器隐身等技术措施发挥了很大作用。

现代隐身技术首先应用于航空领域,在越南战争中,美军还使用了一种采用红外特征减弱措施的武装直升机,从而大幅度降低了苏制红外制导地空导弹的命中率。随着高技术侦察器材的广泛运用,隐身技术的发展进入了一个新的阶段。以美国为首的发达国家竞相开展隐形技术的开发研制工作。到 20 世纪 80 年代,美国的多种隐形作战飞机开始装备部队,并在局部战争中发挥了令人瞠目的巨大作用。目前各国装备部队的伪装器材一般都是配套的伪装器材,包括遮障面和支撑系统。其中遮障面(伪装网、伪装盖布)是进行遮障伪装的主体,可单独使用。针对现代侦察技术手段,世界各国所使用的遮障面都具有防可见光、红外线和雷达侦察的综合性能。我军现装备的人工遮障制式器材主要有成套遮障、各种伪装网、角反射器,以及各种发烟弹等。

在现代战争中,隐身伪装的应用越来越广泛,作用也越来越大。随着陆、海、空、天立体化侦察手段应用于战场,使得整个战场处于完全"透明"状态。要对付现代高技术侦察,除了伪装之外暂时还没有更有效的手段和方法。如果不采取措施进行有效的隐身伪装,所有的军事目标和军事行动,都将暴露在敌人的监视与控制之下,敌人就可以预先采取对策,或者首先用精确制导武器摧毁有关目标,或者在我方军队和武器装备尚未抵达战区之前就予以阻拦,从而阻扰或破坏我方的军事部署或军队的调动。

(二)发展趋势

光电防护技术的发展趋势主要取决于未来作战需求和军用光电技术的发展两个方面,而前者主要与光电侦察探测和光电制导武器的未来发展密切相关。根据目前军用光电技术的发展和高技术条件下作战的需求,可以预见光电防护技术将向综合化、智能化、多光谱和全程对抗的趋势发展(付小宁等,2012;李云霞等,2009)。

1. 多层防护与全程主动对抗

采用单一的防护手段只能应对一种威胁,而难以应对当前多模复合制导的威胁,这就使得光电防护技术必然要向多层防护与主动对抗技术发展,从而提高对光电侦察探测及精确制导武器体系防护的作战效能。

目标的多层防护一般包括侦察屏障、主动防护、被动防护等环节,具体技术包括光电隐身伪装、光电干扰、激光干扰、激光压制和激光毁伤等。激光硬杀伤摧毁也是必然的发展趋势,可以根据激光武器的威力大小完成全程对抗功能,起到干扰、压制和摧毁的作用,是防御高性能精确制导武器和无人机蜂群等威胁目标的有效方法。

2. 多功能综合一体化和智能化技术

现代高技术条件下的战场中,攻击武器速度快、制导精确高、抗干扰能力强,使得作战人员及防护系统有效应对这些威胁变得越来越困难,因此多功能综合一体化和智能化成为光电防护技术必然的发展趋势。

其具体表现形式包括:① 多功能综合集成,主要是指光电探测、告警、干扰、控制等功能综合集成,实现光电防护的侦、控、抗、评一体化;② 信息链路一体化,主要是指信息获取、数据处理和指挥控制融为一体,实现基于信息系统的一体化体系对抗能力;③ 系统运行智能化,主要包括目标智能识别技术、多功能防护方式优化运用技术、自主对抗智能控制技术、系统操作智能化技术等,实现高效无人操作智能防护功能。

3. 多光谱成像弱小目标探测技术

综合运用紫外、可见光、红外多波段成像探测技术,采用现代数据处理方法和智能技术,实现对快速运动弱小目标的全方位、远距离探测告警功能,为光电防护系统提供高效的目标指示。

4. 多光谱一体化防护集成技术

多光谱探测和光信息处理技术的发展,促进了多光谱一体化防护技术和目标的高效探测技术的发展,进而提升了光电防护系统多目标全程对抗能力。此外,多光谱对抗可以运用多个单一波段激光器同轴输出多波段激光,或者单个激光器同轴输出多波段激光,实现多波段的光电对抗。其主要工作波段包括紫外、可见光、红外等,防护对象包括侦察探测设备和光电制导武器等。

思考题

1. 光电防护的概念是什么？其工作波段是如何划分的？

2. 光电防护的基本特征有哪些？

3. 以应对某种打击威胁或侦察威胁为例,阐述实施有效光电干扰的必要条件有哪些。

4. 如何理解光电防护中分层防护的原则？实战中应如何把握这些原则？

5. 地面军事目标面临的光电威胁有哪些？这些威胁进一步的发展趋势如何？

6. 试举例说明,地面军事目标在面临不同的光电威胁时,有哪些常用的应对措施？

7. 光电防护技术在现代战争中可以发挥哪些作用？

8. 查阅资料了解光电防护技术有哪些最新发展。

第二章
目标光学特性与探测原理

第一节　目标光学特性基础

目标的光学特性是实施光电侦察和精确打击的重要参考,因此要实施光电防护,首先必须了解各种目标的光学特性。而了解目标的光学特性,首先必须掌握光在遇到目标时发生的各种物理现象,这就是目标对光的反射、散射、辐射和吸收等现象(张合等,2015)。本节简要介绍目标的光学特性基础知识,包括目标的光度学特性、辐射特性、色度学特性、光散射特性以及光在大气中的传输特性等。

一、目标光学特性概述

目标特性是指目标区别于其他物体的固有属性,如几何形状、光谱颜色、声音频谱等。目标光学特性是指目标及其所处环境本身固有的光反射、光散射、光辐射和光传输特性(曹义等,2012)。

目标探测的基本条件是至少有一个目标光学特征与背景有所不同。也就是说,只有目标和背景的特征差异能产生区别于探测系统噪声的探测信号,才可能对目标进行探测、分析和识别。只有充分了解目标与背景的光学特性,才能设计出有用的光电系统,有效地提高目标探测识别能力,充分发挥光电系统在武器装备中的作用。同样,只有充分了解目标与背景的光学特性,才能实现目标有效的光电防护。

人的视觉系统就是一个性能优异的探测器,但其有效光谱范围较小,仅为电磁波谱的可见光很窄的部分(图 2-1)。它主要是利用自然光源(如太阳光)形成视觉,是一个

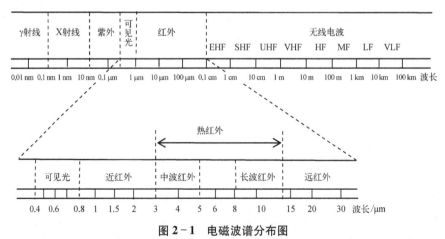

图 2-1　电磁波谱分布图

注: 图中 EHF 为极高频;SHF 为超高频;UHF 为特高频;VHF 为甚高频;HF 为高频;MF 为中频;LF 为低频;VLF 为甚低频。

被动探测系统。人眼只能看清白天的景物,而在夜间或恶劣天气情况下,其性能大大下降。

(一)普通目标的光学特性

各种辐射源大多数为灰体。灰体是相对于黑体而言的,黑体的发射率为1,灰体的发射率小于1。灰体的光谱发射率随温度和波长而变化,其表面发射率和物体表面特性有很大关系。如果物体表面涂漆,则其发射率可由漆面的性质和厚度确定。

表2-1列出了常见辐射源在不同波长下的漫反射率,如果物理特性及测量时的环境可以确定,则一般可以从反射率推导出发射率。表2-2列出了在8~14 μm波段测量的一些物体的发射率(杨照金等,2014)。

表2-1 常见物体的漫反射率

物体 \ 波长	0.844 μm	1.06 μm	3.39 μm	3.5 μm	10.6 μm
车 辆			0.529	0.540	0.486
军用油漆	0.243	0.256	0.227	0.233	0.111
军用布	0.434	0.567			
未涂漆金属		0.100	0.462	0.466	0.549
混凝土	0.255	0.284			
土 壤	0.295	0.332	0.131	0.148	0.034
树 叶	0.568	0.627	0.085	0.685	0.070
丛 林	0.620	0.628	0.110	0.115	0.140
树 木	0.377	0.452			

表2-2 常见物体在8~14 μm波段的发射率

物 体	平均发射率	表面温度/℃	物 体	平均发射率	表面温度/℃
光滑砂石	0.909	19	人的皮肤	0.980	34
粗砂石	0.935	19	胶合板	0.962	19
大砂粒	0.914	20	混凝土跑道	0.974	5
覆盖有石油的水	0.973	5	沥青道路	0.967	4
覆盖有油的水	0.970	7	玻璃板	0.871	27
水	0.994	0			

由于灰体的发射率小于1,因此它不可避免地会受到外部辐射源的影响。影响最大的是太阳。在一般情况下,太阳总会构成背景的一部分。在大多数场合,即使目标的发射

率相当高,它们在中短波段所反射的太阳辐射也远远超过自身的辐射。因此,在探测目标时需要把自身发射和反射的辐射区分开来。在夜间进行探测,可以避开太阳的影响,所探测到的辐射基本上是目标自身的辐射,它反映了物体的原始面貌。

（二）太阳的光学特性

太阳光以电磁波辐射方式到达地球表面,在地面上观测的太阳辐射波长范围大约为 $0.3 \sim 2.5~\mu m$,包含了紫外、可见和红外三大光谱区,如图 2-2 所示。太阳辐射通过大气时会遇到各种粒子和气体,辐射线将被吸收与散射。地球上某一点接收的太阳能量,一部分来自直接辐射,另一部分则是散射辐射,二者之和称为太阳总辐射。

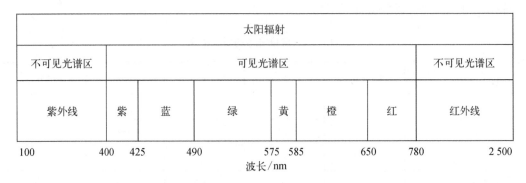

图 2-2　太阳辐射的光谱区域

一般可以认为太阳是热力学温度为 5 900 K 的黑体,其一定光谱范围的辐射出射度 $M_{es}(\lambda)$ 可根据普朗克公式计算,即

$$M_{es}(\lambda) = \frac{2\pi hc^2}{\lambda^5}\left[\frac{1}{\exp(hc/\lambda kT - 1)}\right] \qquad (2-1)$$

式中,h 为普朗克常数;c 为真空中的光速;k 为玻尔兹曼常数;T 为太阳的黑体温度。太阳对目标的单色辐照度 $E_{es}(\lambda)$ 为

$$E_{es}(\lambda) = \frac{M_{es}(\lambda) \cdot A_S}{4\pi \cdot R_{SE}^2} \qquad (2-2)$$

式中,A_S 为太阳表面积,可根据太阳的半径 $r_s = 6.69 \times 10^8$ m 计算得到;R_{SE} 为日地平均距离,约为 1.496×10^{11} m。

通常用太阳常数表示太阳辐射的强度,其定义为:在日地平均距离条件下,单位时间、单位面积进入地球大气层太阳辐射的总功率,其值为（1 367±7）W/m^2。

（三）地球及自然地表的红外辐射特性

地球可视为半径为 6 370 km 的球体,地球大气层的厚度近似为 80 km,地球辐射为地球及其大气系统的整体辐射。通过分析气象卫星所获得的数据得出:地球辐射的辐射出射度 M_{earth} 约为 237 W/m^2,其光谱分布近似于 280 K 黑体的光谱分布。

自然界的地表非常复杂,影响其温度分布和红外辐射特性的因素有很多,如地表的起伏、植被的类型、土壤的类型及湿度等,要精确计算自然地表的温度和红外辐射特性,必须建立一个考虑各种影响因素的三维传热模型,但非常复杂,因而通常采用简化的一维模型。

根据红外辐射理论,地表红外辐射由自身的辐射和反射两部分组成,对于长波红外辐射,反射辐射可以忽略不计,而地表自身的辐射主要取决于地表温度。地表温度可由一维导热微分方程描述:

$$\rho c = \frac{\partial T}{\partial \tau} = \frac{\partial}{\partial z}\left(k\,\frac{\partial T}{\partial z}\right) \qquad (2-3)$$

式中,ρ 为地表组成物质的密度;c 为比热容;k 为热导率;T 为温度;z 为深度坐标。

该方程的下边界条件为:在某一深度处,温度为常数。上边界条件即地表的热平衡方程:

$$E_s + E_c + M_g + H + E_L + G = 0 \qquad (2-4)$$

式中,E_s 为地表单位面积所吸收的太阳短波辐射;E_c 为地表单位面积所吸收的大气长波辐射;M_g 为地表的自身辐射由斯特藩-玻尔兹曼定律确定;H 为显热交换;E_L 为潜热交换;G 为地表向下的导热量。式(2-4)是与时间有关的一个相当复杂的方程,无法获得其解析解。对于以下两种特殊情形:一是裸露地型,即地面无任何植被;二是植被型,即植被完全覆盖地面,式(2-4)可简化为具有明确表达式的方程。

(四) 背景的辐射特性

对一般的地表目标和空中目标而言,太阳辐射和地球辐射都成为目标观察时的背景辐射。在 90°天顶角时,晴朗夜空背景的等效辐射温度为-60℃。而在地平线上,它只比环境温度低 10~15℃。阴天、夜空背景温度变化不大,在不同角度上的等效温度都接近环境温度。

探测空中目标时主要背景是天空和云层。天空的辐射亮度曲线大体上与地面相类似,可分为两个区,即 3 μm 以下的太阳散射区和 4 μm 以上的大气热辐射区。大气路程的辐射能力与路程中的水蒸气、二氧化碳和臭氧等吸收气体的含量有关。因此,计算天空的辐射亮度必须知道大气的温度和视线的仰角。

图 2-3 所示为晴朗夜空的光谱辐射亮度随仰角的变化。在低仰角时,大气路程非常长,其辐射亮度相当于低层大气温度

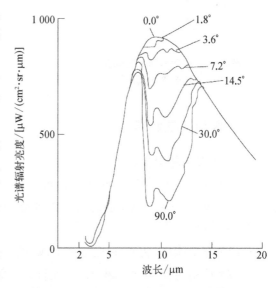

图 2-3　夜空不同观察仰角的光谱辐射亮度

下黑体的辐射亮度。在高仰角时,大气路程较短,在那些吸收很小的波段上,比辐射率很低。但在 6.3 μm 的水蒸气发射带和 15 μm 的二氧化碳发射带上吸收很厉害,比辐射率基本上就等于 1,而 9.6 μm 的发射是臭氧引起的。

在白天,4 μm 以上的大气热辐射区是相似的,3 μm 以下的太阳散射区有 0.94 μm、1.1 μm、1.4 μm、1.9 μm 的水汽吸收带,以及 2.7 μm 的二氧化碳吸收带。

图 2-4 中,曲线 A、B、C 的太阳仰角分别为 70°、41°、15°,观察方向为正上方。在未照明条件下,可以认为地球背景是一个 300 K 的均匀辐射源。但实际上,地球各部分差别很大。例如,海面背景红外辐射主要来自天空辐射的反射,它在各个入射角度上的数据都不同,但是可以根据天空辐射以及海水反射率计算这一数值。夜晚温暖的海面是良好的辐射源,潜艇在潜行时使温度较低的海水从底下上升到海面,造成潜流的温度和发射率发生变化,水面的辐射取决于它的温度和表面状态。无波浪时反射良好而辐射甚差,只有当出现波浪时,海面才能成为良好的辐射体。浪花的辐射如同黑体,这都成为红外系统探测的信号,如图 2-5 所示。

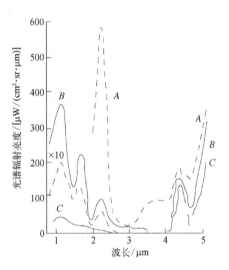

图 2-4　晴空不同太阳仰角的光谱辐射亮度

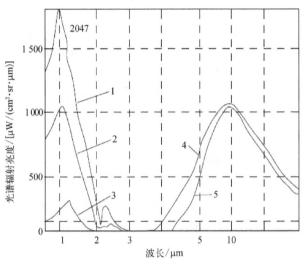

图 2-5　水面光谱
1. 浪;2. 汹涌海波;3. 平静海面;4. 日落后的海面;5. 绝对黑体

二、光辐射的基本量

(一)基本辐射参量

辐射量是辐射度学中的基本物理量,是指用物理学中对电磁辐射的测量方法来描述光辐射的一套参量,它适用于整个电磁波谱范围,各参量用下标 e 来标注(杨照金等,2014)。

(1)辐射能量(Q_e):以电磁波形式传播或接收的能量。单位:焦耳(J)。

(2)辐射通量(Φ_e):辐射通量又称为辐射功率,是指单位时间内通过某一面积的所有波长的电磁辐射能量。单位: W,1 W = 1 J/s。

（3）辐射强度（I_e）：在给定方向上的单位立体角内,离开点辐射源的辐射通量 dΦ 除以该单位立体角 dΩ。单位：瓦/球面度（W/sr）,用于描述点源发射的辐射功率在空间的分布特性。点辐射源对这个空间发出的辐射通量为对整个空间立体角的积分,对于各向同性的辐射源（即各个方向上 I_e 相同）,为 $4\pi I_e$。

（4）辐射亮度（L_e）：定义为辐射源在给定方向上的辐射亮度,描述面辐射源的辐射通量在源表面不同位置沿空间不同方向的分布特性,就是辐射源在该方向上的单位投影面积向单位立体角内发出的辐射通量。单位：W/（sr·m^2）。

（5）辐射出射度（M_e）：简称辐出度,用来描述面辐射源特性,定义为辐射源单位表面积向半球空间发射的辐射通量。辐出度的含义是通过辐射源单位面元所辐射出的功率,描述面源所发射辐射功率在源表面分布特性的量,对于发射不均匀的辐射源,表面各点有不同的辐出度。具体计算方法为,离开辐射源表面一点处的面元的辐射通量 dΦ 除以该面元的面积 dS。单位：W/m^2。

（6）辐射照度（E_e）：是从被辐射物体接收辐射的角度来表征辐射度量的,表示被照表面单位面积上接收到的辐射通量。单位：W/m^2。

（7）光谱辐射通量（Φ_λ）：辐射源发出的光在波长 λ 处的单位波长间隔内的辐射通量。单位：W/mm。

（8）光谱辐射强度（I_λ）：辐射源在波长 λ 处的单位波长间隔内的辐射强度。单位：W/（sr·mm）。

（9）光谱辐射亮度（L_λ）：辐射源在波长 λ 处的单位波长间隔内的辐射亮度。单位：W/（sr·m^2·mm）。

（10）光谱辐射出射度（M_λ）：辐射源在波长 λ 处的单位波长间隔内的辐射出射度。单位：W/（m^2·mm）。

（11）光谱辐射照度（E_λ）：辐射源在波长 λ 处的单位波长间隔内的光谱辐射照度。单位：W/（m^2·mm）。

（12）光谱发射率 $\varepsilon(\lambda)$：物体的实际光谱辐射度与同一波长 λ 和温度 T 下黑体的光谱辐射度的比值,表征了物体辐射的能力。

（13）发射率 ε：物体实际辐射度与同温下黑体辐射度的比值,它是光谱发射率在一定温度和波长的加权平均值,即

$$\varepsilon = \frac{\int_{\lambda_0} \varepsilon(\lambda) M(\lambda, T) \mathrm{d}\lambda}{\int_{\lambda_0} M(\lambda, T) \mathrm{d}\lambda} \tag{2-5}$$

式中,λ_0、T 分别为积分波长范围（μm）和表面温度（K）。

许多人工或天然材料都可以近似看作灰体,其光谱发射率是恒定的,且与波长无关,即 $\varepsilon(\lambda) = \varepsilon =$ 常数 <1。因此,用不同发射率的涂料可以产生红外图案。

（二）本征辐射参数

辐射定律都是针对黑体的,但实际上大多数物体并非黑体,即灰体。与黑体不同,灰体表面能反射一部分入射的辐射。有关反射的参数定义如下:

（1）光谱反射率 $\rho_t(\lambda)$,为反射的光谱辐射通量与入射光谱辐射通量的比值。结合实际应用,这里只考虑漫反射。

（2）反射率 ρ,为反射的辐射通量与入射的辐射通量的比值,它是将 $\rho_t(\lambda)$ 对 λ 求积分而得,表达式为

$$\rho = \frac{\int\limits_{\lambda_0} \rho_t(\lambda)M(\lambda, T)\mathrm{d}\lambda}{\int\limits_{\lambda_0} M(\lambda, T)\mathrm{d}\lambda} \qquad (2-6)$$

对非吸波材料而言,物体表面与周围平衡的辐射能守恒,则有 $\rho_t + \varepsilon = 1$。

（三）光度参数及定律

在可见光范围内,即使同样功率的光,如果颜色不同,人眼所感觉到的亮度也有差异,这说明人眼对不同颜色光的敏感程度不同。光度量是辐射度量对人眼视觉的刺激程度,除了客观辐射能的度量之外,光度量还考虑了人眼视觉机理的生理和感觉印象的心理因素。

1. 明视觉与暗视觉

人眼的视觉根据环境亮度的不同可以分为明视觉、暗视觉和中间视觉三种。明视觉指环境亮度超过 $3\ \mathrm{cd/m^2}$ 时的视觉,此时主要由人眼中的视锥细胞起作用,最大的视觉光谱响应在 555 nm 处,即对黄绿之间的光最敏感;暗视觉是指环境亮度低于 $10^{-3}\ \mathrm{cd/m^2}$ 时的视觉,此时主要由人眼中的视杆细胞感光,最大的视觉光谱响应在 507 nm 处;介于明视觉和暗视觉之间的称为中间视觉,此时视锥细胞和视杆细胞同时作用。

一般从白天晴朗天空的太阳到晚上台灯的照明,都在明视觉范围内,道路照明和明朗的月夜,都是中间视觉范围;而昏暗的星空下就主要依靠暗视觉了。

2. 人眼视见函数

在辐射度学中,辐射通量代表了光辐射源面积元在单位时间内辐射总能量的多少,而在光度学中人们感兴趣的只是其中能够引起视觉响应的部分。相等的辐射通量,由于波长不同,人眼的感觉也不相同。为了研究客观的辐射通量与它们在人眼所引起的主观感觉强度之间的关系,首先必须了解眼睛对各种不同波长的视觉灵敏度。人眼对黄绿色光最灵敏,对红色和紫色光较差;而对红外光和紫外光,则无视觉反应。在引起强度相等的视觉情况下,若所需的某一单色光的辐射通量越小,则说明人眼对该单色光的视觉灵敏度越高。设任一波长为 λ 的光和波长为 555 nm 的光,产生相同视觉所需的辐射通量分别为 $\Delta\Phi_\lambda$ 和 $\Delta\Phi_{555}$,则比值 $V(\lambda)$ 称为视见函数。图 2-6 所示为明视觉和暗视觉的相对视见函数实验曲线,其纵坐标为视见函数。

明视觉以 $V(\lambda)$ 表示,暗视觉以 $V'(\lambda)$ 表示。暗视见函数曲线的峰值向短波移动约

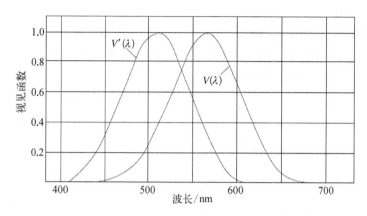

图 2-6　明视觉和暗视觉的相对视见函数实验曲线

50 nm,当不同的单色光辐射通量能够产生相等强度的视觉时,$V(\lambda)$ 与这些单色光的辐射通量成反比。

　　根据对大多数正常人眼的测量,当波长为 555 nm 时,曲线具有最大值。通常取该最大值作为单位 1。例如对于 600 nm 的波长来说,视见函数的相对值是 0.631,为了使它引起和 555 nm 相等强度的视觉,所需的辐射通量是 555 nm 的 1/0.631 倍,即 1.6 倍左右。也就是说,为了产生同等强度的视觉,视见函数 $V(\lambda)$ 与所需的辐射通量 $\mathrm{d}\Phi_\lambda$ 成反比。

　　3. 光度参数

　　光度量与辐度量一一对应,都是描述光辐射的基本物理量,只是光度量从人的视觉出发,一般用下标 v 区分于辐度量。

　　(1) 光能(Q_v),能够被人眼感知的辐射能大小称为光能,它与辐射能大小、人眼的视见函数有关,单位为流明·秒(lm·s)。

　　(2) 光通量(Φ_v):指单位时间内光源发出的光能(或被照物体所吸收的光能)。单位:流明(lm)。

　　(3) 发光强度(I_v):光源在给定方向的单位立体角中发射的光通量定义为光源在该方向的发光强度。单位:坎德拉(cd)。需要说明的是,发光强度的单位坎德拉(cd)是国际单位制中七个基本单位之一。1979 年的国际计量大会规定 1 坎德拉是发出 540×10^{12} Hz(555 nm)的单色辐射源在给定方向上的发光强度,该方向上的辐射强度为(1/683)W/sr。

　　(4) 光亮度(L_v):光源在给定方向上的光亮度是在该方向上的单位投影面积上、单位立体角内发出的光通量,单位:坎德拉每平方米(cd/m²),有时也称尼特(nt)。由基本单位坎德拉出发,可以得到光度学中其他物理量单位。如,1 流明(lm)是发光强度为 1 坎德拉(cd)的均匀点光源在单位立体角(1 sr)内发出的光通量;勒克斯(lx)是 1 lm 的光通量均匀地照射在 1 m² 上所产生的光照度。

　　(5) 光照度(E_v):指被照明物体给定点处单位面积上的入射光通量。单位:勒克斯(lx)。

　　(6) 光出射度(M_v):面辐射源单位面积向 2π 空间发出的全部光通量。单位:流明每平方米(lm/m²)。

4. 光度学定律

1）距离平方反比定率

点光源在某方向垂直于该方向的面元上产生的照度 E 与点光源在该方向的发光强度 I 成正比,与光源到面元距离 l 的平方成反比,即

$$E = k\frac{I}{l^2} \qquad (2-7)$$

若照度单位为 lx,光强单位为 cd,距离单位为 m,有

$$E = \frac{I}{l^2} \qquad (2-8)$$

2）余弦定理

点光源在一面元上产生的照度 E 与面元法线和光源到面元方向夹角的余弦成正比,即

$$E_\theta = E_A\cos\theta \qquad (2-9)$$

一定面积上的光强,随入射角的不同而变化,这是因为实际投影面积随入射角的增大而成比例地减少。这样,在环境照明测试时,探头需要进行余弦校正来计算实际值。否则,就会产生相当大的误差,尤其当入射角较小时,误差更大。

(四) 目标反射、散射特性参数

(1) 散射:辐射光束在不改变其单色成分的频率时,被表面或介质分散在许多方向的空间分布过程。

(2) 规则反射,也称镜面反射。在无漫射的情形下,按照几何光学的定律进行的反射。

(3) 漫反射:在宏观尺度上不存在规则反射时,由反射造成的弥散过程。

(4) 反射比:在入射辐射的光谱组成、偏振状态和几何分布指定条件下,反射的辐射通量或光通量与入射通量之比。反射比的符号为 ρ,单位为1。

(5) 规则反射比:总反射通量中的规则反射成分与入射通量之比。符号为 ρ_r,单位为1。

(6) 漫反射比:总反射通量中的漫反射成分与入射通量之比。符号为 ρ_d,单位为1。

三、色度学基本量

从心理学、生理学对人眼的视觉生理和视觉心理等的研究表明:颜色是由于各种光谱能量对人的视觉系统的刺激而引起的感觉。人们之所以看到红、绿、蓝各种不同的颜色,是由于光照射物体时,物体按它本身的特性对光的波长进行选择性地吸收、反射或透射,而反射光进入人的眼睛形成此物体的颜色(程海峰等,2012)。

物体分为透明体和不透明体,透明体的颜色主要是由透过的光谱组成决定;不透明体的颜色则由它的反射光谱组成决定。透明体具有透过光线的性质,只有一小部分光在表

面反射,如从镜面反射的方向看物体时,所看到物体的颜色是入射光的颜色。如果是不透明体,这样观察就看不到物体的颜色。不透明体受光照射后,入射光只能透过着色粒子,对于规则水平面进行镜面反射,在不规则的平面进行漫反射,还有部分光进入着色粒子层,碰到另一着色粒子的表面就进行折射,经折射后的光从着色粒子中反射出来,与物体表面最初的反射光一起从表面射出。这就是人们看到的物体的颜色。因此,不透明体包含表面反射光,所以同透明体相比,不透明体彩度低。测定不透明体的扩散反射光,透明体的透过光以及选择性吸收的程度,就可了解这些物体的颜色特性。

(一) 颜色的定义

五光十色、缤纷绚丽的大千世界里,色彩使宇宙万物充满情感而显得生机勃勃。色彩作为一种最普遍的审美形式,存在于我们的衣、食、住、行、用等日常生活的各个方面,人们几乎无时无刻不在与色彩发生着密切的关系。

颜色的定义是光作用于人眼引起除形象以外的视觉特性。根据这一定义,颜色是一种物理刺激作用于人眼的视觉特性,而人的视觉特性是受大脑支配的,受个人的经历、记忆力、看法和视觉灵敏度等各种因素的影响。

光线映射到人的眼睛时,波长不同决定了光的颜色不同。波长相同能量不同,则决定了色彩明暗的不同。在电磁波辐射范围内,只有波长 380~780 nm 的辐射能引起人眼的颜色感觉。

这段可见光谱内,不同波长的辐射引起人们的不同色彩感觉。英国科学家牛顿在 1666 年发现,把太阳光经过三棱镜折射,然后投射到白色屏幕上会依次显出红、橙、黄、绿、青、蓝、紫 7 种颜色(图 2-7)。

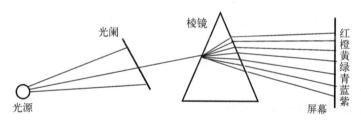

图 2-7 可见光色散图

这是因为日光中包含有不同波长的辐射能,在它们分别刺激人眼时,会产生不同的颜色视觉,而它们混合在一起刺激人眼时,则是白光。白光通过三棱镜便分解为上述 7 种不同的颜色,这种现象称为色散。色散所产生的各种颜色的波长如表 2-3 所列。

表 2-3 光的各种颜色对应光谱段

颜 色	波长 λ/nm	代表波长/nm
红(red)	780~630	700
橙(orange)	630~600	620

颜　　色	波长 λ/nm	代表波长/nm
黄(yellow)	600~570	580
绿(green)	570~500	550
青(cyan)	500~470	500
蓝(blue)	470~420	470
紫(purple)	420~380	420

颜色分为光源色与物体色两大类。物体色与物体本身的特性有关系,当光照射到物体表面时,反射光随物体表面的反射特性不同其光谱组成也不同,于是入射到人眼的光的颜色也不同。人眼对物体的颜色感觉取决于照明光源的光谱组成和物体表面对光源入射各波长的反射比(或透射比)。对光源而言,人眼对光源的颜色感觉取决于进入人眼的辐射光谱组成。黑白变化相当于光源的亮度变化。

(二) 目标的色度特性参数

1. 颜色

感知意义:包括彩色和无彩色及其任意组合的视知觉属性。该属性可以用诸如黄、橙、棕、红、粉红、绿、蓝、紫等区分彩色的名词来描述,或用诸如白、灰、黑等说明无彩色的名词来描述,还可用明(或者亮)和暗等词来修饰,也可以用上述各种名词的组合词来描述。

心理物理意义:用例如三刺激值定义的可计算值对色刺激所做的定量描述。

2. 色度学

研究颜色理论及其有关量测定的学科。

3. 物体色

被感知为某一物体所具有的颜色。

4. 表面色

被感知为某一漫反射或发射光的表面所具有的颜色。

5. 色调

根据所观察区域呈现的感知色与红、绿、黄、蓝的一种或两种组合的相似程度来判定的视觉属性。

6. 彩色反差

景物或影像中色彩或色饱和程度(即接近光谱色的程度)的相对差别。

7. 彩色校正

用调整各色印片光比率或所拍摄景物照度的方法改变彩色平衡。

8. 色刺激

能够通过视觉器官产生色知觉的辐射。

9. 色温

光源发出的光色与黑体在某一温度下所发出的光色相同时的黑体温度。

（三）人眼视觉特性与物体观察

1. 人眼的视觉特性

眼睛所看到物体的视觉现象称为视知觉,它是可见光刺激眼睛视网膜上的锥体细胞和杆体细胞,作为一种神经信号传递给视神经中枢所形成的知觉。人眼中能够感受光的视觉细胞,有锥体细胞和杆体细胞。锥体细胞感光灵敏度低,在光亮度 3 cd/m² 以上时起作用,它能分辨颜色和物体的细节,称为明视觉。杆体细胞在亮度 0.001 cd/m² 以下时起作用,称为暗视觉。如果亮度介于明视觉和暗视觉之间,锥体细胞和杆体细胞同时起作用。锥体细胞和杆体细胞对中波光最为敏感,由短波方向向长波方向移动逐渐减弱。国际照明委员会(CIE)规定,在明视觉条件下,锥体细胞对波长为 555 nm 的光感受最为敏感,感受范围为 400~700 nm,在暗视觉条件下,杆体细胞的最大感受性的波长为 510 nm (绿色),感受范围为 400~650 nm。

（1）绝对视觉阈：全黑视场下,人眼感觉到的最小光刺激值,约 10^{-9} lx 量级。

（2）阈值对比度：时间不限,使用双眼探测一个亮度大于背景亮度的圆盘,察觉概率为 50% 时,不同背景亮度下的对比度。

（3）对比度 C：当 L_t 和 L_b 分别为目标与背景的亮度时,对比度表示为

$$C = \frac{L_t - L_b}{L_b} \tag{2-10}$$

由于背景亮度、对比度和人眼所能探测的目标张角三者之间存在制约关系(Wald 定律),特别是在目标张角小于 7′ 时,存在 Rose 定律：

$$L_b \cdot C^2 \cdot \alpha^2 = \text{const} \tag{2-11}$$

（4）人眼的分辨力：人眼能区分两发光点的最小夹角称为极限分辨角 θ,其倒数为人眼分辨力。

从内因分析,影响人眼分辨力的因素为眼睛的构造。从外因分析,是目标的亮度与对比度。人眼会根据外界条件自动进行适应,从而可以得到不同的极限分辨角。

2. 人眼观察物体的要求

（1）灵敏度：以量子阈值表示时,最小可探测的视觉刺激是 58~145 个蓝绿光(波长为 0.51 μm)的光子轰击角膜引起的,据估算,这一刺激只有 5~14 个光子实际到达并作用于视网膜上。

（2）对比度：图案不同,对对比度的要求也不同(如点与点为 26%;方波条纹之间为 3%)。

（3）信噪比：人眼观察物体需要排除干扰,如果干扰太大将影响到人眼的观察效果。图案不同,人眼对信噪比的要求不同(如方波图案为 1~1.5;余弦图案为 3~3.5)。

（四）颜色三刺激值

由色度学理论可知，通过红、绿、蓝三原色的相加混合可以得到许多不同的颜色，匹配出某种颜色的三原色刺激量，称为此颜色的三刺激值。

颜色的三刺激值计算公式为

$$X = k \sum_{\lambda} \varphi(\lambda) x(\lambda) \Delta\lambda \tag{2-12}$$

$$Y = k \sum_{\lambda} \varphi(\lambda) y(\lambda) \Delta\lambda \tag{2-13}$$

$$Z = k \sum_{\lambda} \varphi(\lambda) z(\lambda) \Delta\lambda \tag{2-14}$$

式中，$k = \dfrac{100}{\sum\limits_{\lambda} s(\lambda) y(\lambda) \Delta\lambda}$；$\varphi(\lambda)$为色刺激函数，$\varphi(\lambda) = \rho(\lambda) \cdot s(\lambda)$，$\rho(\lambda)$为物体表面的光谱反射率，$s(\lambda)$为光源的相对光谱功率分布；$x(\lambda)$、$y(\lambda)$、$z(\lambda)$是 CIE 标准色度观察者光谱三刺激值，反映人眼视觉灵敏度。

由三刺激值得到物体表面颜色的色度坐标为

$$x = \frac{X}{X+Y+Z}, \quad y = \frac{Y}{X+Y+Z}, \quad z = \frac{Z}{X+Y+Z} \tag{2-15}$$

四、色差及亮度对比度

（一）颜色和色差

为了定量地表示颜色，进而计算其颜色差别，国际照明委员会规定了多种颜色表示方法和色差表示方法，下面将伪装技术中常用的几种颜色和色差表示方法介绍如下：

在伪装技术领域一般采用 CIE1931 标准色度观察者光谱三刺激值描述颜色（程海峰等，2012）。三刺激值 XYZ 中只有 Y 值既代表色品又代表亮度，而 X、Z 只代表色品。根据光谱反射率可计算出三刺激值 X、Y、Z。

（二）亮度系数和亮度对比度

亮度指发光面或反射面亮暗的程度。亮度系数是指在相同照明条件下，在指定方向上的物体表面亮度与理想漫反射面的亮度之比。而亮度对比通常指视场中目标与背景两个不同亮度区域之间在亮度上的相对差别，数值上等于区域间的亮度差值与区域中较大亮度值之比。

在伪装材料设计中，通常涉及材料的可见光亮度系数和近红外亮度系数。CIE1931 标准色度观察者光谱三刺激值中 Y 值代表样品在 D_{65} 光源下的亮度，取值范围在 $0 \sim 100$ 之间，理想漫反射面在 D_{65} 光源下的 Y 值为 100，所以样品的亮度系数为

$$r = \frac{Y}{100} \tag{2-16}$$

对于斑驳区域,其亮度系数按照面积平均得出:

$$r = \sum r_i \cdot s_i \tag{2-17}$$

式中,r_i为第i种颜色斑块亮度系数;s_i为第i种颜色斑块在背景中的面积百分比。

亮度对比用来表征两个区域间亮度上的相对差别。在不同的场合定义有细微的差别。目标与背景之间的亮度对比定义为亮度系数差值与两者中较大亮度系数之比。

$$K = \frac{|r_t - r_b|}{\max(r_t, r_b)} \tag{2-18}$$

式中,r_t和r_b分别为目标与背景的亮度系数。

伪装涂料生产使用过程中,涂层与标准色之间的亮度对比定义为亮度系数差值与标准色的亮度系数之比:

$$K = \frac{|r_s - r_r|}{r_r} \tag{2-19}$$

式中,r_s和r_r分别为目标与背景的亮度系数。

五、目标的散射特性

当电磁波由上而下照射到两个半无限介质的分界面上时,入射能量的一部分散射回来,剩下的一部分透射进入下层介质中。特殊情况下,即当下层介质是均匀的或近似可以认为是均匀的,这时除了一部分能量透射进入下层介质中外,在分界面之上仅仅发生散射现象,因而所讨论的问题就变为一个表面散射的问题。粗糙表面的表面散射特性一般与表面的粗糙度有关:表面越光滑,镜向散射分量越突出,漫散射幅度越小;反之,当表面变粗糙时,镜向散射分量减小,漫散射分量增加。另外,当下层介质不均匀时,或由不同介电常数介质混合组成时,则透射波中一部分能量被不均匀介质再次散射回去,后者穿过分界面又回到上层介质中。这种由于下层介质中的不均匀性而发生了散射的现象,称为体散射。下面分别简要介绍面散射特性和体散射特性。

(一) 面散射特性

当一束光线入射到目标表面,表面对光束的反射及散射情况又是如何变化的呢? 一般来说,宏观的结果从根本上应该从微观入手,研究电磁波与目标表面的相互作用,首先应该研究电磁波的波长与目标表面尺寸之间的关系。下面先介绍最初基于点散射体和小面元散射体的假设得到的几种简单的物理模型(杨照金等,2014)。

1. 点散射体

早期的某些模型假设面散射是由多个点散射体所造成的,这些独立的单元被假设为各向同性的散射体或偶极子,它们的独立方向性都很宽。基于小球形散射体集合模型的基础,根据散射系数σ^0随入射角的变化关系,可以归纳为下面几种形式。

模型1: $$\sigma^0(\theta) = \sigma^0(0) \tag{2-20}$$

模型2：
$$\sigma^0(\theta) = \sigma^0(0)\cos\theta \qquad (2-21)$$

模型3：
$$\sigma^0(\theta) = \sigma^0(0)\cos^2\theta \qquad (2-22)$$

2. 小面单元

将一个连续的粗糙表面分割成一连串的小面单元，每个小面单元均与实际平面相正切，如图2-8所示。小面单元模型在处理小面单元集合体的散射与反射时，既考虑它们的再辐射方向性，又考虑它们的斜率分布。

图2-8 将粗糙表面表示为一连串小面单元的集合体

由一块单独的小面单元所产生的散射特性取决于该平面单元的大小。如图2-9所示，后两种有限小面单元均存在有旁瓣，但它们的旁瓣值均比主瓣要小。

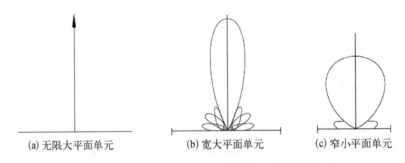

(a) 无限大平面单元   (b) 宽大平面单元   (c) 窄小平面单元

图2-9 法向入射时小面单元的再辐射方向性图

定量地描述小面单元的尺寸需要借助于波长单位来度量。对小面单元伸展为无限的假设是相对于波长而言的，因此现实中无限大平面单元，就要假设波长为零了。而对于宽大的平面单元，它的横跨尺寸必须具有多个波长。这个假设隐含着几何光学的思想，因此，小面单元模型也称为几何光学散射模型。

几何光学在数学处理方面是比较容易的，因为它只需要斜率分布和几何尺寸即可。当小面单元为有限尺寸和有限波长时，斜度分布的密度函数和小面单元大小分布的概率密度函数都要用到。

（二）体散射特性

在自然界中，严格来说，介质都是不均匀的。只有在特定的入射波频率、入射角或特定的介质状态下，有些介质才可以作为均匀介质来处理。在目标识别和伪装中，通常为了各种目的，目标表面一般都涂以不同的涂层，这些涂层往往具有不同的折射率、颜色等光学特性，使目标识别变得越来越困难。

图2-10为分层介质中的面散射和体散射示意图。表面特征和大量缺陷的形状、尺寸、分布就决定了体散射的大小和角度分布。实际上，大部分散射和辐射中同时存在面散

射和体散射,可以根据不同的情况和需要忽略面散射或体散射。例如,在微波领域中,海水具有大的介电常数,因而可将海水作为均匀介质处理,只产生表面散射;而在光波领域中,海水的介电常数很小,海水中的微粒可以产生很重要的体散射效应。要确定是否存在体散射,必须知道介质是否均匀以及穿透的有效深度。

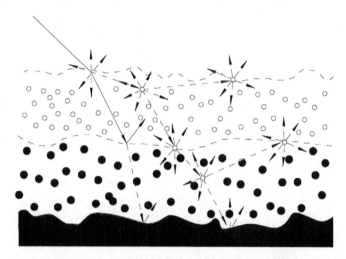

图 2 - 10 分层介质中面散射和体散射示意图

研究涂层金属的光散射一般要考虑体散射效应;而未涂层的金属,其介电常数很大,一般忽略它的透射及体散射,只考虑其面散射。研究土壤、植被等目标的散射时,体散射与面散射都要考虑,并且体散射占有很重要的地位。

由于体散射主要是介质的不连续性所产生的,通常这种不连续性在空间中又是随机分布的,因此可以直观认为介质中的散射波在各个方向都存在且均匀分布。也就是说,体散射在各个方向上的强度基本不变,或变化缓慢。因此,在大部分模型中都假设体散射效应是一个常数。为了研究方便,把体散射与表面多重散射合并在一起,统称为漫反射分量,并假设它们都服从理想朗伯特性。

六、目标的光学特性

目标的特征是发现和识别目标的基本依据。人眼直接观察或光学照片判读发现和识别目标的基础是目标本身或其活动痕迹能够从背景中被区分出来,而目标与背景在光学波段的区别是由其对光的反射能力不同决定的。

首先,物体表面材料的性质(物质组成及其微观结构)使其对不同波长的光线反射能力不同,光谱反射特性曲线反映了物体反射能力随波长的变化关系,是目标的重要光学特性。图 2 - 11 是典型军事目标和背景在 400~1 000 nm 波段的光谱反射特性曲线。

有的材料对某些波长的入射光的反射率较大,而对另一些波长的入射光的反射率较低,称为选择性反射材料。其光谱反射特性曲线表现出随波长的起伏变化,如图 2 - 11 中的夏季绿叶、秋季枯叶、干耕地表和军用吉普车。有的材料对各波长的入射光有大致相同的光谱反射率,称为非选择性反射材料。其光谱反射特性曲线为一条近似水平的直线,如

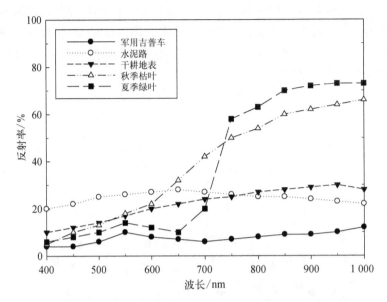

图 2-11 典型军事目标和背景的光谱反射特性曲线

图 2-11 中的水泥路。模拟自然背景的伪装材料的光谱反射特性应尽量与其模拟的背景一致,两者间的差别是光学探测系统识别伪装目标的主要依据。

其次,目标表面的粗糙程度也是目标的主要光学特性。光滑的物体表面使入射光线发生镜面反射,在镜面反射方向光线非常强,常出现闪光;而理想的粗糙表面反射光在各个方向的亮度是均匀的。在光学探测中,目标与背景表面的粗糙程度差别也是发现和识别目标的重要特征,比如军用车辆的车窗玻璃、射击瞄准镜的反光都使得目标易于暴露。

再次,目标表面的特定形状和空间位置会影响其受照情况,特别是在太阳直射光线和探照灯等非漫射光源的照明下,目标表面规则的明暗分布是其重要的特征。目标通常在光源的照射下,各个面的明暗分布不同。此外,目标在光源照射下形成的阴影也是其重要的光学特性。

第二节　光在大气中的传输

目标、背景和光电系统都存在于一定的环境中,光波传输特性也是一个不可分割的组成部分,大气传输和辐射特性也是目标光学特性研究的另一重要内容。

一、大气传输过程

大多数光学系统必须通过地球大气才能观察到目标,在研究目标特性测量和隐身伪装技术时必须考虑大气传输的影响。因为从目标来的辐射功率在到达光电传感器前,会被大气中某些气体有选择地吸收,大气中悬浮微粒能使光线散射。吸收和散射虽然机理不同,其作用结果均使辐射功率在传输过程中发生衰减。另外,大气路径本身的辐射和散射与目标辐射相叠加,将减弱目标与背景的对比度。

由于空气温度、湿度和密度的波动会产生湍流,而湍流会引起折射率的波动,造成光束的传播方向、相位和偏振的抖动以及光束强度闪烁,由于吸收和散射引起辐射衰减,可用大气透过率表达为

$$\tau = e^{-ax} \tag{2-23}$$

式中,τ 为大气透过率;a 为衰减系数,一般良好天气的衰减系数为 0.2;x 为路程长度,单位为 km。

衰减系数可分解为吸收系数 α 和散射系数 γ 之和,即

$$a = \alpha + \gamma \tag{2-24}$$

吸收系数 α 和散射系数 γ 均随波长变化而变化。

二、大气吸收

大气由多种气体分子混合组成。表 2-4 列出了干燥大气中的各种气体成分(杨照金等,2014),它们的相对比例在 80 km 以下的高度几乎不变,通常把它们称为大气的不变成分。

表 2-4　地球大气(干燥)的组成

成　分	化学符号	体积的百分比	成　分	化学符号	体积的百分比
氮	N_2	78.084	甲烷	CH_4	2.0×10^{-4}
氧	O_2	20.946	氪	Kr	1.14×10^{-4}
氩	Ar	0.934	一氧化二氮	N_2O	5.0×10^{-5}
二氧化碳	CO_2	0.032	氢	H_2	5.0×10^{-5}
氖	Ne	1.818×10^{-3}	氙	Xe	9.0×10^{-6}
氦	He	5.24×10^{-4}			

大气含有多种气体成分,根据分子物理学理论,吸收是入射辐射和分子系统之间相互作用的结果,而且仅当分子振动(或转动)的结果引起电偶极矩变化时,才能产生吸收光谱。由于地球大气层中含量最丰富的氮、氧、氩等气体分子是对称的,它们的振动不引起电偶极矩变化,故不吸收红外。大气中含量较少的水蒸气、二氧化碳、臭氧、甲烷、氧化氮、一氧化碳等非对称分子,振动引起的电偶极矩变化能产生强烈的红外吸收。

大气中除了以上的气体成分之外,还含有微小液滴和固体微粒,它们构成云、雾、雨、雪以及尘埃和烟等,这些成分对红外辐射的吸收不是很强烈,但要考虑它们对辐射的散射。

图 2-12(a)为海平面上 1.8 km 的水平路径所测得的大气透过曲线,图 2-12(b)表示了水蒸气、二氧化碳和臭氧分子所造成的吸收带。由于低层大气的臭氧浓度很低,在波长超过 1 μm 和高度达 12 km 的范围内,意义最大的是水汽和二氧化碳分子对辐射的选择性吸收,如二氧化碳在 2.7 μm、4.3 μm 和 15 μm 有较强的吸收带。

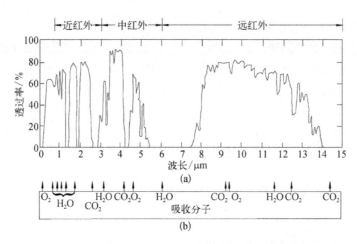

图 2-12　海平面上 1.8 km 水平路径的大气透过率

图 2-12 中的几个高透过区域称为大气窗口。近、中、远红外波段的主要大气窗口为 1.0~2.5 μm、3~5 μm 和 8~13 μm。

大气主要成分的主要吸收谱线中心波长如表 2-5 所列。

表 2-5　可见光和近红外区主要吸收谱线

吸收分子	主要吸收谱线中心波长/μm
H_2O	0.72、0.82、0.93、0.94、1.13、1.38、1.46、1.87、2.66、3.15、6.26、11.7、12.6、13.5、14.3
CO_2	1.4、1.6、2.05、4.3、5.2、9.4、10.4
O_2	4.7、9.6

从表 2-5 不难看出,对某些特定的波长,大气呈现出极为强烈的吸收。光波几乎无法通过。根据大气的这种选择吸收特性,把近红外区分成 8 个区段,而将透过率较高的波段称为"大气窗口",如图 2-13 所示,在这些窗口之内,大气分子呈现弱吸收,目前常用的激光波长都处于这些窗口之内。

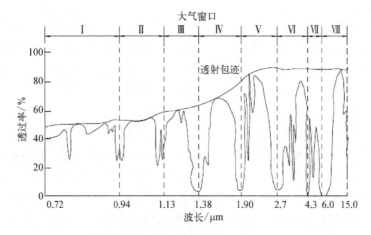

图 2-13　大气透过率及大气窗口

三、大气散射

当光通过大气时,由于大气中存在气体分子和悬浮在大气中的极小微粒,光照射在这些极小的微粒上,不是朝一定方向反射,而是向四周散开,这种现象称为光的散射。大气散射是大气分子和大气中悬浮粒子引起的,大气层及其所含的悬浮粒子统称为气溶胶。

霾是指弥散在气溶胶中各处的大量细小微粒悬浮而成的浑浊现象,其中的微粒由很小的盐晶粒、极细的灰尘或燃烧物等组成,半径可到 $0.5~\mu m$。在湿度较大的地方,湿气凝聚在这些微粒上,可使它们变得很大。当凝聚核增大为半径超过 $1~\mu m$ 的水滴或冰晶时,就形成了雾。云的形成原因和雾相同,只是雾接触地面而已。

仅含散射物质(无吸收物质)的大气光谱透过率为

$$\tau = e^{-\gamma x} \tag{2-25}$$

式中,γ 为散射系数,包括了气体分子、霾和雾的散射影响;x 为路程长度。

粒子的散射系数与其半径与入射辐射波长之比有关。假设每立方厘米大气中含 n 个水滴,每个水滴半径为 r,则散射系数为

$$\gamma = \pi n K r^2 \tag{2-26}$$

式中,K 为散射面积比,是散射效率的度量。

当散射粒子的尺寸小于波长时,K 值随波长迅速增加,表现为选择性散射。波长越短,散射越厉害。当半径等于波长时,K 值最大,约为 3.8,散射最强烈。水滴进一步增大,K 值轻微振荡,最终趋近于 2。由于此时 K 值与波长无关,散射呈现为非选择性散射。

比波长小得多的粒子产生的散射称为瑞利散射,其散射系数与波长的四次方成反比,有很强的光谱选择性。气体分子本身的散射就属于瑞利散射,晴空呈现蔚蓝色是由于大气中的气体分子把较短波长的蓝光更多地散射到地面上来的缘故,而落日呈现红色则是因为平射的太阳光经过很长的大气路程后,红光波长较长,其散射损失也较小。

与波长差不多大的粒子的散射称为米氏散射,米氏散射无明显选择性。颗粒较大的烟雾,由于对各种色光都有较高的散射效率,因而呈白色,是典型的米氏散射。大气气体分子或悬浮微粒的强散射主要表现在可见光区,而雾的散射对可见光、红外的大气透过率都有影响。大气散射对可见光观察的影响程度可用能见度表示。在能见度较差的雾天,有时我们会发现红外图像比可见光图像更清晰一些,从而误认为"红外透过大气的性能比可见光好",其实不能一概而论。

测量雾中的水滴表明,其半径为 $0.5\sim80~\mu m$,尺寸分布峰值一般为 $5\sim15~\mu m$。因此,雾粒的大小和红外波长差不多,r/λ 近似为 1,散射面积比接近最大值。

假定大气中含 200 个/cm^3 水滴的雾,水滴半径为 $5~\mu m$。可算得在 $4~\mu m$ 处,100 m 路程的透过率仅百分之几。因此,无论是可见光还是红外波段,雾的透过率都很低。一般来讲,红外系统只要工作在大气层内,就不可能像雷达一样成为全天候的系统。当然,如果是薄雾天气,雾的颗粒较小,工作波段选用长波红外,红外波段的透过率还是比可见光波段高一些。

野外实验表明,有雨时大多数红外系统的性能将下降,但跟有云和雾时不一样。由于雨滴比光波长大许多倍,在红外波段,雨的散射与波长无关。对散射系数而言,小雨滴起着非常大的作用。此外,雨的散射系数仅取决于每秒钟降落在单位水平面积内的雨滴数。

第三节　光学探测原理及典型系统

光学探测指根据目标与背景之间在光学波段(包括紫外、可见、近红外波段)反射电磁波的差异,利用人眼、光学或光电探测设备所实施的探测。

一、光学探测原理

(一) 光学成像过程

光学成像侦察都要依赖光源。光学成像侦察的过程如下:光源发射的光线照射在目标与背景上,入射光一部分被选择性吸收,另一部分被选择性反射,最后到达成像装置的反射光形成图像,如图 2 - 14 所示。

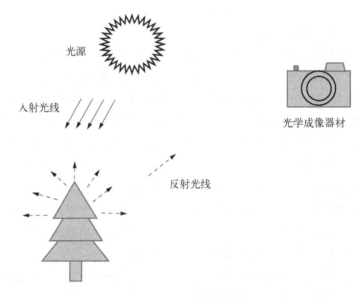

图 2 - 14　光学成像原理

光学侦察所依赖的光源,白天主要是日光,夜晚主要是月光、星光、大气辉光等微光。另一些侦察器材依靠本身发射的光线进行成像,如主动式夜视侦察器材依赖探照灯发出的可见光或近红外线,激光雷达依赖本身发射的激光束。

光学成像器材包括各种彩色或全色光学照相机、微光夜视仪、高光谱成像仪、激光雷达等,广义上也包括人眼。虽然这些侦察器材的传感器响应波段都在 300 ~ 2 500 nm,但是不同类型的侦察器材具有较大的差别。

在光学伪装分析中,目标与背景都在相同的光源照射下,目标与背景对光的不同反射能力是侦察系统进行区分的主要依据。影响目标与背景反射差别的主要因素有光谱反射率（对入射光线的选择性反射）、表面粗糙度、表面形状、大气等。

（二）光学探测系统的特性

通常光学探测系统只对特定波长范围的光线响应。其光谱响应范围是其重要的技术特征，下面简单介绍一些典型系统的光谱响应范围。

人眼是一种特殊的、灵敏的、具有高度适应性的图像探测器。人眼观察是最基本、最广泛的探测方式，人眼又往往作为各类探测系统的最后一级，其性能将直接或间接地影响整个系统的性能。人眼视网膜的感光范围为 380~780 nm，这一波长范围即称为可见光。人眼不但能感知入射可见光的强度，还能形成颜色视觉，即感知入射光能量的光谱分布特征。模拟人类视觉的彩色相机，具有与人眼大致相同的感光范围和感光方式。

全色相机是常用的光学探测系统，它可以搭载在飞机和侦察卫星上，在短时间内获得大范围地域的照片。全色相机的感光范围比人眼宽，通常在 400~900 nm。全色相机获得目标的灰度图像，其感光范围的增大可以提高相机接收到的目标反射光强度，提高图像的清晰度和分辨率。

在照相机镜头前加紫外滤光片后，胶卷或感光元件对波长为 300~380 nm 的光线感光，获得目标的紫外照片。类似的，近红外相机或红外夜视仪的胶卷或感光元件对波长大于 780 nm 的近红外线感光，获得目标的近红外照片。

多光谱成像可以在若干个波段（相邻波段光谱间隔为 100 nm 量级）上都能对目标进行成像。这些波段可以位于紫外、可见或近红外区域。

高光谱成像系统将光学波段分成上百个窄波段（相邻波段光谱间隔为 10 nm 量级），在每一个窄波段分别对目标成像，从而可以获得目标的光谱特征，分析目标的组成和性质。

光学图像的地面分辨率通常指图像中一个像素点对应的地面尺寸，如美国 KH-12 卫星的全色相机地面分辨率可达 0.1 m，即意味着地面 1 m 见方的物体在 KH-12 所获图像中可占据 10×10 共 100 个像素点。

在目标与背景存在亮度等差别前提下，图像上发现不同尺寸的目标所需的分辨率不同。对于港口等大型目标，在分辨率为数十米的图像上就能被发现；而对于尺寸为数米的坦克，在分辨率数十米的图像上是难以被发现的，只有在分辨率达到米级的图像上才能被发现。表 2-6（曹义等，2012）给出了判读某些目标所需的地面分辨率。

表 2-6　典型目标判读所需地面分辨率　　　　　　　　（单位：m）

目标类型	发　现	一般识别	精确识别	了解细节	分　析
桥　梁	6	4.6	1.5	0.9	0.3
雷　达	3	0.9	0.3	0.15	0.04
供应品基地	1.5	0.6	0.3	0.03	0.03

续　表

目标类型	发　现	一般识别	精确识别	了解细节	分　析
火箭和火箭炮	0.9	0.6	0.15	0.05	0.01
飞　机	4.6	1.5	0.9	0.15	0.03
水面舰船	7.6	4.6	0.6	0.3	0.08
普通车辆	1.5	0.6	0.3	0.05	0.03
港　口	30.5	15	6	3	0.3
道　路	9	6	1.8	0.6	0.15
市　区	61	30.5	3	3	0.3

说明：发现，指确定发现部队、军事目标和军事活动的位置；一般识别，指识别出目标种类；精确识别，指识别出目标类型；了解细节，指确定目标的大小、形状、结构和数量。

　　光学探测系统的分辨率与其本身分辨率及观察距离有关。光学成像器材的望远镜系统和感光元件阵列共同决定其视场角和角分辨率。在角分辨率一定的情况下，距离观察目的地越远，所得图像的分辨率越低；在视场角一定的情况下，距离观察目的地越远，所得图像的覆盖面积越大。图 2-15 可以说明这个问题。

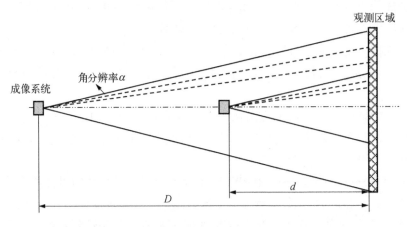

图 2-15　光学成像器材的探测幅宽和分辨率

　　成像侦察卫星充分利用了距地面远，覆盖范围宽的优点。美国第一颗照相侦察卫星一次任务就拍摄了 3 000 ft（1 ft = 0.304 8 m）的胶卷，覆盖了 150 万 mi²（1 mi² = 2.589 988 km²）的苏联和东欧国家的领土。一种可从太空中产生 10 m 分辨率的同类光学探测器能从 5~10 km 高度产生 0.3 m 分辨率。机载成像侦察可弥补侦察卫星的不足，因此美军从海湾战争以来的几场局部战争中探索出了这样的协同方式：由侦察卫星从太空首先发现目标，然后派各类侦察机对相关目标进行进一步侦察，获取所需的情报。多种侦察装备联合使用、协同动作的方式大大提高了侦察系统的能力。

二、典型的光学探测系统

(一) 人眼

人眼主要由三个部分构成：① 角膜、虹膜、晶状体、睫状体和玻璃体组成的光学系统；② 作为感光元件的视网膜；③ 进行信号传输与处理显示的视神经与大脑。视网膜上的感光细胞分为锥状细胞和杆状细胞。锥状细胞具有高分辨力和颜色分辨力，在视场较亮时起作用，杆状细胞具有更高的灵敏度但不能分辨颜色，在视场较暗时起作用。人眼具有亮度分辨能力和空间分辨能力，直接观察能够得到物体的彩色三维图像。

人眼直接观察是最基本的探测手段。人眼通过观察目标与背景的亮度、颜色、尺寸以及空间位置等差别分辨目标。在白天空气较纯净、目标与背景间亮度差别较明显时，人眼从地面和空中发现目标的能力如表 2-7 所示 (曹义等，2012)。

表 2-7　人眼观察目标的能力

地　面　观　察		空　中　观　察	
目 标 名 称	发现目标的最大距离/m	目 标 名 称	发现目标的最大距离/m
钟楼高塔	16 000~20 000	单个人员	600
大型独立建筑物	10 000~15 000	步兵连和炮兵连	1 500~1 800
小村庄	7 000~9 000	营以上的行军纵队	3 000~4 000
工厂的烟囱	5 000~6 000	战斗队形中的坦克	2 500~3 000
独立房屋	3 000~5 000	单门火炮	1 000
房屋的窗户	3 000~4 000	停放的飞机	4 000~5 000
独立的树	2 000~3 000	铁路上的列车	4 500~5 500
单个人员	1 500~2 000	桥梁与使用中渡口	3 000~5 000

(二) 望远镜

望远镜是用来观察远方物体的光学仪器，能够放大人眼对所观察对象的视角，用于观察战场、搜寻目标以及方位角、高低角的概略测量，是军队中的一种基本观察器材。望远镜主要由物镜和目镜组成，来自物体的光线经物镜聚焦成像在目镜前的焦平面上，再经目镜放大供人观察。军用望远镜多为采用正焦距透镜组 (相当于凸透镜) 作为目镜的开普勒望远镜，其基本的光路如图 2-16 所示。目前使用的望远镜视放大率一般为 6~10 倍。

(三) 红外夜视仪

夜视技术在军事上一直受到重视。在夜间战斗，可以借助可见光照明进行，诸如古代的油灯、火把，近代的探照灯、照明弹等；可见光照明条件下，敌我双方具有对等的照明条件。随着技术的进步，军事上开始追求不对等的照明条件。

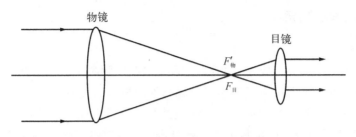

图 2 - 16　开普勒望远镜光路原理图

早在 18 世纪,就有人用大孔径、高倍率的普通光学望远镜进行了一次夜视实验,其结果是在不低于满月光照度下,这类光学望远镜对改善人眼的视觉才是有效的。因为在低于满月光的照度的情况下,虽然望远镜有比人眼瞳孔大得多的孔径,可以捕获更多的光子,但由于望远镜在视网膜上所成的图像同时增大,并没有增加单位面积视网膜上的光能量,而且光学系统的吸收还要造成光能损失,像面上单位面积的光能量反而降低。所以,普通光学望远镜即使增大孔径和倍率,在低于满月光的夜间也是不能帮助人眼进行夜间观察的。

夜视技术的真正发展始于 20 世纪 20 年代末,1929 年柯勒(L. R. Koller)发明了对近红外灵敏的 Ag - O - Cs 光电阴极。30 年代中期,荷兰、德国、美国各自独立研制成了红外变像管。第二次世界大战后期,近红外夜视仪被研制成功并第一次用于实战。

近红外夜视仪是一种主动式仪器,工作波段在 760 ~ 1 200 nm,工作中必须采用红外探照灯照明目标,红外变像管将目标反射的肉眼不可见的近红外图像转变成可见光图像,实现了人眼夜间观察。近红外夜视仪在使用的初期取得了较好的效果,在敌方未掌握近红外成像技术的条件下,实现了夜间战场的单向透明。但是随着越来越多的国家和军队掌握夜视技术,红外探照灯的主动照射极易被敌方探知而成为自我暴露的目标,近红外夜视仪在军事上的应用受到限制而逐渐被淘汰。

(四) 微光夜视仪与微光电视

微光夜视技术是指对夜间微弱光的探测、成像的技术。夜间自然光统称为夜天光,如月光、星光和大气辉光(高层大气受太阳照射而发出的光)等,由于这些光与太阳光、灯光相比十分微弱,因此又叫微光。受人眼关于阈值照度、阈值对比度、阈值信噪比、阈值分辨本领与调制传递函数等阈值特性的限制,人眼在夜天光环境中不能正常观察物体。微光夜视技术通过各类微光像增强器和微光 CCD 成像器件进行光谱和光电转换、图像增强、处理、显示,转变成可见光图像。

微光像增强器是微光夜视系统的关键部件,一般由光阴极面、电子透镜和荧光屏三部分组成:光阴极将输入的光学像转换成光电子像;电子透镜将光电子像加速并成像在荧光屏上,荧光屏最终将光电子像转换成光学像。微光像增强器的种类有通过级联及缩小倍率等方法增强图像亮度的一代管、采用微通道板倍增光电子流增强图像亮度的二代管、采用 GaAs 负电子亲和势光电阴极的三代管等。一代管的光谱响应范围约为 400 ~ 900 nm,三代管的光谱响应范围扩展到 400 ~ 1 600 nm。

微光夜视系统是被动式成像系统,克服了主动夜视仪(如红外夜视仪)容易自我暴露的致命弱点,适合部队夜战使用,广泛地用于夜间作战、侦察、指挥、火控、炮瞄、制导、预警、光电对抗等方面。目前,常用的微光夜视系统有微光直视系统和微光电视系统。

1. 微光直视系统

微光直视系统又称微光夜视仪,是最常用的微光夜视仪器,主要由物镜、微光像增强器和目镜等部分组成。其基本工作原理是:夜间目标反射的微弱光学图像通过物镜进入像增强器,经过光电转换并得到增强,然后呈现在管内的荧光屏上,最后通过目镜便可以观察到被增强了的目标图像。

和人眼相比,微光直视系统的入瞳比人眼大得多,捕获的光子数与入瞳直径倍数的平方成正比;光学系统的放大作用能够增加目标的视角、提高视距;像增强器光阴极的量子效率远高于人眼的量子效率,具有更宽的光谱响应范围;像管响应速度远高于人眼的暗响应速度;光电系统的积累时间可以控制和延长。因此,微光直视系统可以通过更多地捕获来自目标的能量、增加视角、提高响应效率和积累时间等来改善人眼的观察效果。微光直视系统具有分辨力高、微型化程度高、造价低等优点,适合部队夜战使用。

2. 微光电视系统

微光电视系统是微光夜视技术和电视摄像技术的结合,主要由物镜、微光像增强器、耦合部件、CCD 摄像头、驱动电源、处理装置和显示器等部分组成。微光电视系统可以把像增强器荧光屏上的图像再转换成电信号传输到远处,显示在电视屏幕上,并且可供多人同时进行观察和实施战场监视。

与微光直视系统相比,微光电视系统增加了光学或电子耦合、电子处理和图像显示等部件,带来了系统分辨力的降低以及成本、耗能、体积、质量等的提高。

其突出的优点是:利用电子图像处理技术改善了图像的显示质量;可以远距离传输,方便不同空间位置的人员同时观察;可以进行记录,建立和运行自动识别系统,提高目标探测和识别能力;可与其他探测装置做图像融合处理,提高探测性能;可以与火控计算机及武器平台配合,实现自动跟踪、瞄准。由于其上述特点,目前受到了欧美国家军队的重视,广泛开展了相关的研制和应用,已发展成为一种夜间探测的重要手段。

(五)照相侦察系统

照相侦察系统通过光学系统将景物成像在胶卷或感光元件(CCD 或 CMOS)上,从而获得目标图像。照相侦察可分为地面照相、航空照相和卫星照相侦察。其中航空、航天照相侦察能在短时间内获取大纵深的图像资料,而且航天照相侦察在平时不受领空限制,方便获取他国境内目标的图像,所以照相侦察是现代军事侦察的主要手段。

随着数字成像技术的发展,目前的照相侦察系统多采用 CCD 或 CMOS 感光元件阵列成像,获取目标的数字图像,并通过无线通信方式实时传输回地面情报处理站。

按照感光元件感光波段和方式的不同,照相侦察还可分为全色、紫外、可见、近红外照相侦察系统,以及多光谱、高光谱或超光谱照相侦察系统。

紫外照相侦察常用于雪地背景下伪装目标的探测,雪地对紫外线的反射非常强,在紫外照片中呈明亮的色调,而一般的白色伪装材料反射较弱,在紫外照片中呈暗色调,在雪地背景中容易暴露。

近红外照相侦察则常用于林地、草地等背景中伪装目标的探测。绿色植物在近红外波段的反射非常强,所以在近红外照片中呈亮色调,而伪装材料、人工目标往往在近红外照片中呈暗色调,与背景区分明显,易于发现和识别。

多光谱、高光谱或超光谱照相侦察分别可以在数十个、数百个或数千个波段对目标同时成像,这些波段既可位于紫外波段也可位于可见光和近红外波段,可以研究目标在不同波段上的光学特性。

(六) 电视摄像

电视摄像技术是把光学图像转换成便于传输的视频信号的设备,能够将战场和目标的图像实时传输回地面接收站。目前较常用的电视摄像机为反束光导管型多通道电视摄像机,其基本工作原理为把地物景象聚集在摄像管的光导靶面上,然后用电子束扫描靶面,电子流被靶面反射形成返回电子束,返回电子束的强弱情况与靶面上景象明暗分布情况相对应,这一电信号经过传输、记录、处理即可还原到原来景物的形象。电视摄像技术具有实时性好的特点,已在探测系统中获得了广泛的应用。

第四节　可见光探测技术

可见光侦察探测是应用最早、最成熟和最广泛的侦察技术,其识别目标是根据目标与环境的反差信号特征,其中包括可见光信号的频谱分布和明度。任何目标都处于一定的背景中,因此目标与背景之间存在一定的对比度,这种对比度,也就是可见光探测系统的探测效果取决于目标与背景之间的亮度、色度、运动等视觉信号参数的对比特征,其中目标与背景之间的亮度比是最重要的因素。目标结构体表面的光反射特别是镜面、尾迹、灯光及照明光等,均为目标的主要亮度源。如果目标亮度和背景亮度对比差非常大,就容易被可见光探测系统发现。如果目标与背景的亮度相当,则它们之间的色度对比便成为目标的重要可视特征。如果目标对背景呈现强烈的亮度、色度差别,就很容易观察到目标相对于背景的运动,如通过飞机机身或者螺旋桨的闪光可观察到其在空中飞行。

目前,可见光探测技术发展迅速,尤其是侦察机、卫星用高精度照相、摄像技术。以美国为首的一些发达国家的可见光探测设备的探测精度可达 0.1 m。

一、照相侦察技术

照相是通过成像设备获取目标物体影像的技术。照相侦察可分为地面照相、航空照相和卫星侦察照相。其中后两种能在短时间内获取大量纵深的敌情资料,已成为现在军事侦察探测的主要手段。传统照相依靠光学镜头及放置在焦平面的感光胶片来记录物体影像。现代数字照相则通过放置于焦平面的光敏元件,经光电转换,以数字信号来记录物体的影像。如使用彩色胶片或图像传感器就能感受全部可见光,并以同目标、背景的实际颜色在照片上显示出来,符合人眼观察的实际,有利于对目标的判别。

　　航空照相通过专业侦察机或者无人机进行,也可以用其他空中飞行平台加装吊舱。卫星照相主要是靠照相侦察卫星进行的,用于地面遥感的地球资源卫星同样可以用于军事目的,成为照相侦察卫星的补充。照相侦察按照照相方式可分为垂直照相、倾斜照相和全景照相。照相侦察的优点是分辨能力高,能在短时间内获得宽正面、大纵深的敌情资料,能够留下永久性记录,并通过前后比较监视敌目标与部署的变动。

二、电视侦察技术

　　作为光学侦察的手段之一,电视侦察技术是使用电视摄像器材进行的侦察,主要是利用电视摄像机将目标及其背景的光学图像转换为电信号,然后经过有线或者无线电传达到指挥所或地面接收站,再还原为光学图像,进而实现对目标的观察、识别和记录。可见光电视侦察可以实时、远距离地传送人眼可见的正常光照条件下目标和景物图像。电视侦察系统一般包括摄像机和监视器,其主要特点是目标显示直观、清晰度好,图像易于存储、处理和传输。摄像机可以由车辆等设备携带深入敌方阵地摄取目标图像,然后经过无线电传输到远距离的指挥所进行实时显示。

　　电视侦察始于 20 世纪 50 年代,自 60 年代末返束光导管问世后,电视侦察技术得到了迅速发展。之后伴随着成像技术、电视技术及通信技术的快速发展,其实时性与武器控制系统结合的程度进一步提高。特别是与计算机技术、激光测距技术、全球定位技术、无线电通信技术和地图学技术相结合,提高了战场电视对情报的侦察、采集、传输、处理及设备的自动检测和系统管理的能力,使电视侦察在作战中得到了更广泛的应用。

三、微光夜视技术

(一) 基本原理及分类

　　微光夜视技术是在夜间(星、月、大气辉光)或低照度下条件,光电子图像信息之间的相互转换、增强、处理显示等物理过程及实现方法的一门新技术。它是最近几十年在物理学、电子学、光电子学、生理光学、工程光学、纤维光学、真空技术、半导体技术、计算机技术基础上发展起来的边缘学科,集光学、机械、电子、计算机等高科技于一体的综合性技术。

　　明朗夏天,采光良好的室内照度大致在 $100\sim500$ lx(lx,勒克斯,光照度单位,是用来描述被光照射物体接收光强的光度量,表示被照射物体表面单位面积上接收到的光通量,光通量是指单位时间内光源发出的光能)之间,太阳直射时的地面照度可以达到 10^5 lx。而到了夜间,景物照明主要来源于夜间自然光,即月光、星光、大气辉光,以及太阳光、月光和星光的散射光。满月在天顶时的地面照度大约是 0.2 lx,夜间无月时的地面照度只有 10^{-4} lx 数量级。微光光电成像系统的工作条件是环境照度低于 10^{-1} lx。微光光电成像系统的核心部分是微光像增强器件,传统的微光像增强器件是电真空类型的微光像增强器(增像管),微光 CCD 摄像器件则是新一代微光像增强器件。

　　以微光像增强器为例,其基本工作原理为:光电阴极将光学图像转换为电子图像,电子光学成像系统(电极系统)将电子图像传递到荧光屏,在传递过程中增强电子能量并完成电子图像几何尺寸的缩放;荧光屏完成电光转换,即将电子图像转换为可见光图像,图像的亮度已被增强到足以引起人眼视觉的程度,在夜间或低照度下可以直接进行观察,从而完成人眼原不可见或不易看见的景物观察。

微光夜视成像系统可以分为直接成像(微光直视系统)和间接成像系统(微光电视系统)两种。这些系统一般由成像物镜、成像器件及末端显示器和目镜组成,或由耦合器后的各类电视摄像器件及相应的电源及电控模块组成。

(二)直视型微光成像系统

按照传统的定义,直视型光电成像系统是用于直接观察的仪器,器件本身具有图像转换、增强及显示等功能。但目前随着技术的发展,不仅器件性能水平日益提高,而且器件(探测器、处理系统及显示部件)的小型化和集成化程度不断提高,使光电成像系统的体积和质量日趋小型化和轻便化,使直视型和电视型的区别逐步淡化。甚至一般的用户往往难以判断仪器属于哪一类型。因此,这里我们限定直视型夜视光电成像系统主要指直接采用微光像增强器的微光夜视系统以及采用变像管的红外夜视或紫外成像系统,这是当前广泛使用的夜视技术。这两类系统或结构具有相似之处,也有各自的特色。

直视型微光成像系统(又称为微光夜视仪)利用微光增强技术,可在极低照度(10^{-5} lx)下完全"被动"式工作,可明显改善人眼在微光下的视觉性能,因而,首先在军事上得到迅速发展和广泛应用。此外,在天文、公安、安防、生物医学及科研等领域也有相当广泛的应用。

微光夜视仪是 20 世纪 60 年代开始发展起来的光电成像仪器,并根据一代级联式像增强器、二代微通道板像增强器和三代负电子亲和势像增强器的发展,相继研制成功三代产品。无论采用哪一代像增强器,微光夜视仪的基本原理都是相同的。如图 2-17 所示,典型的微光夜视系统主要由微光物镜、目镜、像增强器、高压电源等部分组成。夜天空自然微光照射在景物场景,经反射和大气传输后,辐射经物镜成像在像增强器光阴极面上,像增强器对景物像进行光电转换、电子倍增成像和亮度增强,在荧光屏上显示场景目标的增强图像。

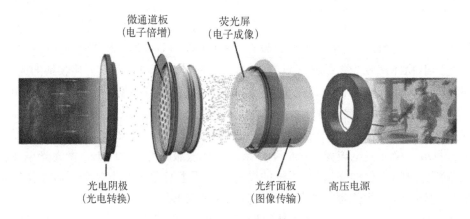

图 2-17 微光夜视系统组成

微光与主动红外成像系统相比最主要的优点是被动式工作,不用人工照明,而是靠夜天自然光照明景物,故隐蔽性好,但景物之间反差小,图像较平淡,层次不够分明,且系统工作受自然照度和大气透明度影响大,特别是在浓云和地面烟雾的情况下,景物照度和对比度明显下降而影响观察效果。

（三）电视型夜视系统

电视型夜视系统指用于夜天或其他低限度条件下视频形式的夜视系统。根据使用条件,一般分为主动照明的主动夜视型电视系统和被动型的微光电视系统。在一些情况下,为了增加作用距离或细节分辨能力,微光电视系统也可采用附加照明方式。

与通常附加照明的可见光摄像不同,主动夜视型电视系统要求保证夜间环境的可见光照度不变,故辅助光源通常采用人眼不可见的近红外激光光源或大功率 LED 等,成像传感器常用黑白 CCD 或 CMOS 摄像机以及带近红外延伸的微光增强 CCD（ICCD）摄像机。

微光电视利用月光、星光、气体辉光及其散射光所形成的自然环境照明,获取被摄目标场景的可见光图像,因此又称低照度电视（LLLTV）系统。

微光电视与广播/工业电视在原理上并没有明显的区别,只是一般广播/工业电视要在 10^2 lx 以上的照度下才能正常工作,而微光电视系统具有较高的灵敏度,可在较低的照度下获得高质量的图像。严格来讲,应以输入摄像靶面的照度大小来区分广播/工业电视和微光电视。通常摄像靶面照度在 1 lx 以下为微光电视,广播/工业电视系统的靶面照度要求在 1 lx 以上。考虑到环境照度在经过景物反射和光学系统后,通常靶面照度要比环境照度低一个数量级左右,因此能在黎明或黄昏照度（10 lx）、1/4 月光（10^{-2} lx）以及星光的照度（10^{-4} lx）下工作的电视系统都包括在微光电视范畴内。

与微光直视系统相比,微光电视系统具有以下特点:

（1）图像信号转换成一维的电信号后,除可对信号进行频率特性补偿、校正等处理外,还可利用当前迅速发展的数字图像处理技术,改善显示图像的质量,增加图像的信息量;

（2）可实现图像的远距离传送,并可遥控摄像;

（3）改善了观察条件,可多人、多地点同时观察;

（4）可对被观察景物的图像信息作长时间录像存储,便于进一步分析研究。

但通常微光电视在体积、质量、功耗和操作维修等方面稍逊于直视微光系统,特别是在图像分辨率的提高方面,微光电视系统已落后于直视微光系统。

（四）微光电视的发展及应用

在军事上,微光电视主要用来观察敌方的夜间行动和发现隐蔽的目标。由于微光电视是被动式系统、隐蔽性好,目前外军在各兵种都有装备,优良的歼击机和轰炸机、潜艇和新型坦克上也都配备微光电视和红外前视装置。在许多情况下,微光电视提供的图像质量接近甚至超过普通广播电视。借助微光电视可发现许多肉眼不能发现的目标。在夜间侦察方面,微光电视可以把侦察到的敌方纵深情况通过电视系统传输给有关情报部门,供作战指挥用。微光电视还可与红外前视装置、激光测距机、计算机等联网组成新型光电火控指挥系统和快速响应的侦察、射击指挥系统。

在公安和司法方面,重要机关、机场、银行、军用仓库以及珍贵文物的保卫工作,可采用微光电视组成监视系统。人眼直接监视,极易疲劳,特别是在寒冷等不利的自然条件下。

微光电视在天文和气象观察,海底世界的成像探测,寻找鱼群,对野生动物夜间习性的观察等方面均可发挥重要作用。

随着夜视技术和视频技术的发展,微光电视呈现出快速发展的趋势:

(1)寻求新的高灵敏度和低噪声的摄像器件。随着观察距离的增加和更低照度下观察的要求,微光电视需要研制新的高灵敏度、低噪声的摄像器件。

(2)向多功能全天候方向发展。要求微光电视系统既能在夜间观察,也能在白天以及一些特殊的环境下观察,因此,必须扩大微光电视系统的动态范围,并考虑与红外系统和激光测距机等的配合与协调使用。

(3)向小型化发展。固体摄像器件性能和电子线路集成度的提高,促进微光电视向小型化发展,有利于减小系统体积、质量和能耗,这对军用微光电视更有突出意义。

(4)向数字化发展。信息数字化是当前军队装备发展的重要趋势,微光夜视图像的视频化是数字化的基础,因此夜视视频化的需求将日益提高。此外,结合当前迅速发展的数字视频技术,采用数字图像处理技术,可使图像质量进一步提高,促进数字视频微光电视技术的迅速发展。

第五节　热红外光探测技术

由于可见光探测系统的局限性,促使人们研究了许多新的探测技术,热红外探测就是典型代表。自然物体表面都能发射或反射电磁辐射,以此作为被动探测的信号源,利用特殊的仪器可探测物体的辐射或反射信号以及目标和背景的热红外差异。热辐射是物体固有的属性,一切温度高于绝对零度的物体都能产生热辐射。热辐射的本质是电磁辐射,由于其波长大部分处在中远红外波段,所以习惯上也称中远红外为热红外(田国良 等,2014)。热红外探测是运用工作在中远红外区 $3 \sim 5 \ \mu m$ 和 $8 \sim 14 \ \mu m$ 两个大气窗口波段的探测器材实施的探测。

一、热红外探测原理

(一)热红外成像原理

靠近高温物体时,人体皮肤会感觉到灼热,这是因为物体发射的热射线引起了人体的感觉,这些热射线大部分能量集中在红外光区。物体温度较低时,人感觉不到这些热射线的存在,但是可以借助仪器探测到这些光线。

红外热像仪通过探测目标辐射的热红外能量,并将其转换成电信号,进而在显示器上生成热图像或输出成数字图像,完成由肉眼不可见的热红外线图像向可见光图像的变换。

红外热像仪采用的感光材料主要有 HgCdTe(工作波段 $8 \sim 14 \ \mu m$)、PtSi(工作波段 $3 \sim 5 \ \mu m$)和 InSb(工作波段 $3 \sim 5 \ \mu m$)等。红外热像仪分为扫描成像型和焦平面成像型,其中焦平面成像型是目前发展的主流,红外焦平面探测器的像元数不断增加,HgCdTe 探测器的规模正向 1 024×1 024 元以上发展(苏君红,2015)。

热像仪通常给出地物的温度分布图,每个像素点的亮度表示对应地物的热辐射强弱,并换算成热辐射温度表示。热像仪给出的并非物体表面的真实温度,热辐射温度定义为:某一物体的辐射力与某一温度的黑体相等时,这个黑体的温度就称为该物体的热辐射温度 T_r。

热图除了以灰度图的形式出现,还能以伪彩色图表示,如可采用黑色和深蓝色表示低温,绿色和黄色表示中间温度,红色和白色表示高温,图像对比度非常高。

(二)目标的热辐射特征

物体单位面积热辐射功率的计算公式为

$$M = \varepsilon\sigma T^4 \tag{2-27}$$

式中,M 为物体单位面积辐射功率,单位为 W/m^2;T 为物体表面温度,单位为 K;ε 为物体表面发射率,取值范围在 0~1 之间,ε 等于 1 的物体具有最强的辐射能力,称为黑体。

由式(2-27)可知,物体单位面积的热辐射功率与其表面温度和表面发射率有关,温度和发射率越高,辐射出的能量越强。

1. 温度特性

具体目标的温度特性与目标本身有无热源及热源的工作状态有很大关系。军事目标,如行进中的坦克、正在射击的火炮、飞行中的导弹和飞机、正在工作的电站等均为有源目标。自然背景,如树林、土地、水面等,通常是无源目标。有源军事目标工作时的表面温度通常远高于背景的温度,形成明显的对比。有源目标在不工作时,也将成为无源目标,但其在受到阳光加热和周围物体进行热交换时通常表现出自己特有的温度特性。

2. 发射率特性

一般来说,非金属材料的发射率较高,金属材料的发射率较低;粗糙表面发射率较高,光滑表面发射率较小。当金属表面被氧化或污染后发射率升高。

(三)典型目标的热红外辐射特征

1. 地面目标

地面目标可分为固定目标和活动目标两类,前者如军事工厂、机场、发射场、桥梁、工事等,后者如坦克、装甲车、运输车等,这些目标相对来说温度不高,辐射能大都集中在 2~20 μm 波长范围内。

以中型坦克为例,其发动机散热窗的平均温度约为 400 K,有效辐射面积约为 1 m^2,全发射率约为 0.9,辐射峰值波长约为 7.2 μm。

2. 空中目标

空中目标(如飞机、导弹、火箭和卫星等)均属于有源飞行器,存在能发出强烈热辐射的高温部位,具有显著的红外辐射特征。

以飞机为例,其发动机壳体、尾喷管和尾焰是重要的红外辐射源,如喷气飞机的尾喷管的温度为 400~700℃,有效发射率约为 0.9。此外,飞机蒙皮在飞行过程中将承受一定程度的气动加热(如 X-2 飞机以 $3Ma$ 飞行时,蒙皮温度将达到 333℃),同时具有较大的辐射面积,随着飞行速度的增加,蒙皮辐射在飞机的总辐射中所占的比例不断增加。

3. 海上目标

海上目标有各种类型的军舰和运输船只,这些目标在排气烟囱部分的温度较高,其余部分则与海水相近。首先,烟囱中冒出的燃烧物具有很高的温度,舰艇越大,燃烧物的辐射能量越大。其次,舰体温度虽然与海水相近,但两者的发射率大不相同,而且目标庞大,易被探测、发现。

二、热红外探测系统

(一) 热红外探测系统的优势

(1)军事目标大多为发热目标,易被红外探测系统探测。

(2)全被动:通过探测目标自身发出的红外辐射能量来实施探测,属于全被动的探测手段,在工作时不易暴露。

(3)全天候:目标的红外辐射时刻存在,红外探测系统白天和夜晚均可工作,因此可作为红外夜视仪。主动红外夜视还是微光夜视,都是依靠目标反射电磁波的差别来发现、识别目标的。当目标表面照度为零时(如关闭红外探照灯或在漆黑的夜间),则目标表面反射亮度将等于零,系统就无法工作。

(4)温度分辨本领好:能将目标各部分之间或目标和背景之间的温度差别区分出来。热成像仪的温度分辨能力一般为 1℃,最高可达 0.01℃。

(5)热红外区 3~5 μm 和 8~14 μm 两个大气窗口区对红外辐射的大气衰减比可见光小,因此红外探测系统相对受天气影响较小,可透过薄雾进行探测。

(二) 热红外探测系统的组成

红外探测系统一般包括红外光学系统、调制器或扫描器、红外探测器、制冷器、信号处理系统及显示、记录装置等。红外接收系统接收目标发出的红外辐射,并将其会聚在红外探测器上;红外探测器将入射的红外辐射转换成电信号,制冷器则用来提供其工作所需的低温环境;信号处理系统通过处理红外探测器输出的电信号,得到与目标的温度、方位、相对运动角速度等参量相关的信号。

热红外探测系统通过探测红外辐射的存在并测定其强弱来实施探测,红外探测器也称红外传感器,是将红外辐射能量转换成电能的一种光敏器件,是红外探测系统实施探测的关键元件。根据工作机理,红外探测器分为热探测器和光子探测器两大类。

1. 热探测器

热探测器的探测原理是利用入射红外辐射引起敏感元件的温度变化,进而使其有关物理参数或性能发生相应的变化,通过测量有关物理参数的变化来确定探测器吸收的热辐射。其优点为响应波段宽、可在室温下工作、使用方便、成本较低等,缺点是响应时间长、灵敏度较低,一般用于红外辐射变化缓慢的场合。热探测器的类型主要有热电阻型、热电偶型、气体型和热释电型等。

2. 光子探测器

光子探测器的探测原理是利用某些半导体材料在红外辐射的照射下产生光子效应,使材料的电子状态和电学性质发生变化,通过测量电学性质的变化来确定探测器吸收的红外辐射。由于入射光子能量需大于半导体的禁带宽度才能产生光子效应,光子探测器只对短于或等于截止波长的红外辐射才有响应。其优点为灵敏度高、响应速度快、响应频率高等;缺点是探测波段较窄且必须在低温下工作。目前应用较多的光子探测器有光电导型和光伏型。

(三)成像热红外探测系统

根据图像提供方式,成像热红外探测系统可分为三类:目视直接观察的称为红外热像仪,用胶卷记录的称为红外扫描相机,用电视显示的称为前视红外系统。

1956 年,美国研制出第一台长波前视红外系统 XA - 1。第一代红外热像仪为光机扫描型热成像仪,其工作时通过光机扫描器接收目标的红外辐射并送至红外探测器,于 20 世纪 70 年代后期开始大量生产和使用。第二代红外热像仪为采用红外 CCD 焦平面阵列技术的凝视型热像仪,其工作时直接摄取目标的红外辐射信息至集成了多个红外探测器的红外焦平面阵列上,由红外焦平面阵列对红外辐射进行响应和成像,于 20 世纪 80 年代初研制成功,目前技术已日趋成熟。

(四)非成像红外遥感装置

非成像红外遥感是利用红外辐射敏感元件,感受红外辐射源的存在及方位,把来自目标辐射源的红外能量转变为电能,然后形成一定的信号。由于其不形成目标的红外辐射图像,因此称之为非成像红外遥感。在军事探测领域中,非成像红外遥感装置主要用于弹道导弹预警卫星的红外遥感装置和导弹的红外制导。

1. 弹道导弹预警

弹道导弹预警卫星的红外遥感装置通过探测导弹发射时尾焰的红外辐射捕捉导弹信息,能够在导弹发射约 90 s 内探测到导弹发射的信息,为己方提供尽可能长的预警时间。以载有核弹头的洲际弹道导弹为例,其能够打击 8 000 ~ 13 000 km 之外的目标,从发射到到达目标约需 30 min,而弹道导弹预警卫星捕捉目标并将信息传输给地面站和战略指挥中心共需时约 3~4 min,则可为己方争取到约 25 min 的预警时间。

2. 导弹的红外制导

导弹的红外制导技术利用目标的红外辐射引导导弹自动接近目标,从而提高命中率。红外制导系统一般由导引头、电子装置、操纵装置和舵转动机构等部分构成,导引头通过探测目标的红外辐射,控制导弹对准、跟踪和击中目标。每平方厘米七亿分之一瓦的红外辐射功率就足以把导弹引向目标,灵敏度较高,导引距离为 500 m ~ 20 km。红外制导的优点有不易受干扰、准确度高、结构简单、成本低和可探测超低空目标等。

(五)热红外探测技术发展趋势

作为常规的侦察器材,红外热像仪已经广泛装备在坦克、战斗机侦察吊舱、侦察机、侦察卫星等平台;同时,先进导弹也广泛采用热红外成像制导。由于人工目标与自然背景的热特性差异,使得红外热像仪具有较强的伪装识别能力。

非制冷热成像系统在军事领域具有广泛的应用,如轻武器瞄具、驾驶员视力增强器、手持式便携热像仪等,基于高性能的非制冷红外焦平面阵列探测器的非制冷热成像系统是热红外探测技术的发展趋势。与此同时,热红外探测系统还向高精度和高速度发展。此前美国启动的 ARH - 70A 武装侦察直升机项目,其侦察传感器中的第三代热成像仪能够清楚地辨识 5~8 km 外的车辆目标或 3 km 外的人员目标。

第六节　光谱探测技术

众所周知,所有在绝对零度以上的物体都会吸收、反射和发射电磁波,而不同元素的原子都会有其相应的特征谱线,同样,由原子组成的各种物质也会有表征其内部结构、组成等特征的光谱曲线,称为"指纹光谱"。利用"指纹光谱"就能对地物目标进行分类和识别,而分类和识别的精度则与探测器的光谱分辨率息息相关(张兵等,2011)。

一、光谱探测技术分类

传统的成像探测器件的光谱分辨率通常在 200 nm 以上,如普通的黑白/全色相机,它的光谱分辨率是 $0.3~\mu m$,只能记录整个可见光波段的反射辐射;常用的热红外探测器的光谱分辨率为 $6~\mu m$,只能记录光谱波段在 $8~14~\mu m$ 范围内的一个场景。后来为了提高探测效率,人们尝试将多个波段的探测器进行并行工作,如在导引头上集成电视制导模块和红外制导模块就能获得目标的可见光图像和红外图像,进而实现全天候制导。多波段融合探测技术是多谱段探测的雏形,其光谱分辨率较全色成像技术并没有提高,通常也在 200 nm 以上。为了提高探测的针对性和仪器的抗干扰能力,人们对某些波段的光谱进行了进一步细分,然后选择一些感兴趣的波谱段对地物进行探测以获取需要的信息,这就是多光谱成像探测技术,它是在几个或几十个独立的谱段上对场景分别进行宽波段成像,具备一定的光谱辨识能力。

地物波谱研究表明,许多地表物质在吸收峰深度一半处的宽度为 20~40 nm,而多光谱探测技术的光谱分辨率通常在 100~200 nm 之间,远宽于诊断性光谱宽度,如果将探测器的光谱分辨率提至 20 nm 以下,就足以区分出那些具有诊断性光谱特征的地表物质,这就是高光谱成像探测技术提出的初衷。因此可以说高光谱成像探测技术是在多光谱成像探测技术基础上进一步提高光谱分辨率的结果。目前高光谱成像探测器的光谱分辨率通常在 5~10 nm 之间,一些探测器可达到 5 nm 以下的光谱分辨率。10 nm 数量级的波长间隔足以捕捉到绝大多数地物的光谱细微变化,当然随着地物探测要求的提高,必然也需要有更高的光谱分析精度,于是光谱分辨率必然会从 5 nm 级发展到纳米级,而高光谱成像探测也将由此进入超光谱成像(光谱分辨率小于 1 nm)探测阶段。

多光谱成像探测、高光谱成像探测和超光谱成像探测是光谱成像探测技术发展的三个阶段,有着各自不同的优缺点和应用领域,其基本原理都是基于地物的光谱特征,不同地物都有各自的电磁波辐射特性,根据这些特性就能对地物进行精确识别,这就是光谱成像探测的基础。目前,成像光谱技术已经超出最初军事应用的局限,在国土资源调查、精准农业生产与研究、农作物分选与检测等多个应用领域发挥着不可替代的作用。

二、光谱隐身伪装识别原理及方法

各种分子对不同波长电磁波的吸收、反射和辐射性质各不相同,因此,所有的分子都有其特有的光谱特征,各种物质和材料也有其独一无二的吸收、反射和辐射光谱。侦察与伪装、隐身与反隐身的斗争,就是围绕这一基本原理进行的。例如,绿色油漆虽然能呈现与绿色植物环境相似的颜色和亮度,但两者在近红外波段的反射特性完全不相同:绿色油漆呈铁灰色,而植物显红色。当伪装技术发展到足以对抗近红外侦察后,又出现了新的侦察方法——红外热成像,它利用不同物质在波长更长的中远红外波段的辐射特性差异来发现伪装目标。侦察探测与伪装隐身,这一对"矛"和"盾"一直就是这样交替发展和进步的,其冲突的焦点正是不同波段电磁波作用在物质材料上的表观性能差异。

新型侦察技术的发明和发展,主要沿袭两条技术途径,一是寻找新的工作波段,二是在现有波段中提高光谱分辨率。在以往的国内外信息对抗领域中,第一条途径发挥得淋漓尽致,而第二条途径开拓得并不细致。例如,多光谱照相只是将可见光波段区分为红、绿、蓝等几个颜色波段分别成像,近红外侦察是将边界波长从 1 100 nm 尽可能地延长到 2 500 nm,热红外探测与红外热成像将中远红外区域细分为 $1 \sim 3\ \mu m$、$3 \sim 5\ \mu m$ 和 $8 \sim 12\ \mu m$ 等几个相对窄小的波段,2 cm 波、3 cm 波、8 mm 波等不同雷达探测技术也只是探测一定范围内的不同分立波段。可见,军事侦察探测技术并未达到科学研究中光谱识别的水平,相应地,传统伪装技术也未考虑目标与背景的精细光谱匹配要求。

然而,一般来说,如果光谱分辨率达到 $20 \sim 40$ nm,波谱分析就具备了区分、辨识物质的能力,这正是现代分析测试技术可定性或定量地识别物质的原理。由于高光谱探测的光谱分辨率达到了 $5 \sim 10$ nm,因此,它可精确探测场景中每一个目标的物质组成。

植被作为伪装目标的常规背景环境,成为高光谱探测的重点。由于植被环境中的伪装目标皆涂有大量的绿色伪装涂料,因此,探测植被环境中涂有绿色伪装涂料的目标是高光谱探测的重要应用方向。以最基本的绿色植被背景的伪装为例,目前国内外先进的伪装器材已能实现与环境背景的同色,即在可见光全色照片或近红外照片中,伪装目标呈现与环境植被相同的绿色或红色,但无法实现精细光谱特征匹配的同谱,目前国内外现役的伪装器材和传统的伪装技术均对此无能为力。

如图 2-18(a)所示,一种绿色伪装涂料的反射光谱曲线(实线)与绿色植物的反射光谱曲线(虚线)在 780 nm 以前的可见光波段非常相似,而两者在 780 nm 之后的近红外波段存在明显差异。这种差异在它们反射光谱的一阶微分谱上表现得尤为显著,如图 2-18(b)所示,甚至可以被作为特征差异来探测位于植被环境中的军事伪装目标(张兵等,2011)。

目前,高光谱侦察的典型光谱范围为 $400 \sim 2\ 500$ nm,其光谱分辨率可达 $5 \sim 10$ nm。通过分辨目标与背景的反射光谱特性的细微差异,特别是通过多个光谱段的信息对比与分析,高光谱侦察从背景中区分目标的能力可大大提高。从理论上讲,高光谱侦察可以识别一切人工伪装。这是因为,在全部可探测的数百个细微波段上,人工伪装材料无法实现与

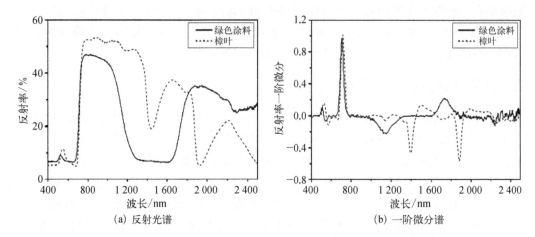

图 2 - 18　绿色伪装涂料与樟树的反射光谱及其一阶微分谱

环境背景(例如植被)光谱特征的完全匹配。在全色照片伪装得很好的军事目标,可在多光谱侦察下暴露出来。而在光谱分辨能力不强的多光谱侦察中隐蔽得很好的伪装目标,会在如同"照妖镜"一般的高光谱探测下暴露无遗。

目前,基于光谱信息探测识别目标的机理有以下两种:

(1)利用瞬时光谱分布差异来识别目标,即利用测量的光谱维特征作为识别判据。

(2)融合光谱的时变特征、光谱能量的空间分布特征进行相关鉴别,降低虚警率提高识别能力。

目标多光谱识别技术包含多光谱信息获取与多光谱识别两项关键技术。多光谱信息获取主要是通过成像光谱仪来获得。成像光谱仪由成像和光谱分光两部分组成。前者完成目标的空间成像,后者完成光谱维扫描或光谱波段分割。光谱分光成像的结构和操作方式关系到光谱信息获取的效率以及准确性,同时也影响到目标识别算法的设计与性能。

三、高光谱目标探测的特点

基于高光谱图像的目标探测是高光谱遥感应用的重要方向之一,涵盖了环境检测、城市调查、矿物填图和军事侦察等诸多领域。与传统的基于高空间分辨率遥感影像的目标探测算法不同,高光谱遥感目标探测主要依据目标与地物在光谱特征上存在的差异进行检测识别。由于受到目标尺寸和地物复杂性的影响,感兴趣的目标在高光谱图像中往往处于亚像元级或者弱信息状态,传统的基于空间形态的目视解译方法无法实现对这类目标的探测识别,因此有必要发展适用于高光谱遥感的目标探测图像处理技术。下面简要介绍高光谱目标探测的特点及一些关键问题(崔建涛,2015;张兵等,2011)。

(一)高光谱目标探测与图像分类的差异

本部分讨论的高光谱遥感目标探测技术与传统的模式分类方法不同,通常意义下的遥感图像分类是先验知识支持下的对图像数据类别属性的划分,而目标探测关注的是人工目标或者是那些与背景存在光谱特征差异的特殊目标。探测、分类、区分、识别和量化具有不同的含义(图2-19),目标探测并不一定意味着目标分类,目标分类并不代表目标区分,而高光谱遥感目标识别属于更精细的应用范畴,需要目标数据库或光谱库的支持。

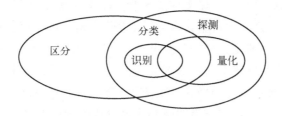

图2-19　探测、分类、区分、识别和量化关系

高光谱遥感目标探测主要由两类方法组成:监督和非监督方法。监督方法主要用于目标光谱已知的情况下,这时可以利用已知目标光谱与图像像元光谱进行匹配完成探测,所采用的主要方法包括:光谱距离统计[如欧氏距离(Euclidean distance, ED)]、光谱角度填图(spectral angle mapper, SAM)、交叉相关光谱匹配(cross correlogram spectral matching, CCSM)、二值编码匹配(binary coding matching, BCM)和光谱吸收特征匹配(spectral absorption feature matching, SAFM)。在理想情况下,该类方法应用效果要优于非监督探测算法,但是在实际应用过程中,该方法受以下因素影响:

(1)监督算法中目标先验知识主要来自光谱数据库,光谱数据库中的数据一般采用野外测量的方式获得,这就使得测量光谱与图像光谱存在差异。

(2)地物光谱存在不确定性,即"同物异谱、异物同谱"现象。例如,图像中同一目标光谱特征受观测几何、光照、大气、背景环境、仪器噪声等影响,图像目标光谱有可能与光谱数据库的目标光谱曲线不同,从而影响探测结果。

(3)在进行光谱匹配识别前需要对图像数据进行定标和反射率转换,该处理过程会产生一定的误差,对目标探测结果产生很大影响。

在高光谱遥感实际应用过程中,最常见的一种情况是对目标和背景信息都一无所知,这需要引入非监督的目标探测技术,主要采用的技术为混合像元分解方法和小目标探测技术。

(二)高光谱目标存在的几种形式

高光谱遥感获取的图像空间分辨率往往不是很高,因此目标在图像中一般只有一个像元大小,甚至有可能是亚像元,这种目标称为低概率出露目标(low probability and bare target)。低概率出露目标是高光谱图像中感兴趣目标存在的主要形式,同时也是目标探测的难点。高光谱图像通常具有几十个甚至上百个波段,如AVIRIS具有244个波段,这为低概率出露目标探测提供了可能,也使得高光谱遥感在目标探测方面具备很大的优势。

低概率出露目标是针对大场景中的小目标而言的,主要包括三种类型:小存在概率目标、低出露目标和亚像元级目标。其中,小存在概率目标是指在图像中分布很少的弱信息目标;低出露目标是指目标在图像中广泛分布,但被其他地物所遮挡,仅有少量表面暴露,如草原上依稀出露的岩石和树丛中隐藏的车辆编队等;亚像元级目标主要是指尺寸小于遥感器空间分辨率的目标。

（三）高光谱目标探测与传统空间维目标探测比较

高光谱图像目标探测主要是基于光谱分析的定量化处理,空间形态信息在高光谱图像目标探测中的作用微乎其微。在实际情况中,为了提高光谱分辨率,难免会降低高光谱遥感器的空间分辨率。高光谱数据获取中很难获得光谱分辨率和空间分辨率都很高的图像,但由于高光谱图像中的像元光谱曲线包含了目标的诊断性光谱特征,可以用于目标的光谱识别,因此牺牲空间分辨率以换取提高光谱分辨率的做法对于目标探测而言仍然是可取的。若再加上各种遥感器图像融合的方法,会得到更好的目标探测效果。这里假设空间分辨率很高的全色图像、多光谱图像和光谱分辨率很高的高光谱图像具有相同的数据量,由于高光谱图像对低丰度亚像元目标的卓越探测能力,在某些应用领域仍然有其广泛的应用价值。表 2-8 简要展示了用全色、多光谱和高光谱图像进行目标探测各方面的异同点。

表 2-8　全色、多光谱和高光谱图像应用于目标探测比较

种类	全 色 图 像	多 光 谱 图 像	高 光 谱 图 像
探测依据	主要通过灰度和形状探测地物	通过形状和特征谱段探测地物	主要通过光谱探测地物
探测方法	图像分割、图像恢复和重建、形态学滤波、空间维变换等	图像分析、图像理解、计算机视觉、多波段信息融合等	光谱特征分析、光谱维变换、混合光谱分解等
应用和研究进展	目标必须足够亮(暗)或者有特殊形状才能被探测。是图像识别与人工智能的研究重点,并取得了一定进展	必须有大量的人为先验知识参与。计算机实现人对真彩色图像的认知过程困难,发展自动目标探测技术受限	通过光谱维变换的方法设计亚像元目标探测算法,可探测 5%以上像元丰度的目标,弥补了空间分辨率的不足。各种自动标探测算法相继出现

高光谱图像中的光谱信息比图像中形状学信息更加可靠或更易于量测,因此高光谱图像更加适合于需要光谱信息的应用。例如,传统对军事机动车辆的被动成像分析技术,主要通过确定的机动车长度、宽度和形态学特征进行目标识别。但如果机动车隐藏在植被或者伪装网下,或者该目标直接就是一个人造假目标(欺骗),形态学信息就不可靠。而高光谱成像不依赖于形状信息,目标探测受隐藏、伪装和欺骗的影响很小。高光谱成像探测具有极强的反伪装、反隐蔽、反欺骗能力,已经在军事领域得到了迅速的发展和应用。作为一种深刻的变革性探测技术,高光谱成像技术既为军事侦察带来了巨大机遇,也为军事伪装带来了前所未有的挑战。

（四）目标探测中的几个关键问题

1. 光谱不确定性

在高光谱遥感发展的早期,科学家们主要目的是想在地物与光谱之间建立起确定性的关系,借助于高光谱提供的精细反射率光谱信息,利用代表地物真实特性的光谱特征(spectral signature)完成对地物的准确识别。在随后的研究过程中发现,大部分地物的实地测量反射率光谱数据甚至实验室测量的反射率光谱数据都存在一定的变化性,而不是

唯一确定性,这种问题称为不确定性问题。不确定性是一个重要的课题,但其最近才得到遥感和地理信息系统领域的关注。

高光谱遥感为目标探测提供了精细的光谱信息,但是由于光谱不确定性的存在,使得目标不能用唯一的光谱曲线进行标识,这为目标的准确探测和识别带来了困难。由于目前知识水平和技术条件的限制,还不能解决光谱不确定性问题,但可以针对感兴趣目标,通过不同条件下光谱数据的获取与分析,研究目标光谱特征变化的内在规律,从而为目标探测提供支持。

2. 降维与降噪处理

在多元统计分析中,若变量个数较多且彼此之间存在着一定的相关性时,使得所观测到的数据在一定程度上存在冗余现象。这就需要先对数据降维,用较少的综合变量来代替原来较多的变量,而这几个综合变量要尽可能多地反映原来变量的信息,或者更加利于数据的可视化和对数据的理解、解译。高光谱遥感在一定波段范围内连续获取地物反射(发射)的能量,这就使得数据集存在很高的冗余,而且增加了数据处理的复杂性,因此降维与特征提取技术在高光谱数据处理过程中显得尤为重要。

在高光谱图像处理分析中,一般在预处理中都要经过数据降维处理,高光谱数据降维处理对目标探测结果有着重要影响,特别是在异常目标探测中,由于小目标一般对应于小特征值,因此在降维中容易被看作噪声而舍弃。数据降维方法在高光谱应用中发挥了巨大的作用,但是这些方法都是针对其他具体问题而提出的,难免存在一定的局限性。

在目标探测中,应根据一定背景和数据条件,面向感兴趣目标和应用目的选用具有针对性的高光谱降维方法,不仅要达到提取目标特征的目的,同时也要消除噪声对目标探测的影响。

3. 混合像元与端元提取

遥感图像中每个像元点记录的信号是该像元覆盖面积内地物信号的综合。若某像元覆盖面积内仅为一种地物,则获取的光谱代表了该类型地物的特征,该像元称为"纯像元"。而在实际数据获取过程中,受地物复杂性和遥感器空间分辨率的限制,像元覆盖面积内往往不只包含一种地物,则获取的光谱是像元内所有类型地物作用的结果,从而形成"混合像元"。混合像元的存在,是传统的像元级遥感分类和面积测量精度难以达到使用要求的主要原因。高光谱遥感往往不具有较高的空间分辨率,使得感兴趣目标有可能是以亚像元的形式存在,因此为了提高高光谱目标探测的精度,就必须解决混合像元的分解问题,使目标探测由像元级达到亚像元级。

在高光谱图像混合像元分解前需要获取端元,端元有可能来自光谱库,也有可能来自图像。与图像数据相比,光谱库中的光谱在目标对象、获取条件和仪器参数方面存在差异,使其作为实际应用端元光谱时会产生很大误差,因此目前仍采用端元提取的方法从图像中获取混合像元分解需要的端元光谱。

4. 低概率出露目标

理想的高光谱目标探测情况是:高光谱遥感器获取的图像不含噪声且不受大气等因素干扰,具有无限高的空间分辨率(相对于目标而言),那么可以从图像空间、光谱空间和特征空间来对目标进行准确探测,如首先从图像空间辨别目标形态和结构,然后将目标光谱与光谱库中的参考光谱进行匹配,找到达到最佳匹配效果的光谱数据,并根据先验知识完成目标材质的识别。然而在现实中,遥感器的空间分辨率与光谱分辨率彼此相互制约,目前高光谱遥感尤其是卫星高光谱图像的空间分辨率不够高,从而使得某些感兴趣的小目标在图像中以亚像元的形式存在,并且在一个大场景中成为低概率出露目标。

高光谱遥感低概率出露目标探测的方法与传统的基于空间特征的目标探测方法有着本质的区别,它的出现无疑是对传统目标探测方法的一个巨大挑战。虽然高光谱数据空间分辨率不高,但其丰富的光谱信息弥补了这一点不足,而且在足够高的光谱分辨率下,感兴趣目标会表现出诊断性光谱特征或者会在背景地物中显示为一种"数据异常",利用这些信息完全可以将亚像元级目标提取出来。

思考题

1. 目标的光学特性主要包含哪些方面?

2. 光在大气传输过程中主要受哪些因素影响?

3. 如何利用光在大气传输过程中的影响因素来提升军事目标的战场生存能力?

4. 典型的目标光学探测技术有哪些? 不同光学探测技术的优缺点有哪些?

5. 简要阐述发射率、吸收率、反射率、透射率之间的相互关系。

6. 高光谱图像与传统光学图像相比的主要特点有哪些?

7. 应对高光谱目标侦察时,地面敏感目标可采取哪些有效措施?

第三章
激光告警与干扰防护技术

20世纪60年代以后,随着激光技术的飞速发展以及战术激光武器在军事上的广泛应用,以激光束作为信息载体的各种激光设备,如激光测距机、激光制导装置、激光雷达等越来越普遍地应用到战场上,对战场目标的生存构成了严重威胁。激光探测和激光制导的性能越来越高,这就给激光干扰技术提出了越来越高的要求。激光告警是实施激光干扰防护的前提。而激光干扰与防护技术包含激光有源干扰技术和激光无源干扰技术两大类。其中激光有源干扰技术又包含激光欺骗干扰技术和强激光干扰技术,激光无源干扰技术主要为激光隐身技术。

第一节 激光告警技术

以激光为信息载体,发现敌光电装备、获取其方位、种类、工作状态、性能参数、运行状况等"情报"并及时报警的技术就称为激光告警技术。激光告警是激光对抗的基础,也是光电综合告警的一个重要组成部分。

实施激光侦察告警功能的装备叫激光侦察告警器,简称激光告警器。它针对战场复杂的激光威胁源,能够快速探测敌方激光测距机、目标指示器或激光驾束制导照射器发射的激光信号,判断激光威胁的存在,发出告警信息,并尽可能确定出敌方激光威胁源的方位、距离、波长、强度、脉冲特性(脉宽、重复频率、编码)等信息,以便我方能及时制定具有针对性的规避或对抗战术,如采取躲避、防护、反击等措施,达到有效保障我方人员和武器装备免遭杀伤、干扰或破坏的目的。现有的激光告警器大多装备于车辆、飞机、舰船上,而发展以卫星、潜艇、飞船,甚至是以单兵等为载体的激光告警器无疑是一个重要方向。激光告警器的战术技术性能通常由以下几项指标来衡量(李云霞等,2009)。

(1)告警距离:当告警器刚好能确认威胁存在时,威胁源至被保护目标的最大距离,有时也称之为作用距离。

(2)探测概率:当威胁源位于告警器视场内时,告警器能对其正确探测并发出警报的概率。

(3)虚警与虚警率:虚警是指事实上不存在威胁而告警器误认为有威胁并错误发出的警报,发生虚警的平均时间间隔的倒数称为虚警率。

(4)角分辨力:告警器恰好能区分两个同样威胁源的最小角间距。激光告警器按角分辨精度可分为低精度、中精度和高精度三档,其角分辨力依次约为45°、3°和0.06°(1 mrad)。

激光告警器按探测工作原理又可分为主动型和被动型两类,而被动型激光告警器又分为光谱识别型、成像型、相干识别型和全息探测型四种。下面首先介绍激光告警的基本原理、关键技术,然后介绍典型的激光告警设备及应用,最后再对激光侦察告警技术的研究现状及发展趋势进行拓展介绍。

一、激光告警的基本原理

激光告警的目的就是尽可能地确定出目标的方位、波长、强度、脉冲特性(脉冲宽度、重频、编码特性)等信息(付小宁等,2012;李云霞等,2009)。

(一)激光目标探测

激光是由激光器发射出的光,其产生的原理为物质分子或原子的受激辐射,与普通光相比,激光具有方向性好、相干性好、亮度高和单色性好等优异特性。激光目标探测是采用激光作为光源去照射目标,通过对目标反射回波的探测,获取目标回波的强度、频率、相位、偏振态、吸收光谱、反射光谱及拉曼散射光谱等信息,从而判别目标的距离、角位置、种类、属性、速度、运动轨迹及外形等。激光目标探测在军事探测领域具有广泛的应用,如激光测距、激光扫描照相和激光雷达等。

(1)激光测距。激光测距机是利用激光方向性好的特性,以激光为光源对目标进行距离测量的装置。其工作原理为:由激光器发出一束激光射向被瞄准的目标,由光电元件接收从目标反射回来的激光束,计时器测定激光束从射出到接收的时间 t ,进而计算出从测距机到目标的距离 l ,计算公式为: $l = ct/2$,其中 c 为光速,取值为 3×10^8 m/s。

与光学测距仪相比,激光测距机具有重量轻、体积小、操作简便、测试速度快、精度高等优点,应用方式有手持式、脚架式和车载式,被广泛用于地形测量、战场测距、飞机、导弹及人造卫星的高度测定等。

(2)激光扫描照相。其工作原理是用高亮度的激光束扫描、照明地面目标场景,并接受场景反射回来的激光信号,产生连续的模拟电信号,通过显示设备将电信号还原成肉眼可见的图像,或者用磁带、胶片等将图像记录下来。激光扫描照相机一般由激光器、发射机、接收机以及视频信号存储和显示设备组成。

激光扫描照相不需使用闪光源或其他大面积照明装置,提高了侦察机的生存能力。但是,由于激光束要来回两次通过大气,所以受大气影响要比普通照相严重。因此激光扫描相机主要用于低空与夜间侦察照相。

(3)激光雷达。激光雷达是通过发射激光光束,并根据从目标反射回来的激光信息对目标的距离、方位、高度和运动速度等进行探测的雷达。激光雷达是激光技术与雷达技术相结合的产物,由发射部分(包括激光器、调制器、光束形成器、发射望远镜)和接收部分(包括接收望远镜、滤光片、数据处理线路、自动跟踪和伺服系统等)组成。

与微波雷达相比,由于激光的波长比微波短 3~4 个量级,且具有波束窄、方向性好、相干性好等特点。激光雷达具有测量精度和分辨率高、抗电磁干扰能力强、隐蔽性好、体积小、重量轻等优点。但是,激光雷达易受气象因素的影响,还不能取代一般雷达。

（二）激光目标识别

激光目标识别是通过发射激光光束照射未知目标,然后检测目标回波信号强度、频率变化量、相位移动值、偏振态改变情况、目标反射光谱与吸收光谱的特征或外形图像来判别目标的种类和属性。如果这些目标的特征属性是唯一的,就可以通过与数据库的数据进行对比来鉴别目标。

激光雷达可以测量目标的特征振动频谱、反射光谱、吸收光谱和散射光谱、目标飞行速度、滚动特征等,这些都是激光雷达目标识别的依据。成像激光雷达的最大优点就是可以获得高分辨率的目标三维图像。把获得的图像数据送入计算机中,经一定的算法程序对图像数据进行处理,使因地物背景或其他干扰噪声造成的模糊图像变得清晰,显现出具有一定对比度、有清晰边缘轮廓和外形细节的图像。然后与计算机数据库中的目标数据进行对比,将场景内各种各样的目标加以区别,实现场景中目标的自动识别。

（三）激光告警方式

激光告警具有探测概率高、虚警率较低、反应时间短、动态范围大、覆盖空域广、工作频带宽等优点。激光告警按其工作方式的不同,一般可以分为主动式激光告警和被动式激光告警两类。

主动式激光告警是通过主动发射激光来扫描目标所在空间区域,分析进而提取目标的回波,从而在人工和自然背景中获得目标的信息,主要设备有激光雷达和激光相机等。

被动式激光告警是利用光电探测元件,接收敌方各种激光设备与武器所发射的激光束,并进行后处理获得目标的信息。按后处理方式的不同,它又分为激光威胁告警和激光侦察监视两类。激光威胁告警是探测到敌方激光信号后,确定其来袭方向,测定光束的主要技术参数,并及时发出报警。为实时识别敌方激光辐射源和为情报系统提供决策信息,激光告警技术要求系统带有依据平时情报侦察建立的激光威胁数据库或智能决策系统。激光侦察监测则是能最大限度连续不断地获取敌方各种激光武器和装置的战术技术情报。

二、激光告警的关键技术

激光告警技术涉及激光、信息处理、编码识别等多个学科领域,多波长探测、微弱信号处理、虚警抑制、宽动态范围测量技术等必须解决的关键技术。

（一）多波长探测技术

20世纪90年代初,随着激光技术军事应用的深入,激光器发生了许多重大变化。工作在$1\sim3~\mu m$波段的人眼安全激光器开始取代对视力有害的红宝石和钕玻璃激光器;可调谐可见和近红外激光器消除了红宝石和钕玻璃激光器易被对抗的弱点;用于对抗热寻的和红外搜索跟踪系统的$3\sim5~\mu m$的激光器,以及用于对抗$8\sim12~\mu m$前视红外的激光器均已应用;CO_2和其他高相干激光器系统已应用于激光雷达和通信。鉴于激光威胁频谱的不断扩展,激光告警的工作波段也必将随之不断扩展,只能探测单一波长的激光告警器已不能满足使用要求,必须发展多波长探测装备。

（二）微弱信号处理技术

在复杂的战场环境中，所探测到的激光目标回波信号都是经过多次反射或漫反射的信号，是十分微弱的光信号，尤其是对非合作目标的探测更是如此（可低至 $10^{-8} \sim 10^{-7}$ W），有时还会低到光子计数水平，处理不好将会出现被噪声淹没的情况。例如，对于空间物体的检测，常常会伴随着强烈的背景辐射；在光谱测量中，特别是吸收光谱的弱谱线更容易被环境辐射或检测器件的内部噪声所淹没。

如何从混杂的噪声中提取出有用的激光信号就是激光目标探测要解决的关键技术。为了进行稳定和精确地检测，需要有从噪声中提取、恢复和增强被测信号的技术措施。通常的噪声（闪烁噪声和热噪声等）在时间上和幅度变化上都是随机发生的，分布在很宽的频谱范围内。它们的频谱分布和信号频谱大部分不相重叠，也没有同步关系。因此，降低噪声、改善信噪比的基本方法可以采用压缩检测通道带宽的方法。当噪声是随机白噪声时，检测通道的输出噪声正比于频带宽的平方根，只要压缩的带宽不影响信号输出就能大幅降低噪声输出。此外，采用取样平均处理的方法使信号多次同步取样积累。由于信号的增加取决于取样总数，而随机白噪声的增加却仅由取样数的平方根决定，因此可以改善信噪比。根据这些原理，常用的弱光信号检测可分为光纤耦合、锁相放大器、取样积分器和光子计数器等方式。

（三）虚警抑制技术

由于激光信号的长重复周期性，激光测距机在一次使用中甚至有可能只发射一个激光脉冲，因此对激光告警设备提出了凝视性能要求，即要求激光告警器能够长时间警戒整个空域。然而由于光电探测元件的白噪声及外界干扰等因素，激光告警器必须解决虚警问题。虚警率实质上是系统噪声大于探测阈值的概率，灵敏度越高，微弱信号处理能力越强，作用距离也越远，但出现虚警的概率也越大。采用多元相关探测技术、时序控制、波门设置、软件处理等技术手段可以有效地抑制虚警率。

（四）宽动态范围测量技术

实际中激光威胁的能量可能相差好几个数量级，加之告警器收到的激光既可能直接从激光器射来，也可能经过一个或多个漫反射体散射而来，因此激光进入告警器的能量密度可能有 10 个数量级以上的变化。这就要求告警系统具有很宽的动态测量范围。尽管多数光电探测器的线性动态范围可能较宽，但告警器前置放大器及偏置电路往往只有 3 ~ 4 个数量级的线性动态范围，因此实现告警器全系统的宽动态范围测量也非常关键。

三、主动式激光告警技术

主动激光侦察告警设备的工作原理是基于光学系统后向反射的猫眼效应，它是通过主动向敌方光学或光电设备发射激光束来对敌方光学和光电设备进行定位和识别的技术手段，因而兼具激光测距和目标识别两种功能。采用脉冲激光测距的原理获得目标的距离信息，利用激光回波强度、回波宽度及数量进行目标识别。

（一）猫眼效应探测原理

光电装备的有焦光学系统在受到激光束照射时,由于光学"准直"作用,产生的"反射"回波强度比其他漫反射目标(或背景)的回波高几个数量级,就像黑暗中用灯光照射的"猫眼",因此称为猫眼效应。黑暗中的"猫眼"照片及其光学原理如图3-1所示。

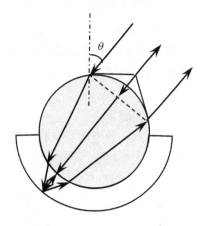

图3-1　黑暗中"猫眼"照片及其光学原理图

猫眼效应的存在使主动激光侦察告警设备得以成功应用。探测方激光发射系统以扫描搜索方式向一定角空域发射激光束,当激光束射到对方光电装备视场之内时,猫眼效应造成的激光回波携带了此光电装备的许多信息。探测方接收这些信息并做相应处理后,便得到此光电装备所在方位、距离、探测器种类、工作波长、运动状态等参数,依据装备信息数据库和专家系统,就可以确定对方光电装备的属性,甚至是型号,进而发布告警信号,并向火控或光电对抗系统发出指令。

猫眼效应的原理如图3-2所示。图中,L是光学物镜,其像方焦点为F,焦平面上有分划板G(或光探测器)。若有激光束沿AA'方向射至L,则L使之沿$A'F$射向G,经过G的反射,一部分光能沿FB'返回L,经L后沿$B'B$射出。同理,沿BB'射来的激光束经过光学系统后会有一部分沿$A'A$方向射出。由于透镜L的聚焦功能和分划板(或光探测器)G的镜面反射(或接近于镜面反射),系统产生了光学准直作用。正是由于这种准直作用,使得反向传播的激光回波能量密度要比其他目标(或背景)的回波能量密度高得多。

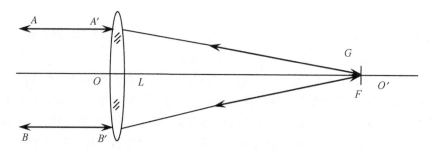

图3-2　光学系统猫眼效应原理示意图

主动侦察的激光波长应与对方光学或光电设备工作波段相匹配,这是猫眼效应的基本要求,否则就不能产生明显的猫眼效应。根据目前光电设备的一般工作波段,主动激光侦察告警主要为 1.06 μm 和 10.6 μm 两种波长。波长不同,设备的具体构成形式也不同。主动激光侦察告警设备通常由高重频激光器、激光发射和接收系统、光束扫描系统、信号处理器、方位及俯仰转动机构、声光电示警单元等主要硬件和相应数据库及软件系统组成。它利用高重频的激光束对被侦察区域进行扫描,在扫描到光学和光电设备时,由于被侦察对象的猫眼效应,能接收到比漫反射目标强得多的信号,信号处理器通过一定的信号处理方法,抑制掉漫反射目标的回波信号,从而达到侦察对方光学和光电设备的目的。

(二)作用距离

为分析方便,假定激光从接收光学镜头中心发出,并且只考虑大气衰减对激光传输的影响,不考虑大气扰动的影响,则主动式激光告警"猫眼"类光学镜头的距离方程为

$$P_r = \frac{16 P_t A_r A_s \rho_0 \tau_t \tau_r \tau^2 \tau_s^2}{\pi \theta_t^2 \theta^2 R^4} \qquad (3-1)$$

式中,P_t 为激光器输出功率;θ_t 为入射激光束散角;θ 为反射束散角;τ_r 为接收光学系统透过率;τ_t 为发射光学系统透过率;τ 为单程大气透过率;R 为告警系统光学镜头与目标光学镜头之间的距离;A_r 为告警系统光学窗口面积;A_s 为目标光学窗口面积。

猫眼效应适合探测迎头光学目标,产生猫眼效应的条件如下:

(1)光源主动照射检测目标光学窗口;

(2)照射光进入目标光学窗口的频率波门;

(3)目标光学系统产生焦平面反射(满足光轴对准要求)。

因此,技术上没有观察到猫眼效应,也不能说明在观察视场内没有镜头类光学目标。

(三)回波信号目标识别

目标识别就是区分出镜头目标信号和漫反射背景信号。根据激光大气传输特性和光学镜头与漫反射体后向反射特性,回波信号反射到告警系统时输出信号的幅度、脉冲宽度和目标数量等不同。激光回波信号的识别方法有波长识别法、强度识别法、脉冲宽度识别法、回波信号追踪识别法等。这些方法可以单独运用,也可以综合运用。

(四)典型设备及应用

现代战场上,光学和光电装备大量使用,如望远镜、激光测距机、电视跟踪仪、红外热像仪以及各种光电制导武器,因此,对光学和光电子设备进行侦察、定位是目前各国军方都十分重视的一项技术,相继研制出多款主动激光侦察侦察告警装备,典型代表是美制"魟鱼"系统和"灵巧"定向红外对抗系统。美制"魟鱼"系统中有激光主动侦察手段。作战时,该系统先以波长为 1.06 μm 的高重频低能激光对其所覆盖的角空域进行扫描侦察。一旦搜索到光电装备,就启动大功率激光进行致盲干扰,故侦察是攻击的前奏。美国空军的"灵巧"激光定向红外对抗(DIRCM)系统采用闭环定向干扰技术,主要的作战对象是红

外制导导弹。工作时,首先利用激光主动侦察设备向导引头发射激光并接收由导引头返回的激光回波,然后分析回波信号,确定导弹的种类、方位和距离等信息,以便选择最有效的干扰方式来对抗敌制导武器。

四、被动式激光告警技术

被动式激光告警利用光电探测器件接收敌方各种激光设备与武器所发射的激光束,确定其来袭方向,测定光束的主要参数并及时发出警报。

如图3-3所示,根据传播路径和方向的不同,激光辐射可分为直射光束辐射、出口散射辐射、气溶胶散射辐射和溅射辐射。直射光束的辐射能量呈高斯分布,一般情况下目标上的光束直径只有几米大小。例如,当发散度为±1.5 mrad时,在5 km远的目标上形成直径为1.5 m的光斑。出口散射是由发射机光学系统的不完善或不洁净,使部分激光能量偏离主光束而带来的散射。气溶胶散射由激光传输通道上的分子和大气微粒对光的散射作用引起,会导致部分激光能量落在主光束之外。溅射辐射通常由物体对激光的漫反射作用引起。

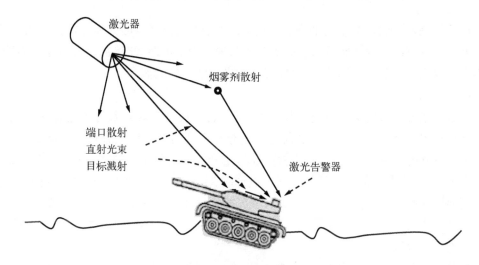

图3-3　激光告警器受周围环境干扰示意图

被动侦察告警技术通过探测器件的输入孔径对敌方光电装备发出的激光辐射进行探测从而判别出威胁类型或性质并进行告警。它一般通过探测直射辐射或散射辐射(出口散射辐射或气溶胶散射辐射)或溅射辐射来判断威胁源是否存在,而通过探测直射辐射来确定威胁源的方位。被动式激光告警探测器光学接收窗口接收的大多属于漫反射和散射激光信号,因此属于弱信号检测技术领域。

被动式激光告警按其工作原理可分为光谱探测、成像探测、相干探测和全息探测等几种不同的技术体制;按照所用探测器的类型,可分为单元、列阵和面阵三种,以光纤为探头的光纤激光告警器也可以认为属于列阵型。

（一）光谱探测型激光告警

目前,常用的军用激光仅有0.85 μm、1.06 μm、10.6 μm等几个波长,若探测装置探测到其中某个波长的激光能量,就意味着可能存在激光威胁,这就是光谱探测型激光告警设备的基本工作原理。

光谱探测型激光告警设备技术难度小、成本低,是比较成熟的体制,成为开发种类最多的激光告警器,国外在 20 世纪 70 年代就进行了型号研制,80 年代已大批装备部队。如图 3-4 所示,它通常由探测头和处理器两个部分组成。探测头通常为由多个基本探测单元组成的阵列探测单元,完成激光信号的检测,并配合信号处理和信号识别电路,完成激光辐射源的方位和激光波长、脉宽、重复率等参数的识别(李云霞等,2009)。

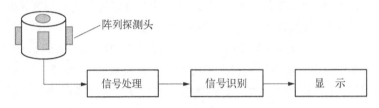

图 3-4　光谱探测型激光告警设备结构和原理示意图

按照探测器接收激光能量的方式,光谱识别型激光告警器可分为直接拦截探测型和接收大气气溶胶散射激光能量的散射探测型两种。为了可靠截获激光束,确保不漏警,往往将直接探测和散射探测相结合,以提高对激光威胁的探测概率。

1. 直接拦截探测型

拦截探测方式直接探测敌激光装备发出的激光束,可实现对威胁激光源的定位。多探测器拦截警戒就是一种比较简单且可对激光源定位的拦截探测方式。在结构上,通常由若干个独立的探测通道组成,每个探测通道由光电探测单元(一般采用 PIN 光电二极管作为光敏元件)和相应的光学系统组成。设计时,为实现大空域监视,按总体性能要求,多个探测通道在水平圆周方向进行阵列式安装,相邻探测通道的视场间形成交叠。同时,在圆形阵列的中央铅垂轴线上布置一个垂直探测通道,使其光轴指向天顶,以保证铅垂面内有一定的探测范围。

当某一光学通道接收到激光时,激光入射方向必定在该通道光轴两旁一定视场范围内;当相邻两通道同时接收到激光时,激光入射方向必定在两通道视场角相重叠的视场范围内。设水平方向有 n 个探测通道,每个探测通道的主光轴均交于一点,且每个探测通道的视场角为 a,则每个探测通道主光轴之间的夹角为 $360°/n$,重叠视场的角度为 $a-360°/n$,独立视场的角度为 $720°/n-a$,激光告警器在水平方向的探测精度(即告警器对激光脉冲的方位角分辨率)等于独立视场角与重叠视场角中的最小值。

例如,水平圆周方向均匀布置 10 个探测通道时,则每个探测通道的光轴夹角为 36°,并通过机械或(和)光学系统设计,确保每个通道只接收以该通道光轴为中心的 54°立体角内的激光(即视场角为 54°)。这样,探测部件将整个警戒空域分为 20 个区间,其中 10 个重叠视场和 10 个独立视场。通过计算可知,独立视场角为 18°,重叠视场角也为 18°。因此,该激光告警器在水平方向上的探测精度可达到 18°,即告警器对激光脉冲的方位角分辨率为 18°。

当威胁光源位于某单个传感器的视场时,该传感器便接收到敌激光,而其余传感器没有信号,则表明威胁激光的入射方向必定在该探测通道光轴两旁18°的空间内,若某两相邻传感器同时收到威胁激光信号,则敌激光必在这两个18°的视场重叠区。接收到的激光脉冲由光电探测器进行光电转换,经放大后输出电脉冲信号,经信号处理,从包含各种虚假信息的信号中实时鉴别出有用信号,确定威胁激光源的方位以及波长、脉冲重复率、脉冲间隔、脉冲编码方式等详细特征参数。

确定了激光的波长、脉冲重复率等参数后,即可根据典型威胁源的特征信息,确定威胁源的种类,并采取有针对性的规避或对抗措施。一般来说,"硬破坏"激光武器波长特定,常采用连续波或脉冲持续时间较长激光,能量密度极高;激光测距机脉冲宽度小、重频低;激光目标指示器类似于测距机,但重频高;对抗用的激光器类似于测距机,但强度高;致盲式激光武器与测距机相似,但能量密度高;通信激光器是被调制的连续波光源或很高重频的脉冲串。上述典型特征都是判断威胁种类的基本依据。

多探测器拦截警戒告警器探测灵敏度高,视场大,且结构简单,无复杂的光学系统,成本低;缺点是角分辨率低,只能概略判定激光入射方向。在实际应用中,多探测器拦截警戒告警既要在有各种电磁干扰和背景光干扰的野战环境中长时间警戒360°空域而不虚警,往往要求虚警率低于$10^{-3}/h$。为此,必须采取有效的抗干扰措施来大幅度降低虚警率。为了排除各种人为和自然背景光源的干扰,除采用窄带滤光片和尽量减小接收视场以外,还可增加特征识别的措施。阳光、雷电、炮火闪光、探照灯光等自然或人为背景干扰远比军用激光脉冲频率低,因而可以采取脉宽鉴别电路来进行特征识别。为了排除电磁干扰,除采用电磁屏蔽、去耦、接地等措施外,一个有效措施是采用多元相关探测技术。

相关探测是利用信号在时间上相关而噪声在时间上不相关的特点来检测信号的。设两个信号$x(t)$和$y(t)$分别为

$$x(t) = s_1(t) + n_1(t) \tag{3-2}$$

$$y(t) = s_2(t) + n_2(t) \tag{3-3}$$

其中,$s_1(t)$和$s_2(t)$是相关信号,$n_1(t)$和$n_2(t)$是独立噪声,相关探测的目的就是要从信号$x(t)$和$y(t)$中提取出有用信号$s_1(t)$和$s_2(t)$。

设测量时间从0开始到T结束,在T时间内对$x(t)$和$y(t)$进行相关运算,有

$$R_{xy}(\tau) = \frac{1}{T}\int_0^T x(t)y(t-\tau)\mathrm{d}t \tag{3-4}$$

将式(3-2)、(3-3)代入式(3-4)得

$$R_{xy}(\tau) = R_{ss}(\tau) + R_{nn}(\tau) + R_{sn}(\tau) + R_{ns}(\tau) \tag{3-5}$$

式(3-5)中,$R_{ss}(\tau)$是信号$s_1(t)$和$s_2(t)$的互相关函数,$R_{nn}(\tau)$是噪声$n_1(t)$和$n_2(t)$的互相关函数,$R_{sn}(\tau)$和$R_{ns}(\tau)$是信号和噪声的互相关函数,由于信号和噪声不相关且噪声之间也不相关,根据互相关函数的性质有$R_{nn}(\tau) = R_{sn}(\tau) = R_{ns}(\tau) = 0$,则式(3-5)变成:

$$R_{xy}(\tau) = R_{ss}(\tau) \tag{3-6}$$

由式(3-6)可知,经相关处理,保留了信号 $s_1(t)$ 和 $s_2(t)$,抑制了噪声 $n_1(t)$ 和 $n_2(t)$,达到了相关探测的目的。

正是基于相关探测原理研制出了多元相关探测器,其基本工作原理是:在一个光学通道内,采用两个或两个以上并联的探测单元,并对探测单元的输出信号进行相关处理,进而滤除干扰,降低电路噪声产生的虚警率。两元相关探测的原理如图3-5所示(李云霞等,2009)。两个并联的探测单元共用一个光学窗口。每个探测单元都有分立的光电二极管、前置放大器、主放大器和阈值比较器。当激光告警器接收到激光脉冲后,由光电二极管进行光电转换,输出微弱脉冲信号经前放和主放大后,其输出信号分别由两个阈值比较器1和2控制,两个比较器的阈值基准由同一个阈值发生器产生,通过阈值比较滤除低于阈值的噪声后,两比较器输出送入相关处理器。相关处理器是一个逻辑"与"电路,两个探测单元输出的信号,在相关处理器中实行逻辑"与"处理。对于电路噪声而言,由于两个探测单元同时"与"出噪声干扰脉冲的概率几乎为零,所以相关处理器可轻而易举地消除电路噪声引起的干扰脉冲;但对于敌方的激光脉冲信号而言,两个探测器的输出信号在时间和波形上均相同,因此经相关运算后,能确保图3-5中 S_5 输出信号是复原的激光脉冲信号。

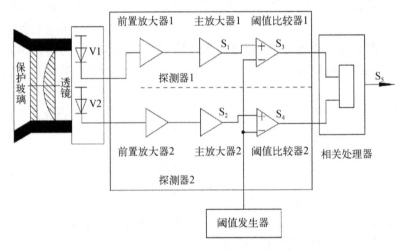

图3-5　两元相关探测技术原理图

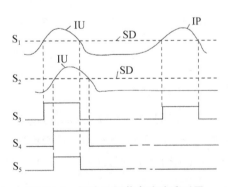

图3-6　相关处理节点脉冲波形图

图3-6给出了脉冲信号在多元相关探测器中不同节点处的波形图(李云霞等,2009),其中IU为有效脉冲,SD为检测信号阈值,IP为干扰脉冲。当 S_1 和 S_2 同时出现一个有效脉冲时,从 S_5 可获得正确的输出信号。S_1 上由探测单元本身产生的干扰脉冲则被逻辑"与"电路滤除。

可见,两元相关探测技术的本质是利用了同一单元中两并联探测器的噪声信号不相关,而两探测器中目标信号几乎相同(具有相同的振幅、相位和波形,目标信号高度相关)这一特性,通过相关处理确保目标信号被顺利提取,而探测器自身的噪声信号被有效地去除,进而达到在兼顾探测灵敏度的条件下使虚警率明显下降。

2. 散射探测型

军用激光发散角小决定了其光斑直径通常很小,通常激光束不会直接入射到激光告警器上,因此为保护受激光威胁的大型目标,应扩大激光警戒范围,而采用激光散射探测技术。散射探测技术可以通过接收目标表面、地面、大气气溶胶等散射的激光辐射来实现激光探测和告警。在协同作战中,探测这种散射光可实现对邻近车辆受到激光威胁的告警。基于散射探测原理,美国研制了"毒胡萝卜丛"散射探测告警器,英国也研制了PA7030散射探测告警器,其警戒范围通常只能扩展到偏离激光光轴20~30 m的远处。

散射探测器光学系统的典型结构如图3-7所示。光学系统的核心是一个特殊设计的圆锥棱镜,其内有一个下凹的锥形。制造棱镜用的材料可用光学质量好的有机玻璃。棱镜的下方是窄带干涉滤光镜和硅光电二极管探测器。因散射产生的激光辐射经圆锥棱镜折射、反射后,穿过滤光镜,最终由菲涅尔透镜把透过窄带干涉滤光镜的光聚焦在硅光电二极管探测器的光敏面上。由于散射辐射的强度要远远小于直射辐射的能量,因此,散射探测要比直接拦截探测在实现上困难得多。

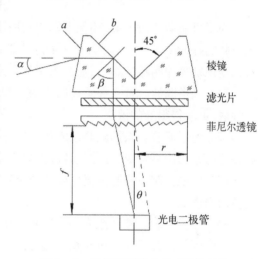

图3-7 散射探测器光学系统的结构

图3-8给出了一种单通道激光散射告警器结构简图。光学窗口主要由鱼眼透镜、光锥等组成,用于截获来自各方向的敌方散射激光;窄带滤光片(带宽通常小于10 nm)为了滤除背景杂散光,要求光谱特性与被探测激光一致;雪崩管型号为SPD-033,光敏面直径0.5 mm,有效探测面积0.2 mm²,响应时间3 ns,幅值响应波长1.06 μm;高压模块为高灵敏度的雪崩管提供工作电压;放大器则选用高灵敏度的高速放大器(带宽通常在100 MHz以上)。可见,为了探测极弱的散射激光信号,散射探测告警器一般选用灵敏度更高、响应更快的雪崩二极管,而直接拦截探测器通常采用PIN二极管。

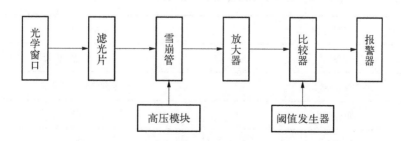

图3-8 一种单通道激光散射告警器结构简图

由于散射探测通常利用探测设备所在平台周围大气对激光能量产生的散射进行探测,而大气散射与天气有关,其散射能量与波长的四次方成反比,因而散射探测一般只能用于可见光和近红外波段激光威胁的探测,而对中远红外激光威胁则难以奏效。为了避免太阳光的干扰,散射告警器大多要使用窄带滤光片,只能实现单波长激光的告警,且不能确定入射激光的方向,但由于其告警范围大的独特优点,所以目前远离光轴的散射探测技术是激光告警技术发展的一个重要方向,散射告警器原理如图 3-9 所示。若采用组网方式,该技术可进一步扩大散射告警器的警戒范围,甚至离轴探测距离可以达到 1 km。

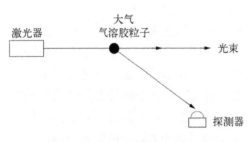

图 3-9　激光离轴散射探测原理示意图

为了可靠截获激光束,确保不漏警,往往将直接探测和散射探测相结合,以提高对激光威胁的探测概率。另外,为有效消除或抑制自然光及灯光、火焰、炮火闪光等干扰光源对光谱识别型探测器的影响,通常采用如下几种抗干扰措施:

(1) 光谱滤波。置入探测光路中的窄带滤光片只允许激光威胁信号通过,摒弃其他光辐射,可取得很好的效果。

(2) 电子滤波。根据威胁激光信号的脉冲特征也可以抑制干扰,例如敌测距激光的脉冲宽度常为纳秒量级,据此设计滤波器就可减少干扰。

(3) 门限控制。威胁激光的幅值通常很高,据此设计阈值比较器就能有效剔除低于阈值的噪声。

(4) 相关处理。威胁激光的方向相对单一,而自然光、灯光、火焰、炮火闪光通常在较大的方向区间内都存在。可利用上述方向上的差异,在不同方向布置多个探测单元,并通过对输出信号的相关处理,滤除干扰光。

挪威 Simrad 公司和英国 Lasergage 公司合作研制生产的 RL1 型(改进型为 RL2)激光警戒接收机是最先报道且已批量装备部队的阵列型激光告警系统。由安装在车顶的激光探测传感器和位于车内的显示控制器两大部件组成。全系统有一个指向天空和四个在水平面内对称分布的激光探测单元,每个探测单元的视场角均为 135°,相邻单元视场有 45°的重叠区。为减小反射带来的不利影响,它采用了抑制二次反射技术,提高了方位探测的准确度。其主要性能指标见表 3-1。

表 3-1　RL1 型激光警戒接收机主要战术技术性能指标

探测波段	$0.66 \sim 1.1\ \mu m$
探测器	硅光电二极管
覆盖空域	水平 360°,铅垂 180°
角分辨力	45°
虚警率	$10^{-3}/h$

　　属于此类的激光告警器还有英国的 SAVIOUR 型、法国的 THOMSON – CSF 型、以色列的 LWS – 20 型等。其共同优点是结构简单、成本较低,缺点是定向精度不高。一般来说,此类告警器可用于启动烟幕干扰装备。

　　适当增加阵列单元的数量可以提高角分辨率。例如,英国卜莱塞雷达公司通过在水平面圆周方向对称布置 12 个探测单元,将方位角的探测分辨率提高到 15°,但该系统要复杂一些。

(二)成像型激光告警

　　受探测通道数量的限制,光谱识别型阵列激光告警器的角分辨率不可能很高,一般为十几度到几十度,不适于在对方位探测精度要求较高的作战平台(如歼击机)上使用,更不适于用作激光有源干扰装备的配套设施。

　　成像型激光告警器基于广角凝视成像体制而工作,角分辨率比光谱识别型阵列激光告警器高约一个量级,由于利用了鱼眼透镜(或超广角镜头)的超大空域覆盖特性和 CCD 面阵的光电转换/信号处理与传送性能,此类告警器具有如下优点:

　　(1)视场大。采用鱼眼透镜可实现全空域的凝视监测,不需扫描,不存在由扫描而可能引起的漏探测。降低覆盖空域、减小视场后,定向精度达 1 mrad 左右。

　　(2)角分辨率高。CCD 器件的像元尺寸极小(微米级),为精度定位提供了先决条件,角分辨率比低精度告警器约高一个数量级,是一种中精度告警器。

　　(3)虚警率低。采用双光道和帧减技术,消除了背景干扰,突出了激光信号,大大降低了虚警率。

　　众所周知,水下鱼类在贴近水面时,能"凝视"(即眼球视轴不转动)感知水面之上近乎 180° 角空域的景物,这种现象可用光的全反射和光路可逆原理来解释。图 3 – 10 表示光线由水向空气传播的情况。

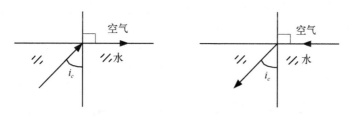

图 3 – 10　全反射与光路可逆

　　根据折射定律有

$$\sin i' = n\sin i \tag{3-7}$$

式中,i' 为折射角;i 为入射角。由于水的折射率>1(空气的折射率近似为 1),故当光从水中射向水面时,折射角 i' 总大于入射角 i。当 $i' = 90°$ 时,即折射光沿水平面掠射,此时对应的入射角为全反射临界角 i_c。

$$i_c = \arcsin(1/n) \tag{3-8}$$

　　取水的折射率 $n = 1.333\,3$,则全反射临界角 $i_c = 48.6°$。根据光路可逆原理,掠射水面的入射光,将以 i_c 的折射角进入水中,由此可以理解,当鱼游至贴近水面时,能凝视水面之上半球空域的物理现象。

如果把鱼眼及前方的水介质作为一个整体光学结构来考虑,则其外凸的眼球前表面还与水平面构成一个以水为介质的负透镜,此透镜可认为是鱼眼的前置透镜,如图3-11(a)所示。由于鱼眼前表面曲率甚大,故此前置透镜通常具有绝对值很大的负光焦度。若用普通光学材料代替水介质,并构成与上述前置透镜等效的光学透镜,则可以脱离鱼眼所处自然水环境的一般条件,实现水下鱼眼仰视半球空域的功能,如图3-11(b)所示。

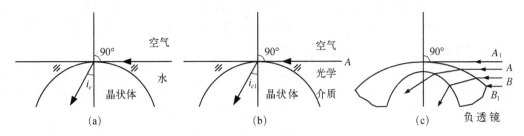

图3-11　鱼眼透镜工作原理示意图

但对半视场角为±90°的物点来说,图3-11(b)这种结构只允许像图中射线 A 这样的光线进入系统,相应的像点就没有足够的光能流密度,肯定不能引起视觉(或探测器)感知,于是自然想到把上述前置透镜的第1表面由平面改为凸面,以纳入更多的入射光线,并相应增大第2曲面的曲率绝对值,以维持前置透镜的原有光焦度,这就成为图3-11(c)所示的具有强烈向内弯曲的负弯月形第1透镜形状,俗称"帽形"透镜。

由于第1透镜具有负光焦度,不能直接成像于分划板或光敏面上,因此,需要在第1透镜后再设置若干个透镜或透镜组,模拟鱼眼的屈光过程,保证由第1透镜射出的光束能顺利通过全系统并有良好的聚焦质量,这种前透镜组具有负光焦度,后透镜组具有正光焦度的透镜系统称为反摄远型光学结构,基本结构原理如图3-12所示。

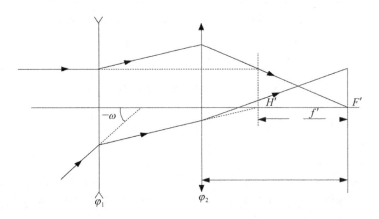

图3-12　反摄远型物镜基本结构

基于"鱼眼"透镜原理研制而成的成像型激光告警设备一般包含摄像探测头、显示/控制器两大部件。前者主要由超广角物镜或鱼眼镜头、CCD 面阵或 PSD(位置传感探测器)器件、窄带滤光片、分光镜、光电转换元件、有关电子线路及计算机组成;后者主要包括激光光斑显示器、警示信号装置、控制部件、指令传送接口以及信息存储单元等。探测部件采用180°视场的等距投影型广角鱼眼透镜作为物镜,视场覆盖整个上半球,可接收来自任何方向的激光辐射,接收的激光辐射通过光学系统成像在面阵 CCD 上。CCD 面阵产生的整帧视频信号,用快速模-数转换器转换成数字形式,存储在单帧数字存储器中。当包含背景信号和激光信号的一帧写入存储器时,即与仅包含背景信号的老的一帧用数字方法相减。帧减的结果作为一个表示位置(方位角和俯仰角)的亮点,在显示器上显示出来。利用这种数字背景减去法,可以在显示器上清晰地把每个激光脉冲的位置都显示出来,并可以跟踪激光源的位置。而且,由于 CCD 面阵的单个光点的定位精度接近 $0.2~\mu m$,角分辨率通常为零点几度到几度,因此可以实现精确确定辐射源的方位及光束特性(包括光谱特性、强度特性、偏振特性等)、时间特性、编码特性。

　　成像激光告警器的典型代表是由美国陆军武器对抗办公室和仙童公司共同研制的激光寻的和警戒系统"拉赫韦斯"(LAHAWS)。其工作波长为 $1.06~\mu m$,覆盖空域为半球范围,威胁定向精度为3°。

　　LAHAWS 采用凝视 2π 立体角的等距投影型鱼眼透镜收集半球空域内任意方位的来袭激光束,将其成像于 100×100 像元的 CCD 面阵上予以显示。为降低虚警率,它采用了双通道等一系列抑制干扰的措施,其工作原理为:鱼眼透镜后面的 4:1 分光镜把入射光能量分送两个通道——80% 的能量通过窄带滤光片,经光谱滤波后聚集于 CCD 光敏面,其余 20% 的能量又经分光镜和窄带滤光片进入两条通道(能量比例为 1:1)A 和 A'。A 和 A'各自设有一支 PIN 硅光电二极管,但 A 通道中有威胁激光信号和背景信号,而 A' 中只有背景信号。A、A'两通道的输出经过相减运算后放大,使背景信号被去除。因此,在没有威胁激光时,相减后输出为零;当有威胁激光时,相减后输出不为零。输出信号经过放大和高速阈值比较器处理,检出威胁激光信号,驱动声/光指示器报警。同时,CCD 面阵输出的视频信号经过 A/D 转换和帧相减运算,去除了背景,突出了威胁激光光斑影像。此光斑在 CCD 面阵上的位置经过解算,可以准确标示激光威胁源的方位,并由监视器显示出来。此外,为防止强激光造成器件饱和,系统还采用了自动增益控制措施。

　　尽管成像型激光告警设备在主要性能上有了很大提高,但仍存在着光学系统复杂、成本高、难以小型化以及只能单波长工作等缺点。

(三)相干识别型激光告警

　　在激光告警中,激光威胁源的方位和波长是重要的技术参数。特别是当激光告警系统与有源对抗装置联合使用时,告警系统必须精确地提供入射激光的波长,有源对抗装置才能有效地实施有源对抗。光谱识别型激光告警设备和成像型激光告警设备通常只能探测某一个或某几个特定波长范围的激光,不能精确测定激光的波长。相干探测基于激光的相干性而工作,是目前测定威胁激光波长的最有效方法。

　　激光具有良好的空间相干性和时间相干性。空间相干性是指光场中不同的空间点在同一时刻光场的相干性;而时间相干性是指光场中同一空间点在不同时刻光场的相干性,它表示了在光的传播方向上相距多远的光场仍具有相干特性。光的单色性越好,相干时间越长,相干长度也越长。典型光源相干长度的大致量级如表 3 - 2 所示。激光在大气中传输时,大气扰动和闪烁对空间相干性影响较大,而对时间相干性影响较小。因此,相干识别型激光告警设备大多利用时间相干性的分振幅方式来探测激光。

表 3 - 2　几种典型光源的相干长度

光　源	相干长度(近似)
白炽灯	10^{-7} m
太阳光(0.4~1.1 μm)	10^{-7} m
发光二极管	10^{-4} m
He - Ne 激光器	10^{-1} m
半导体激光器	$10^{-4} \sim 1$ m
CO_2 激光器	$10^{-4} \sim 10^4$ m

由表 3 - 2 可知,激光的相干长度(一般为零点几毫米到米的量级之间)远大于非激光辐射的相干长度(一般只有几微米)。因此,用干涉仪作传感器就可识别激光并测量其方向和波长。激光入射至干涉仪上便因受到调制而产生相长干涉和相消干涉,非激光入射至干涉仪因不产生干涉造成的强度调制而表现为直流背景,于是二者便得以区别开,这就是相干识别型激光告警设备的基本原理。

相干识别型激光告警设备用法布里-珀罗型(Fabry - Perot,简写为 F - P)标准具或迈克耳孙干涉仪光学系统给入射激光造成相干条件,利用干涉条纹间距确定入射激光的波长,利用干涉图的横向位移量确定入射激光方向。其优点是可识别波长、虚警率低、视场大、定向精度高,主要缺点是制造工艺复杂、价格昂贵。在激光告警器中采用干涉技术,可以在不限制系统的光谱带通的情况下,排除太阳光闪烁、枪炮闪光、曳光弹及飞机信标等光信号的干扰。不限制系统的光谱带通,意味着可以在光电传感器件响应的全光谱范围内,对激光威胁源进行警戒,这正是光谱识别法的弱点。在可调谐激光器用于战场的趋势下,相干识别是一种非常有前途的激光探测告警技术,必将得到进一步的发展。

目前,F - P 型和迈克耳孙干涉型相干激光告警器都已在实际中得到应用。前者通常用 F - P 干涉标准具和光电二极管作探测器,后者则用球面迈克耳孙干涉仪和面阵 CCD 摄像机探测激光产生的同心圆环。其共同特点是识别能力强,能探测激光波长且虚警率低,不同点是前者视场更大、定向精度更高。

1. F - P 相干识别型激光告警器

F - P 相干识别型激光告警器基于 F - P 标准具的多光束干涉原理而工作。其结构原理示意如图 3 - 13 所示,主要有可摆动的 F - P 标准具、透镜、探测器、鉴频器、计算机、警示装置、记录设备等部件组成。

一块厚度为 d、折射率为 n 的透明平行板(熔石英或锗),上下两表面镀上半反半透

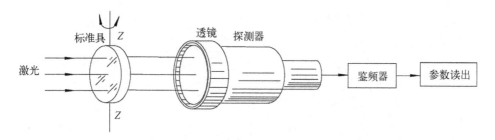

图 3 - 13 F - P 相干识别型激光告警器的工作原理

膜,就构成 F - P 标准具。记反射膜的反射率为 R,则入射角为 θ 的光线经 F - P 标准具时,形成直接透射的和经二次反射再透射的相邻两光束,如图 3 - 14 所示。

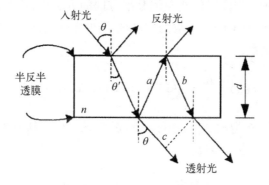

图 3 - 14 F - P 标准具光路图

根据光程的定义可得出射的相邻两束光线的光程差 L 可表示为

$$L = n(a + b) - c = 2nd\cos\theta' \qquad (3 - 9)$$

式中,a 为第一次反射光线在 F - P 标准具内的长度;b 为第二次反射光线在 F - P 标准具内的长度;c 为两束光线的间隔;θ' 为光束在标准具内部传播方向与标准具表面法线的夹角。设入射光的波长为 λ,由此引起的相位差为

$$\phi = 2\pi\Delta L/\lambda = 4\pi nd\cos\theta'/\lambda \qquad (3 - 10)$$

结合折射定律可得到出射光的光强为

$$I = I_0(1 + \cos\Phi)/2 \qquad (3 - 11)$$

当激光射入标准具时,探测器接收到透射多光束的干涉光能量,如果标准具不动,探测器接收到透射多光束的干涉光能量,若相邻两光束的光程差为波长的整数倍,则探测器收到的光强度最高;若两相邻光束的光程差为半波长的奇数倍,则探测器收到的光强度最低,在其他情况下,探测器收到的光强度介乎最大值与最小值之间。

若使标准具绕 Z 轴以一定幅度周期性地摆动,且摆动角 β 可以被精确测量,则两相邻光束之间的光程差就随之呈周期性变化,导致探测器接收到的光强也同步变化,即入射光波被调制。摆动角 β、激光入射角 θ 和折射角 θ' 之间的关系如图 3 - 15 所示(李云霞等,2009)。

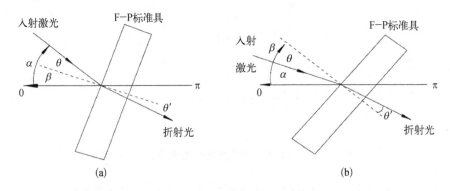

图 3 - 15　摆动角、激光入射角和折射角之间的关系

图 3 - 15 中 α 表示入射激光偏离左侧基准方向的方位角,从图中很容易得到激光入射角 $\theta = \alpha - \beta$。当波长为 λ 的相干激光入射时,透射光强受到入射角 θ 的调制,透过率 T 可表示为入射角 θ 的函数:

$$T(\theta) = \frac{I_0}{I} = \frac{1}{2}[1 + \cos(4\pi nd\cos\theta'/\lambda)] \qquad (3-12)$$

根据式(3-12),以 θ' 为横坐标,透过率 $T(\theta)$ 为纵坐标绘制出 $T(\theta)$ 随 θ' 的变化曲线,如图 3 - 16 所示(李云霞等,2009)。

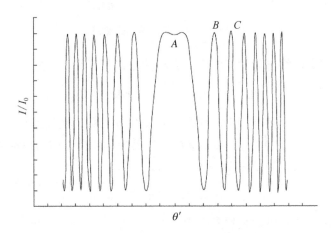

图 3 - 16　F - P 标准具透射率随摆角变化曲线

由图 3 - 16 和上面的分析可知,对于给定的标准具,不同波长的激光对应的调频信号的周期间隔不同,通过探测此光强信号的周期,即测定曲线上 A 点与 B 点的间隔,就能计算出激光的波长;另外,图中 A 点所对应的摆动角必是标准具法线与入射激光束平行的情况,因此,标定 A 点对应的摆动角,就得到来袭激光的方向。

因为激光有优异的相干性,加之 F - P 标准具透射多光束相干光场的优异对比度,这种原理得以在激光告警器中被成功应用。普通光辐射(自然光、灯光、炮火闪光、背景杂散光等)不具备激光那样的相干性,探测器上的光强度就不会出现图 3 - 16 那样的变化,这就明显地突出了激光的特征,提高了系统探测来袭激光的能力,同时使虚警率大大降低,增强了实用性。

应用上述原理制成的激光告警器已经服役。其中,美国 Perkin‑Elmer 公司研制生产的 AN/AVR‑2 型激光探测装置是 F‑P 型相干探测装备的典型代表,也是世界上第一种批量装备部队的 F‑P 相干识别型激光告警器。美军将 AN/AVR‑2 装在 AH‑1 型直升机转子附近的机身两侧,每侧装有两个激光探头,四个探测头共用一个接口比较器,可实现 360°方位角空域覆盖,平均无故障时间(MTBF)为 1 800 h。与 AN/ALR‑39 雷达警戒接收机联合使用,当敌激光照射直升机时,激光探头把光信号转换为电信号传递给 AN/ALR‑39 雷达警戒接收机的显示器,从雷达警戒接收机的显示屏可以显示来袭方位角并判断出威胁激光的能量等级。

2. 迈克耳孙相干识别型激光告警器

迈克耳孙干涉仪是以美国著名的实验物理学家——迈克耳孙(Albert Abarham Michelson,1852‑1931)的名字来命名的,该仪器在研究光谱线方面起着重要的作用,主要用于测定微小长度、折射率和光波的波长,其基本工作原理如图 3‑17 所示。图中 M1 和 M2 为两个镀银或镀铝的平面反射镜,其中 M2 固定在仪器基座上,M1 可借助于精密丝杆螺母沿导轨前后移动,G1、G2 为两块相同的平行平板,由同一块平行平板玻璃切制而得,因而有相同的厚度和折射率,G1 的分光面涂以半透半反膜,G2 不镀膜,作为补偿板使用,G1 和 G2 与 M1 和 M2 都成 45°角。扩展光源 S 上的一点发出的光在 G1 的分光面上有一部分反射,转向 M1 镜,再由 M1 反射,穿过 G1 后进入观察系统。入射光 S 的另一部分

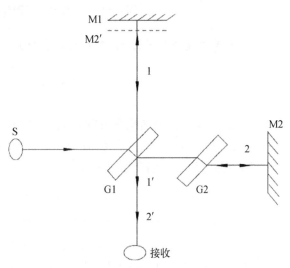

图 3‑17　迈克耳孙干涉仪原理示意图

转过 G1 和 G2 后再由 M2 反射,回穿过 G2 后由 G1 反射也进入观察系统,如图中 1′和 2′光线,它们都由 S 发出的一束光分解出来,所以是相干光,进入观察系统后形成干涉。

基于迈克耳孙干涉仪原理,美国电子战系统研究实验室成功研制了 LARA 激光接收分析仪,它是迈克耳孙相干识别型激光告警器的典型代表。其结构示意如图 3‑18(a)所示。LARA 激光接收分析仪由两个曲率半径为 R 的球面反射镜和一个分束立方棱镜构成的迈克耳孙干涉仪、一个面阵 CCD 固体摄像机,以及计算机、监视器、警示装置和控制器等部件组成(李云霞等,2009)。

来袭激光经分光棱镜分为两束,各自由球面反射镜反射后再次进入分光棱镜会合,由于两束反射激光经历有光程差。因此,经过迈克耳孙干涉仪后发生干涉,产生一组如图 3‑18(b)所示"牛眼"状干涉环。由于光程差不为零,因此,非相干的背景光不会产生干涉条纹,对告警系统不会产生干扰。干涉环成像在 CCD 像面上,由 CCD 转换为电

信号图像,图像经计算机处理后,就可以求得圆环半径、圆环间距以及圆心与圆环的相对位置。

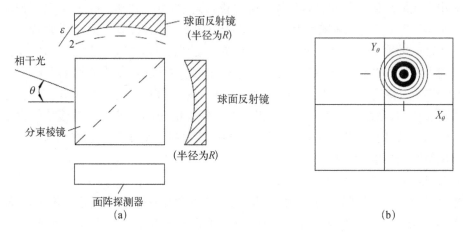

图 3 - 18　迈克耳孙型激光侦察告警工作原理

记第 N 个亮环的半径 r_N,则 r_N 与入射激光波长 λ 的关系可表示为

$$r_N = \frac{\varepsilon}{2} \sqrt{\frac{2N\lambda}{\varepsilon}} \qquad (3-13)$$

显然,在干涉仪的结构参数确定之后,测得 r_N 即可由式(3 - 13)求得入射激光波长。更进一步,由干涉环的圆心在 CCD 像面的位置 (X, Y) 就可以计算出来袭激光的水平方位角 x 和俯仰方位角 y,计算公式如下:

$$\theta_x = X_\theta/f, \ \theta_y = Y_\theta/f, \ f = R/2 \qquad (3-14)$$

其中, f 为焦距。迈克耳孙相干识别型激光告警器的优点是能够精确测量单、窄脉冲激光的波长和方向,且无需机械扫描,可截获单次激光短脉冲。但形成的干涉条纹锐度低、抗干扰能力差、结构复杂、技术难度大、工艺要求和研制成本高,并且干涉图复杂需采用面阵探测器接收,数据量大,处理困难,很难实现实时处理,所以,报道的产品很少。另外,由于激光的衍射作用,干涉条纹易重叠,因此限制了测量精度的进一步提高。

(四) 全息探测型激光

告警全息探测激光告警设备采用全息象限透镜,是专门设计的曝光系统的全息光学元件。全息象限透镜是一种分成任意个象限的全息光学元件。它可以把入射到不同象限上的激光辐射分别成像在特定位置上,成像的位置仅由被照明的象限所决定。利用全息象限透镜确定入射激光的波长和入射方向,物镜将入射的激光会聚到位于其后焦平面处的全息象限透镜的某个象限上,全息象限透镜将激光辐射会聚到与这个象限相应的点探测器上,从而确定激光源所在的象限。

一种典型的全息探测型激光告警设备的具体原理如下:全息象限透镜被做成 4 个象限的全息光学元件,将入射在其上的辐射分成 4 束,同时成像在 4 个探测器上,在每个探测器上形成的光点的大小,与光辐射在全息象限透镜上的入射位置成比例。物镜将入射的平行激光束会聚到位于其后焦平面处的全息象限透镜上,形成一个光斑,在该全息象限透镜后面适当距离上安装4个光电探测器,使它们位于光轴的四周,并且在垂直于光轴的同一平面上。全息象限透镜在4个探测器的光敏面上按其光斑偏离光轴中心的不同位置形成光能强弱不同的光点,使4个探测器产生不同的输出信号。将探测器输出信号反馈给由求和线路、求差线路、除法线路构成的电子系统进行处理,就可以确定光斑在全息象限透镜的位置,而光斑位置是激光束入射角的函数。因此,根据4个探测器的输出,可以非常准确地确定光源方向。

与阵列型的激光告警相比,虽然全息探测型激光告警设备均采用光电二极管作为传感器,但它却能在告警的同时测定激光来袭方向,还可利用全息象限透镜的色散特性识别激光波长。与相干型激光告警接收机相比,全息探测型激光告警设备具有电路简单、反应速度快、成本低、稳定性能好等优点,不仅被用来取代普通的光学透镜,而且还用来扩展光学系统的应用范围和功能。它利用全息成像对波长及激光方向的依赖性原理,测定入射激光的波长和入射方向,使空间角分辨率提高。虽然全息探测型激光告警设备不需要机械扫描,但制作工艺复杂,激光有效透过率较低,因此设备的灵敏度较低。

五、激光告警技术的发展趋势

美国是最早研制出激光告警接收机的国家。1980年美国电子战中心系统研究实验室研制出了LARA激光接收分析仪,1992年8月,美国AIL系统公司研制的一种高精度激光接收机(HALWR)试验成功。HALWR对方位和俯仰到达角(AOA)的测量精度可达1 mrad(相当于0.06°),足以支持战车和火炮半自动瞄准发射或实时激光武器的对抗。为了扩大警戒范围,美军着手进行"离轴激光定位系统"(FOALLS)计划,采用散射探测方式,探测波段为$0.5 \sim 1.064~\mu m$,灵敏度$1~\mu W/cm^2$,离轴探测距离为1 km,AOA分辨精度为1 mrad。

德国最早掌握光纤延迟、偏振编码等多种先进的激光告警技术。通用光电激光探测系统(COLDS)是德国生产的著名的激光告警器,可探测三个波段的激光威胁,对激光威胁源的方向、类型、脉冲重复频率和脉冲编码能进行精确识别,性能较为先进,可装备陆基、机载等多种作战平台。

英国、法国、俄罗斯、以色列、加拿大、瑞典、挪威等国都有各自特色的激光侦察告警装备。据不完全统计,现在已研制的激光探测告警装备有几十种之多。工作波长几乎都处在$0.5 \sim 1.1~\mu m$硅探测器的光谱响应范围,只有少数告警器已扩展到$1.54~\mu m$和$10.6~\mu m$波段。非成像型研制较早,技术简单且发展成熟,已形成产品和装备。成像型定位精度高,但只能单波长工作,公开报道的产品不多;F-P型能探测激光波长,但机械扫描难以截获单次激光短脉冲,在应用上受到一定的限制;迈克耳孙型有较高的定位精度,又能测波长,但技术难度大,研制成本高,报道的产品较少。

激光侦察告警具有很强的实时性,为实时完成对敌方激光辐射源的识别和分析,把应用光学的最新成果运用于激光辐射探测系统,将会产生越来越多的新体制激光侦察告警设备,如利用激光相干特性、偏振特性和衍射特性的激光侦察告警设备,利用光纤技术、全息技术所构成的激光侦察告警设备,激光侦察告警体制更加多样化。可以肯定,激光侦察告警设备的性能随着光电探测器、激光技术、光学材料、光学镀膜、光学制造工艺、超高速集成电路技术和信息处理技术的发展而日趋完善,并不断向着高精度、低虚警、模块化、小型化、通用化的方向发展,成为激光对抗技术发展的先导。

(1) 工作波段不断拓展。在现代战场上,鉴于激光威胁频谱的日益扩展,激光侦察告警的工作波段也必将随之不断拓展,只能探测单一波长的激光告警器已不能满足使用要求,必须发展多波长探测装备,既要满足对不同激光器不同波长的探测,也要满足对可调谐波长探测的需要。

(2) 角分辨率不断提高。角精度的要求随平台和场景不同而变化。在传统应用的多数情况下,激光侦察告警和无源干扰相交联,象限定位即可满足要求;但对机载激光侦察告警接收机,需要类似于雷达告警系统精度的分辨率;而与定向干扰/压制式激光武器配套的激光告警器,则必须有高精度的角分辨率。

(3) 与多种对抗系统交联集成。激光侦察告警器与有源或无源干扰系统结合,可组成侦察告警/干扰系统;与雷达警戒接收机、红外、紫外告警器交联,可组成多功能告警系统;与强激光武器组合,可形成侦察/反辐射武器系统,如此等等。

(4) 多载体的激光侦察告警器。现有的激光告警器多装备于车辆、飞机、舰船,发展以卫星、潜艇、飞船等为载体的激光告警器无疑是一个方向。例如,研制用于潜艇的激光告警器,使之能及时发现敌方的探潜激光,这是潜艇安全的重要保障。如果把这种告警器与释放强吸收剂的无源干扰系统组合,就能有效防御激光威胁。

同时,低虚警、高探测概率、长告警距离是告警器研制的永恒主题。此外,发展中、远红外激光的侦察告警技术,例如 DF 化学激光、CO_2 激光的侦察告警技术也值得关注。

第二节　激光欺骗干扰技术

激光欺骗干扰通过发射、转发或反射激光辐射信号,形成具有欺骗功能的激光干扰信号,扰乱或欺骗敌方激光测距、观瞄、跟踪或制导系统,使其得出错误的方位或距离信息,从而极大地降低光电武器系统的作战效能。

激光有源欺骗式干扰的价值体现在其相关性和低消耗性上。为实现有效的欺骗干扰,要求干扰信号必须与被干扰目标的工作信号具有多种相关性,这些相关性具体包括(付小宁等,2012):

(1) 特征相关性。激光干扰信号与被干扰目标的工作信号在特征上必须完全相同,这是实现欺骗干扰的最基本条件。信号特征包括激光信号的频谱、体制(连续或脉冲)、脉宽、能量等级等激光特征参数。

(2) 时间相关性。激光干扰信号与被干扰目标的工作信号在时间上相关。这要求干扰信号与被干扰目标的工作信号在时间上同步或者包含与其同步的成分,这是实现欺骗干扰的一个必要条件。

(3) 空间相关性。激光干扰信号与被干扰目标的工作信号在空间上相关。干扰信号必须进入被干扰目标的信号接收视场,才能达到有效的干扰目的,这是实现欺骗干扰的另一个必要条件。

此外,激光欺骗式干扰以激光信号为诱饵,除消耗少量电能外,几乎不消耗任何其他资源,干扰设备可长期重复使用,因而具有低消耗性。

按照原理和作用效果的不同,激光欺骗干扰可以分为角度欺骗干扰和距离欺骗干扰两种类型。其中,角度欺骗干扰应用较多,干扰激光制导武器时多采用有源方式,距离欺骗干扰目前主要用于干扰激光测距机。

一、角度欺骗干扰

角度欺骗干扰系统通常由激光告警、信息识别与控制、激光干扰机和漫反射假目标等设备组成,如图 3 – 19 所示(李云霞等,2009)。

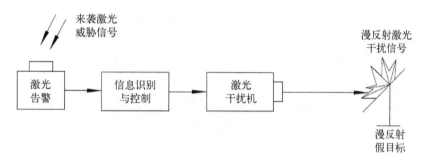

图 3 – 19　激光欺骗干扰系统的组成框图

系统的工作过程是:激光告警设备对来袭的激光威胁信号进行截获,信息识别与控制设备对该信号进行识别处理并形成与之相关的干扰信号,输出至激光干扰机,发射出受调制的激光干扰信号,照射在漫反射假目标上,即形成激光欺骗干扰信号,从而诱骗激光制导武器偏离方向。图 3 – 20 为激光欺骗干扰过程示意图(李云霞等,2009)。

激光有源欺骗干扰可分为转发式和编码识别式两种。

1. 转发式激光有源干扰

半主动激光制导武器要想精确击中目标,激光指示器必须向目标发出足够强的激光编码脉冲。该激光脉冲信号被设置在目标上的激光有源干扰系统中的激光接收机接收到,经实时放大后立即由己方激光干扰机进行转发,让波长相同、编码一致、光强一定的激光通过设置的漫反射假目标射向导引头,并被导引头接收。此时导引头收到两个相同的编码信号:一个是己方激光指示器发出的被目标反射回来的信号;另一个是干扰激光经过漫反射体反射过来的信号。两个信号的特征除了光强上有差异之外,其他参数一致。一般半主动激光制导武器采用比例导引体制,因此它受干扰后的弹轴指向目标和漫反射板之间的比例点,从而达到把激光半主动制导武器引开的目的。转发式干扰不仅要求干扰激光器的重频高,而且要求出光延迟时间尽量短。

2. 编码识别式激光有源干扰

由于转发式激光有源干扰存在着一定的延时(从接收敌方激光信号到发出激光干扰脉冲,有一个较长的时间延迟),因此这种干扰方式很容易被对抗掉,只要在导引头上采取

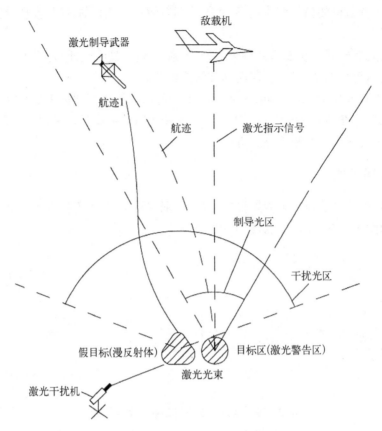

图 3 - 20　激光欺骗干扰过程示意图

简单的波门技术就可以把转发来的激光信号去掉。编码识别式激光有源干扰克服了上述不足。它在敌方照射目标的头几个脉冲中,经过计算机解算,把敌方激光指示器发出的激光编码参数完全破译出来,并按照已破译的参数完全复制成干扰激光脉冲,让该激光脉冲通过假目标射向导引头,使导引头同时收到不同方向的两个除幅值外其他参数都相同的激光信号。导弹仍按比例导引体制制导,使导弹偏离原弹道,达到干扰目的。这种干扰只要使两个脉冲同时进入导引头波门,理论上导引头就很难区分真伪。

　　实际的激光有源欺骗式干扰系统常将转发式干扰和编码识别式干扰组合使用。典型的激光欺骗式干扰系统有美国的 AN/GLQ - 13 车载式激光对抗系统和英德联合研制的 GLDOS 激光对抗系统。AN/GLQ - 13 系统采用转发式激光有源干扰模式,通过对激光威胁信号有关参数的识别与判断,实施相应对抗。GLDOS 系统具有对来袭威胁目标的方位分辨能力和威胁光谱的识别能力,可测定激光威胁信号的重复频率和脉冲编码,并可自动实施干扰。

二、距离欺骗干扰

　　激光测距机是当前装备最为广泛的军用激光装置,其测距原理是利用发射激光和回波激光的时间差值与光速的乘积来推算目标的距离。对激光测距机实施欺骗干扰,通常

采用高频激光器作为欺骗干扰机,具体过程如下(李云霞等,2009):

为了降低虚警率,激光测距机都设有距离波门。测距机距离波门的工作方式如下。一开始当测距机测得目标回波后,系统就从大距离范围(300 m ~ 10 km)的搜索状态自动转到窄距离选通的跟踪波门状态。如图 3-21 所示。τ 为波门宽,它的大小与目标的运动相对速度有关,实际 τ 的大小就体现了波门的距离大小,此时测距机与目标之间的距离 $R_0 = Tc/2$,T 为发出激光与受到回波之间的时间间隔,c 为光速。此时测距机以反码形式把 R_0 存下来作为下一次测距跟踪波门的基础。现有一个高重频激光干扰机向测距机发射激光脉冲,如图 3-21(b)所示,干扰脉冲在真实回波到来之前已被测距机接收,测距机以该干扰脉冲为基础生成下一次测距的波门跟踪基础,显然波门在时间轴上受干扰脉冲影响而提早出现,每测一次提前 $\Delta\tau$,如图 3-21(c)所示,相当于比真实距离缩短了 r,$r = \Delta\tau c$,因此实现了距离欺骗。

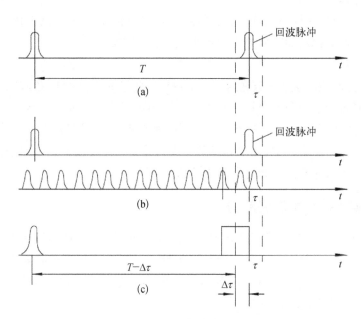

图 3-21　干扰测距机原理示意图

高重频激光的干扰频率与测距机的性能指标有关。设测距机的测距范围为 R_1 ~ $R_2(R_2 \gg R_1)$。根据测距公式,测量时间 $t = 2R/c$,所以测量时间为 $t_1 = 2R_1/c$,$t_2 = 2R_2/c$。干扰机发出的干扰脉冲至少在测距机波门内进去 2~3 个脉冲。由于事先并不知道敌方测距机的波门宽度,因此考虑保险系数取 3,这样干扰频率 f 应为

$$f \geqslant 3 \frac{1}{t_1} = \frac{3c}{2R_1} \tag{3-15}$$

激光干扰的最小功率不但与干扰距离有关,而且还与干扰激光光束的发散角、敌方测距机参数和气象条件等有关。由于激光干扰机与被保卫目标放在一起,因此干扰激光的视场无需做得很大,一般等于或略大于测距机视场即可。可列干扰方程如下:

$$P_{\min} = \frac{\pi P_s \theta^2 R^2 e^{\sigma R}}{4A\tau_0} \qquad (3-16)$$

式中,P_s 为激光测距机的最小可探测功率;θ 为干扰激光光束发散角;σ 为传输路径激光大气平均衰减系数;A 为激光测距机的光学有效接收口径;τ_0 为激光测距机的光学系统透过率;R 为最远干扰距离。

激光测距机的参数往往可以估算。例如 P_s 约为 10^{-8} W,因而激光干扰的最小功率约为 10 mW 左右。

激光距离欺骗的主要特点如下。

1. 主要优点

(1) 基于距离欺骗干扰原理,只要干扰激光波长与对方工作波长一致,重频足够高,干扰就容易奏效。

(2) 在发现目标后即可实施干扰,即使对第一次测距信号来不及干扰,但对一个连续的测距过程干扰仍有效,而且对方也很难将此干扰信号剔除。

2. 主要弱点

(1) 激光测距机的接收视场通常为 1 mrad,因此激光干扰信号必须保持正对目标照射,由此对激光告警器的角度分辨率和引导系统的跟踪精度要求比较高。

(2) 重复频率 15 kHz 以上运行的激光器,通常需要采用声光 Q 开关技术来加以实现,在此情形下运行的激光器,通常其脉宽与发射能量与激光目标指示器激光参数之间有较大差别,因此不能兼做激光角度欺骗干扰机。

三、激光欺骗干扰技术发展趋势

(1) 多波长激光威胁信号识别技术。随着激光制导技术的发展,激光目标指示信号的频谱将不断拓宽,只具有单一激光波长对抗能力的激光干扰系统将难以适应战场的需要,而激光威胁光谱识别技术是实现多频谱对抗的先决条件。采用多传感器综合告警技术可对激光威胁进行光谱识别。

(2) 来袭激光信息识别处理技术。为实现有效的激光欺骗干扰,需对来袭激光威胁信号的形式进行识别和处理。激光制导信号频率较低,不足 20 Hz,采用编码形式,用于识别信息量十分有限。为实现实时性干扰,采用激光威胁信息时空相关综合处理技术。

(3) 激光欺骗干扰光源技术。半主动激光制导武器为了不受对方干扰,往往采用反对抗措施,如变码、伪随机码或变波长等,这就给对抗一方提出了更高要求,于是就出现了自适应激光有源干扰技术。英国曾报道一个干扰系统同时具备三种波长激光器,供干扰时选择,另外还出现一种可调谐激光器,其波长在一定范围内连续可变,以对抗变波长激光指示器。

(4) 漫反射假目标技术。激光漫反射假目标应具有耐风吹、雨淋、日晒、寒冷等全天候工作特性,而且具有标准的漫反射特性。同时,还应该具有廉价、可更换使用的功能。理想的漫反射假目标为朗伯余弦体材料做成的漫反射板,然而从实战的角度出发,往往应采用更实际的方法。即使是朗伯余弦体假目标,它也具有方向性,如果敌方导弹从另一方向来袭,就要变换角度或者换一块板。若以地面上任意的岩石、土堆为假目标,就可以克服上述困难。实际上粗糙地面对激光的平均反射率在 0.3~0.45。当导弹还比较远时,干扰激光照射在目标附近的地上,随着时间的推延,干扰激光照射点以一定速度不断地离开目标,直到一定远处为止。这样把导弹一点一点地引开,效果也比较理想。

第三节　激光隐身技术

目前,军事上常用的激光仪器主要有激光测距机、激光制导系统、激光雷达等。它们所用的激光器主要有 0.93 μm 的砷化镓激光器、1.06 μm 的 YAG 激光器和 10.6 μm 的 CO_2 激光器三种,其波长都在红外波段,因此必须在这些波段内考虑激光隐身。

一、激光隐身原理

激光隐身技术就是使目标的激光回波信号降到尽可能低的程度,从而使目标被敌方发现的概率降低、使被探测的距离缩短的技术。激光隐身主要是以现代战场上使用的激光武器系统为对象,包括激光测距机、激光雷达、激光制导系统等。而这些激光武器系统一般采用主动探测技术,即要向目标发射一束激光,通过探测目标对激光的反射和散射信号获得目标的信息。这种主动探测要求目标相关参数的配合,如目标的反射特性、散射特性和吸收特性。

因此,激光隐身是通过减小目标对激光的反射和散射信号,使目标具有低可探测性。其主要出发点是减小目标的激光雷达散射截面(LRCS)和激光反射率。LRCS 综合反映了激光波长、目标表面材料及其粗糙度、目标几何结构形状等各因素对目标激光散射特性的影响,是用于表征目标激光散射特性的主要指标,也是最重要的目标光学特性之一。反射率是指当材料的厚度达到其反射比不受厚度的增加而变化的反射比。由于在一般情况下,激光隐身材料都有一定的厚度,其厚度的变化不影响反射率,因此评价激光隐身材料性能的参数可以称为光谱反射率或光谱漫反射率。

(一) 激光雷达散射截面

由于激光隐身从原理上与雷达隐身有许多相似之处,它们都以降低目标反射截面为目的。激光雷达散射截面(LRCS)的定义就是用了微波雷达散射截面(RCS)的定义。激光雷达以激光为辐射源并作为载波,具有波长短、光束质量高、定向性强的优点。激光反射波的能量大小与目标的反射率和目标被照射部分的面积密切相关。物体的激光雷达截面(LRCS)被定义为在激光雷达接收机上产生同样光强的全反射球体的横截面积,即

$$\sigma = 4\pi\rho A/\Omega_r \qquad\qquad (3-17)$$

式中,Ω_r 为目标散射波束立体角;A 为目标的实际投影面积;ρ 为目标反射率。

不同类型目标的激光雷达截面不同。其中漫反射目标的反射信号将在大范围内散射,反射光的幅度及分布由双向反射分布函数(BRDF)描述。

激光雷达散射截面 LRCS 还有另外一种表示形式,即:

$$\sigma = 4\pi R^2 \frac{I_r}{I_i} \qquad (3-18)$$

式中,R 为目标与探测器之间的距离;I_r 为反射回波在探测器处的能流密度;I_i 为入射到目标的能流密度。

式(3-18)形式简单,物理意义明确,激光雷达散射截面仅由目标半球反射率与目标的投影面所决定。然而对于任意形状目标通常根本无法得到其所谓的"实际投影面积",因为这一面积除了与其物理尺寸有关外,还与其形状以及激光束截面强度分布、激光入射角度等诸多因素有关,因此可以说它通常是一个"可望而不可即"的量。与式(3-17)相比,式(3-18)具有更强的实用性。利用该式可计算出一些规则目标的散射截面 σ 的具体数值。当然,通过式(3-18)计算 σ 有一定的制约条件,即目标为点目标、目标各点照度均匀、目标为各向同性的漫反射体、目标与发射机足够远。

(二) 激光雷达测距方程

激光雷达接收到的激光回波功率 P_R 为

$$P_R = \left(\frac{P_T}{R_2 \Omega_T}\right) (\rho A_r) \frac{A_c}{R^2 \Omega_r} \tau^2 \qquad (3-19)$$

式中,P_T 为发射的激光功率;ρ 为目标反射率;A_r 为目标的反射率;A_c 为接收机有效孔径面积;Ω_T 为发射波束的立体角;Ω_r 为目标散射波束的立体角;τ 为单向传播路径透过率;R 为激光雷达作用距离。

因此,非合作目标激光雷达作用距离可以表示为

$$R = \left[\left(\frac{P_T}{R_R \Omega_T}\right) (\rho A_r) \frac{A_c}{\Omega_r} \tau^2\right]^{1/4} \qquad (3-20)$$

从激光雷达测距方程式(3-20)中可以看出,在测距机的性能与大气的传输条件确定以后,最大作用距离主要与目标的漫反射率有关。因此,激光隐身的核心在于对低漫反射率材料的研究。如果能使目标材料的漫反射率降低 1 个数量级,则激光测距机的最大作用距离将减少 1/2~1/3。

(三) 临界散射截面

把激光雷达波散射截面带入测距方程,并设 R 为最大作用距离时,对应的 $\sigma = \sigma_m$ 称为"临界散射截面",则有

$$R_{max} = \left[\left(\frac{P_T}{P_R \Omega_r}\right)\left(\frac{\sigma_m A_c}{4\pi}\right)\tau^2\right]^{1/4} \qquad (3-21)$$

在这个距离上如果目标的散射截面 $\sigma < \sigma_m$,则目标将处于隐身状态。

（四）理论上减小激光雷达散射截面的方法

基于矢量微扰理论的一阶解,有人提出了3种减小激光雷达散射截面的方法:

（1）降低表面粗糙度,把目标外形设计成大块面结构以增大可能的激光入射角;

（2）使表面随机起伏具有一维取向性;

（3）研究新技术使目标散射回波不能被相干激光雷达天线光开关有效隔离。

目前,这三种方法都得到了试验验证。近年来一些刊物上已有关于国外采用控制表面微结构来隐身的方法在模拟飞机上试验成功的报道。

二、激光外形设计隐身技术

根据激光隐身原理可知,激光隐身技术的基本思想是缩小目标的激光散射截面,并使其在特定的角度范围内的散射截面小于目标的"临界散射截面"。它包括降低对激光的反射率,减小目标有效反射面积,增大目标散射波束立体角等。

（一）外形设计原则

改变外形减小激光散射截面是武器装备激光隐身设计的重要方面。根据激光隐身理论,在外形设计时应重点做到:消除可产生角反射器效应的外形组合,变后向散射为非后向散射,平滑表面、边缘棱角、尖端、间隙、缺口和交叉接面,用边缘衍射代替镜面反射,或用小面积平板外形代替曲边外形,向扁平方向压缩,减小正面激光散射截面积;尽量减小整个目标的外形尺寸,遮挡或收起外装武器,减少散射源数量等。

（二）典型装备的激光隐身设计

1. 飞机

美国新一代隐身飞机"捕食鸟"率先使用大型单块复合机构、3D 虚拟现实设计和安装工艺,具有独特的设计。其 W 形尾翼和装置在机翼上的活动控制面,能够隐藏可引起激光散射的缝隙。机体的顶部和底部设计均采用无缝弯曲技术,上、下两部分在机体的各个边缘连接在一起。驾驶舱盖的凹陷设计以及起落架的设计使其与机体和机翼在一条直线上,有效反射点减少到 6 个,激光总能在适当的位置有效反射。即使被激光雷达捕捉到,但随着其位置的改变,将从其视线中消失,难以再次捕捉。

2. 地面车辆

地面装备车辆的激光隐身与飞机不同,由于坦克等地面装备速度低,一般采用材料技术和利用环境进行激光隐身。其隐身技术大致可以采用降低激光的后向散射、增加漫反射,采用激光伪装网,利用烟幕、气溶胶阻断激光,改变外形设计减小反射面积等方式。

3. 导弹

目前各国的导弹隐身设计方案中,许多外形设计为非规则的升力体。美国海军 AGM－84 斯拉姆增强型导弹的头部改为楔形,弹翼改为折叠型,提高了隐身性能。挪威的新一代超声速隐身反舰导弹采用了扁平弹体和加梯形短翼和 X 尾翼及弹腹动力舱的紧凑布局,按隐身原理进行低可探测性设计,以获得更小的激光散射面积。

4. 舰艇

瑞典"维斯比"隐身护卫舰利用各种技术进行了综合隐身,激光散射截面大大降低。从外型上看,其表面光滑而平整,除了一座平顺圆滑的锥形塔台和一座隐身火炮外,甲板上几乎无任何多余设施。导弹、反潜武器及反水雷设备均安装在甲板以下部位,并加有遮盖装置,这就使上层建筑的激光反射大大降低,从而起到很好的隐身效果。另外,舰船整体呈光滑的流线型结构,各个部位均由不规则的倾斜面体组成,每个棱角都采用平滑过渡,加上表面敷设有吸收材料,很大程度上降低了激光散射信号的特征。

三、激光吸收材料

激光吸收材料通常可吸收照射在目标上的激光,从而降低了激光反射信号,其吸收能力取决于材料的导磁率和介电常数;其还可以改变发射激光的频率,使回波信号偏离激光探测波段。吸收材料从工作机制上可分为两类,即谐振(干涉)型与非谐振型。谐振材料中有吸收激光的物质,且厚度为吸收波长的 1/4,使表层反射波与其干涉相消。非谐振型材料是一种介电常数、导磁率随厚度变化的介质,最外层介质的导磁率近于空气,最内层介质的导磁率近于金属,由此使材料内部较少寄生反射。吸收材料从使用方法上可分为涂覆型与结构型两大类。其中涂覆型可覆盖在目标表面,应用较广。涂覆型激光吸收材料大都以降低目标对激光的后向散射或增大目标表面粗糙度的方式来实现激光隐身。利用涂料实现激光隐身的基本要求是涂层具有低的激光反射率。根据激光测距原理,在测距机的类型和大气传输条件确定以后,测程和目标反射率有直接关系,对于大型目标来说,如果能使目标表面反射率比一般目标降低一个数量级,则其最大激光测程将减少到原来的 1/2～1/3,即可实现激光隐身。这也是利用涂层反射率大小作为激光隐身性能指标的依据。目前激光隐身主要是针对 $1.06\ \mu m$ 的 YAG 激光器,因为目前的激光制导炸弹、导弹和炮弹等的激光工作波长主要是 $1.06\ \mu m$,如果涂层能在这些波长的漫反射率可降低到 5% 以下,将大大降低激光测距机的最大测程,具有明显的激光隐身效果,从而可以用来对抗激光半主动制导武器、激光测距机和激光雷达等。

对于涂覆型吸收材料,主要从两方面降低目标材料的漫反射: ① 研究具有激光高吸收率的材料;② 研究涂层的表面形态,以构造漫反射表面,使入射的激光能量以散射的形式传输到其他方向,同时进行多层结构设计,波长匹配导入激光信号,吸收层消耗激光能量。结构型吸波材料是将结构设计成吸收型的多层夹芯,或把复合材料制成蜂窝状,在蜂窝另一端返回,这样既降低了反射激光信号的强度,又延长了反射光的到达时间。结构型吸波材料具有轻质、高强和吸波等特点,是一种多功能复合材料,受到国内外的高度重视。目前结构型吸波材料正积极地朝着宽频吸收的方向发展。

四、激光隐身材料的兼容性

目前,常用的激光探测器的探测频率主要集中在 $1.06\ \mu m$ 和 $10.6\ \mu m$ 两个频段。然而,对于红外探测、制导手段毫无作用,甚至反而具有"显形"作用。激光隐身涂料应用还必须要考虑的一点是和其他隐身技术兼容的问题。

（一）激光隐身材料与可见光隐身的兼容

可见光隐身涂料也称迷彩涂料,它的作用是使目标与背景的颜色协调一致,使敌方难以辨识。因此选用适当的迷彩颜料进行配色是可见光隐身涂料的关键。激光隐身涂料是以降低激光反射率为目标,其对光的作用范围和可见光隐身涂料不同,因此需要对激光隐身涂料进行适当的配色处理,以使得其同时实现可见光隐身的兼容。

（二）激光隐身与红外隐身的兼容

根据平衡态辐射理论,对于非透明材料,相同波段范围内的发射率和反射率之和等于1。由于目前激光探测器的工作波长（$1.06~\mu m$ 和 $10.6~\mu m$）正好处于红外波段。激光探测是一种主动探测,通过探测己方激光器发射的激光的回波来发现和识别目标,这就要求激光隐身材料具有低反射率（高透射率）。红外探测是一种被动探测,主要利用目标自身的红外辐射来发现和识别目标,因此要求红外隐身材料具有低发射率（高反射率）。这样激光隐身和红外隐身对材料的要求是相互制约的,就不可避免地成为一对矛盾体。如果要实现红外和激光隐身的兼容,就要求隐身材料在近红外和远红外波段同时具有低的发射率和反射率,采用常规材料难以实现。通常是在涂敷红外隐身涂料或多波段兼容隐身涂料的基础上对激光反射采取一些补救措施。近年来,掺杂半导体成为激光隐身涂料的研究热点,掺杂半导体可作为涂料体系中的非着色材料,经过适当选配半导体载流子参数可使涂料的红外和激光隐身性能都达到令人满意的结果,同时也不会妨碍涂层满足可见光伪装的要求。掺杂半导体一般选用 InO_3 和 SnO_2。通过掺杂使得等离子波长处于合理范围,使材料在 $1.06~\mu m$ 处具有强吸收低反射,在热红外波段具有低吸收高反射,从而达到两者兼容隐身。

此外,光子晶体（photonic crystal, PC）是一种介电常数周期分布的非均匀人工光学微尺度晶体结构超材料。其概念是 1987 年由贝尔通信研究所的 E. Yablonovitch 和普林斯顿大学的 S. John,在利用光子晶体抑制自发辐射和引入随机介电常数变化实现光场强空间局域的研究中分别提出的。这两项开创性工作揭示了光子晶体微纳周期结构具有的光子带隙和缺陷结构导致光子局域的基本特性。通过对光子晶体折射率、周期等结构参数的科学设计,可以实现人们长久以来操作和控制光波传输的梦想。利用光子晶体的光子局域特性,通过在光子晶体中引入结构缺陷,可以实现光子晶体材料仍对红外波段保持高反射率的同时,对应的激光波段产生"光谱挖孔"效应,从而解决红外与激光的兼容隐身问题。

（三）激光隐身与雷达隐身的兼容

就雷达波隐身涂料而言,其目的就是降低目标表面的雷达波反射率。激光隐身涂料的目的是降低目标在 $1.06~\mu m$ 和 $10.6~\mu m$ 处的反射率,因此激光隐身与雷达隐身并不矛盾。可将多波段吸收剂应用于涂料中来解决,其难点在于寻找具有宽频带吸收的涂料用作吸收剂。对于近红外激光隐身涂料,可利用近红外隐身涂料对毫米波的透明性,将激光隐身涂料涂敷到毫米波隐身涂层表面,制备毫米波与激光复合隐身涂层。

第四节 激光致盲武器技术

一、概述

激光致盲武器是光电有源干扰装备中的一个典型代表。激光致盲武器与战术激光武器、战略激光武器一起构成一个完整的激光武器体系,它在其中属于激光功率最低的一种。激光致盲武器以战场作战人员的眼睛或可见光观瞄设备为主要作战对象;以致眩、致盲或压制其正常观察为主要作战目的。激光致盲武器将通过影响战场作战人员视觉对其造成强大的心理压力,使其贻误战机,或遏制其作战能力的正常发挥。激光致盲武器是一种新概念非致命性武器。

空中目标(如飞机、导弹)通常配备有精密光学元件,如瞄准镜、夜视仪、前视红外装置、测距机、跟踪器、传感器、目标指示器、光学引信等。针对脆弱的光学元件,激光致盲是重要的光电攻击手段,它所需平均功率仅为几瓦至万瓦,即可达到干扰、致盲敌方光学器件,破坏敌侦察、制导、火控、导航、指挥、控制和通信等系统的目的。激光致盲武器主要用来致盲敌方各类光电装置中的光电探测器。为了有效地实现致盲,并采用重复频率可调的脉冲激光,其脉冲峰值功率可达百万瓦级。

在飞机和导弹的光电装置中,整流罩、滤光片、物镜、场镜、调制盘和光电探测器等都易受激光损伤。由于光学系统的聚焦作用探测器与调制盘更易损坏,因此只需相对小的功率就可以使光电传感器损毁,从而达到"致盲"效果。据测试,碲镉汞(HgCdTe)、硫化铅(PbS)、锑化铟(InSb)等光电探测器的破坏阈值为 $100 \sim 30\,000\ \text{W/cm}^2$(0.1 s 照射时间),而光学玻璃在 $300\ \text{W/cm}^2$ 的照度下,0.1 s 即可熔化。所以一般作战要求高能激光器平均功率达到 2×10^4 W,或脉冲能量达 3×10^4 J 以上。假如仅仅是产生致盲效果,仅需用平均功率为几瓦至万瓦水平的光辐射。激光器的激活介质的不同,决定了其适合致盲的目标的不同。表 3 - 3 给出了它们适合致盲的目标。

表 3 - 3　激光器种类及其致盲目标

激光器种类	工作波长/μm	目 标 传 感 器
氩离子	0.514	微光电视
倍频 Nd：YAG	0.532	像增强器
红宝石	0.649	测距机传感器
掺钛蓝宝石	0.66~1.16	人 眼
氢翠绿宝石	0.70~0.815	人 眼
Nd：YAG	1.064	激光制导传感器

激光器种类	工作波长/μm	目 标 传 感 器
自由电子	1.0~10.0	红外制导和热制导传感器
DF	3.6~5.0	红外制导和热制导传感器
CO	6.0	红外制导和热制导传感器
CO_2	10.6	夜视系统中的热探测器

激光致盲武器具备以下一些不同于其他类型激光武器的特点与使用约束条件：

（1）通常采用人眼敏感的可见光波段激光实施致盲；

（2）通常重频脉冲激光对眼睛和光电探测器的致盲效果明显高于连续激光；

（3）对激光器输出功率与跟瞄精度的要求比对其他激光武器系统要低；

（4）《关于激光致盲武器的议定书》国际公约对激光致盲武器的发展提出约束，即禁止专门设计造成永久失明（指无法挽回和无法矫正的视觉丧失）为唯一战斗功能或战斗功能之一的激光武器的发展；但属于军事上合法使用的激光系统包括针对激光设备使用激光系统的连带或附带效应的致盲不在被禁止之列。

二、激光对人眼的损伤

激光致盲武器最常采用的激光器是工作在 0.4~1 μm 之间的固体激光器，而这正好位于或接近人眼的敏感波段（0.55 μm 为人眼最敏感的波长）。早期发展的激光致盲武器采用 0.53 μm 激光器，在每脉冲 100~200 mJ 的输出能量和较小发散角情况下，可对人眼在 10 km 距离造成致眩、在 5 km 距离造成损伤效果。美国在 20 世纪 70 年代初研制的就是这种 0.53 μm 波段的单兵用"激光致盲枪"。除此之外。美军发展的车载"魟鱼"和机载"桂冠王子"等激光对抗武器系统，在具备干扰光电传感器能力的同时，也都具备对人眼造成致命损伤的能力。英国在 1982 年马岛战争中就曾在舰上成功运用激光致盲武器致盲阿根廷飞机驾驶员的眼睛，致使阿飞机坠毁。

作为一种高度精密的光学成像系统，人的眼睛是人体对光最敏感的器官，最容易受到光辐射特别是激光的干扰和损伤。为此，人眼也是光电干扰的重要干扰防护对象之一。针对人眼的光电干扰手段主要是激光致盲干扰，此外还有非相干强闪光干扰。它们对人眼的干扰方式有两种：一种是激光或非相干强闪光直接照射作战人员或武器系统操作人员的眼睛；另一种是通过照射作战人员或武器系统配备的由人眼直接观察的光学瞄准系统，如配备于作战人员的头盔瞄准具，配备于武器系统上的观察瞄准镜等，进而干扰、致盲观瞄人员的眼睛。

（一）人眼的构造及特点

人眼是一个近似的球体，其构造如图 3-22 所示。眼睛壁由外膜、中膜、内膜三层组成。位于眼球前端的外膜是透明的，且较凸出，称为角膜。外膜的其余部分不透明，为乳白色，称为巩膜。中膜是棕色的结缔组织，分为三部分：前部为虹膜，中部为睫状体，后部为脉络膜。睫状体围绕着晶状体。晶状体与角膜之间为眼前房,充满透明的房水。内膜称为视网膜,可以分为色素长皮层和神经感觉层。色素上皮层紧靠脉络膜,含有黑素粒。

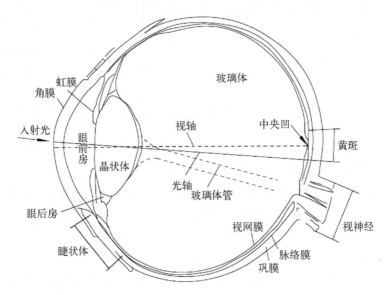

图 3-22　人眼构造示意图

神经感觉层含有两种感光细胞:一种是杆状细胞,内含感光蛋白质视紫红质,主要感受夜晚的弱光;另一种是视锥细胞,内含感光蛋白质视紫蓝质,主要感受白天的强光,同时感受颜色。神经感觉层还有其他各种各样的神经细胞,分别起感受、传导、初步处理信息的作用。在眼睛后部中央的视网膜表面上,有一个直径约为 1.5 mm 的黄色素沉着区,称为黄斑。黄斑中央的凹陷称为中央凹,直径约为 0.2 mm,布有密集的锥状细胞,且无其他组织覆盖或间杂其间,是整个视网膜上视觉最灵敏的部位,视网膜和晶状体围绕着透明的玻璃体。由角膜房水、虹膜、晶状体、玻璃体等构成眼睛的光学系统,外界的光经过眼睛光学系统后被聚焦在视网膜上。这样,由眼睛光学系统和视网膜便组成了一个高度精密的成像系统。眼睛光学系统具有良好的聚焦作用,入射光经过眼睛光学系统的聚焦,视网膜上的光照度可比角膜上入射光照度增加 10 万倍以上。

(二) 激光对人眼的干扰损伤效应

激光对眼睛的作用按照程度不同可区分为干扰和损伤两种。

1. 干扰

干扰的程度较轻,不引起眼睛组织器质上的变化,只在瞬间或短时间内影响正常视觉功能。最常见的干扰效应是闪光盲。实验证明,当眼睛受到脉冲激光照射时,即使激光功率密度低于损伤阈值,不足以造成任何器质性损伤,也往往会使眼睛在相当长的一段时间内看不清或看不见东西,此即闪光盲,类似于非相干闪光引起的闪光盲效应。激光照射引起的闪光盲的效果与激光波长、辐照量、光斑尺寸等参数有关。辐照量越大,闪光盲程度越严重,光斑尺寸越大,则闪光盲程度越严重,这与非相干闪光盲效果是类似的。

2. 损伤

损伤的程度较重,会导致眼睛的某些组织发生器质性变化,主要是通过相应组织在激光作用下的热化学和光化学效应,导致对视觉对比度的敏感性下降、丧失感光能力、局部烧伤或凝固变性、穿孔出血等效果。

激光对眼睛的损伤部位主要取决于激光波长,这主要是因为不同部位的眼组织对各种波长光辐射的吸收和透射特性不同。眼睛光学系统对于 $0.4 \sim 1.4~\mu m$ 波段的可见光及近红外光辐射透过率较高,特别是在大部分可见光波段范围内,透过率达到 95% 以上,因此波长在这一波段内的激光对眼睛折光介质的伤害很轻,而主要损伤视网膜。对于 $0.4 \sim 1.4~\mu m$ 波段范围之外的光辐射,眼睛光学系统透过率较低,入射光辐射大部分不能通过眼睛光学系统到达视网膜,所以波长在这些波段内的激光一般不致损伤视网膜。而其中相当一部分入射光能量首先被角膜吸收,导致角膜损伤。特别是对于远红外波段常用的 CO_2 激光,主要被水吸收,由于角膜组织的含水量多,达到 75% 以上,所以一旦 CO_2 激光照及眼球,大部分激光能量将先被含水量多的角膜组织吸收,产生大量热而造成损伤。因此,激光对眼睛组织的损伤主要发生在视网膜或角膜。

(三)激光对视网膜的损伤等级

激光对视网膜的损伤程度受许多因素的影响,主要是激光波长、激光强度、激光脉冲宽度和激光束入射角度等。激光波长对视网膜损伤程度的影响是决定性的,其原因在于眼睛光学系统的透过率和视网膜对光能量的吸收率都由波长决定。在入射光能量一定时,能够被视网膜吸收的有效光能量为眼睛光学系统的透过率和视网膜的吸收率的乘积,即由视网膜的有效吸收率决定。有效吸收率越大,视网膜吸收的光能量越多,受到的损伤也就越严重。由于眼睛光学系统的透过率和视网膜的吸收率都由波长决定,所以视网膜的有效吸收率也由波长决定。视网膜的有效吸收率与波长的关系如图 3-23 所示。

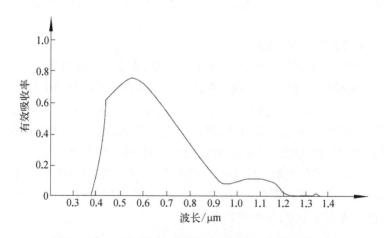

图 3-23　视网膜对光能量的有效吸收率与波长的关系

由图 3-23 可见,波长在 $0.38 \sim 1.37~\mu m$ 范围内的激光对视网膜都会有损伤作用,其中波长在 $0.45 \sim 0.7~\mu m$ 范围内的激光对视网膜的损伤作用最强。例如,视网膜对波长为

0.488 μm 的氩离子激光、波长为 0.53 μm 的倍频 Nd：YAG 激光，波长为 0.694 3 μm 的红宝石激光的有效吸收率分别达到 56%、65% 和 54%。其中，倍频 Nd：YAG 激光波长还十分接近 0.542~0.576 μm 的血红蛋白吸收峰，对视网膜的损伤作用非常大。

在波长一定时，激光对视网膜的损伤程度由其功率（或能量）密度决定。能够引起最小可见伤害的最低功率密度称为激光损伤阈值。如果激光功率密度超过损伤阈值，就会对视网膜造成不同程度的损伤。功率密度越大，损伤越严重。在激光功率密度相同的情况下，损伤效果与激光脉冲宽度有关。脉宽很窄时，视网膜上光斑处产生的热量来不及向周围扩散，造成局部温升过高，加剧了损伤效果。所以一般来说，短脉冲激光比长脉冲激光的致伤效果更强。另外，激光对视网膜的损伤效果还与光束入射角度有密切关系。当激光正对眼睛入射时，激光束正好会聚在视觉最灵敏、耐受能力最弱的中央凹处，致盲作用最强。激光偏离视轴某个角度入射时，会聚点落在黄斑以外的视网膜上，损伤效果就差一些。

激光对视网膜的损伤效果一般可大致分为轻度、中度、重度 3 个损伤等级。

（1）轻度损伤：视网膜出现细小浅灰色凝固斑，杆状细胞和锥状细胞轻度水肿，造成视网膜色素层的分布变化和烧伤性水肿，但损伤部分没有明显边界。这类损伤病变小、消失快，一般不会影响视力。

（2）中度损伤：损伤部位有明显边界，中央部分色素明显减少，或色素分布明显变化，有时也可造成轻度的圆形或菊花形出血斑，有少量出血进入玻璃体。病理组织学表现为受照区视觉感受器崩解、视神经核固缩、破碎，色素飞散，视网膜外层和脉络层出血渗出，形成视网膜局部脱离，隆起如丘状损伤斑，或出现裂口。这类损伤多在 2~3 周内愈合，但会留有疤痕，轻者仅留色素沉着，重者视力严重下降。

（3）重度损伤：出现明显的出血点和色素堆积，视网膜表层有时形成破口，并产生气泡，一些气泡进入玻璃体内，强度较大时还会伴有机械损伤症状，如视网膜撕裂、穿孔、眼底大面积出血等。组织学检查可以看到视网膜全层坏死崩解，以及火山口状病灶等。

（四）激光对角膜的损伤等级

激光对角膜的损伤效果同样可划分为轻度、中度、重度 3 个损伤等级。

（1）激光对角膜的轻度损伤，表现为角膜上出现灰白色或白色的小斑点，但只局限于角膜上皮层，内皮无明显变化。损伤是可逆的，一般在照射 24~48 h 内可修复，不留痕迹。

（2）激光对角膜的中度损伤表现为，形成贯穿角膜全层的白色伤痕，损伤中心上皮凹陷。中度损伤虽然也可以修复，但由疤痕组织代替而影响角膜的透明度。

（3）重度损伤时，使角膜形成溃疡性伤痕或穿孔，从上皮到内皮全层发生浑浊，损伤边缘上皮隆起，损伤中心上皮下陷，在内表损伤处，通常可以发现致密的白色浑浊。角膜受损伤后，会使其透明度变差，从而影响视力。

三、可调谐激光致盲技术

随着激光防护技术的迅速发展，使得激光致盲武器在强大的激光防护壁垒面前不得不寻找新的出路。显然，最直接的办法就是发展波长可以快速变化的可调谐致盲激光，使得那些只能防护几个固定激光波长的防护器材对其起不到预定作用,即达不到原来针对固定激光波长所设计的衰减能力,通过致盲波长的可变性达到"攻其不备"与"出其不意"的作战效果。特别是由于大多数激光告警设备目前尚不具备对于宽波段可调谐激光的侦察能力,所以这种可调谐激光致盲武器的运用更具有突然性与隐蔽性。于是,可调谐激光致盲武器在 20 世纪 80 年代末期开始应运而生,当时世界上唯一报道的是美陆军发展的一种可调谐致盲武器,称之为"激光致眩器"。它以 0.75~0.85 μm 可调谐激光器作为致盲光源,整机重量约 20 kg,可由单兵背负。

典型的可调谐激光致盲系统通常由可调谐激光器和激光告警器两部分组成。可调谐激光器包括钛宝石可调激光器主机、波长自动调谐装置、电源与控制器。激光告警器主要用于辅助发现对方使用激光设备的使用时机及其所在方向,为引导干扰提供概略目标指示。采用钛宝石可调谐激光器作为激光致盲系统的突出特点是,它具备绿光与可见光至近红外可调谐激光双波段干扰能力。

第五节　高能激光武器简介

一、概述

在《中国军事百科全书》的"军用光学技术分册"中对激光武器的定义是:利用激光束直接攻击目标的定向能武器。从广义上讲,激光武器包括战术和战略激光武器。高能激光武器是通过发射强激光能量,破坏敌方光电传感器或光学系统,使之饱和、迷盲,以致彻底失败,从而极大地降低敌方武器系统的作战效能。高能激光能量足够强时,也可以作为武器击毁来袭的导弹、飞机等武器系统。

高能激光武器的主要特点如下(阎吉祥,2016)。

(1)定向精度高。激光束具有方向性强的特点,实施强激光干扰时,激光束的发散角仅约为几十个微弧度量级,能将强激光束精确地对准某一个方向,选择杀伤来袭目标群中的某一个目标或目标上的某一部位。

(2)响应速度快。光的传播速度快,干扰系统一经瞄准干扰目标,发射即中,不需要设置提前量。这对于干扰快速运动的光学制导武器导引头上的光学系统或光电传感器以及机载光学测距和观瞄系统等,是一种最为有效的干扰手段。

(3)应用范围广。强激光干扰的激光波长理论上覆盖范围较广,而且作用距离可达几十千米。根据作战目标的不同,强激光干扰可用于地基、海基、空基和天基等多种形式。

高能激光武器要比低能激光武器复杂得多。首先,它要求一个高平均功率的激光器;其次,需确保光束时刻指向目标,并在大气中传输相当长的距离;最后,将很高的能量聚焦在很小面积上,并维持足够长的时间,对目标造成致命的损伤。此外,高能激光武器的大多数目标在高速运动,因而需要自动识别与跟踪。对于反战略攻击的防御体系,还必须用适当方式从远距离证实激光武器确已达到预期目的。总之,高能激光武器系统的使命可概括为以下四点:① 识别目标,在其上选择适当的攻击点,并对目标进行跟踪;② 使光束对准目标上的选定点,并将光斑聚焦到尽可能小;③ 补偿大气影响,尽量减小光斑跳动和能量弥散;④ 证实武器取得预期效果。

以上所列的任何一项实现起来都有很大的技术难度。为了达到这些目标,武器开发人员在很多领域做了大量工作,这些工作分为光束控制与火控两个方面。二者之间很难有一条明确的界线,大体上可以这样区分:光束控制的任务包括引导光束并将其聚焦在目标上,通常还需要对大气引起的光束畸变进行校正;火控决定武器系统的指向并控制发射,其任务包括对目标识别和跟踪、触发发射机制,验证目标是否被击中。

二、高能激光武器的毁伤效应

随着上靶激光能量的增加,激光对目标的破坏由致盲加剧到摧毁。激光摧毁主要靠三种破坏效应:热烧蚀破坏效应、激波破坏效应和辐射破坏效应。下面将对这三大破坏效应的毁伤机理进行简要分析。

(1)热烧蚀破坏效应。激光照射到目标上后,目标材料物质电子由于吸收光能产生碰撞而转化为热能,使材料的温度由表及里迅速升高,当达到一定温度时材料被融化甚至气化,由此形成的蒸气以极高的速度向外膨胀喷溅,同时冲刷带走熔融材料液滴或固态颗粒,从而在材料上造成凹坑甚至穿孔,这种效应称为热烧蚀破坏效应。热烧蚀破坏效应是激光武器最重要的毁伤手段。

(2)激波破坏效应。激波破坏效应是脉冲高能激光特有的物理效应,脉冲高能激光辐照功率达到峰值时,会在靶材表面形成一个烧蚀等离子层。该等离子层迅速向外喷射,施于靶面一个冲击压力,该压力称为烧蚀压力。靶面的这一烧蚀压力的冲击加载导致一个激波向靶内传播,称作压缩加载波。随着激光功率的下降,又会向靶内传播一个稀疏卸载波。由于稀疏卸载波很快赶上前面的压缩加载波,两者叠加的结果便形成了三角形剖面的激波。该激波到达靶材后表面时发生反射,转换为拉伸波。一旦拉伸力达到一定值时,便会引起拉伸损伤,即断裂破坏,这就是激光的激波破坏效应。

(3)辐射破坏效应。材料表面因激光照射气化而生成等离子体,等离子体一方面对激光起屏障作用,另一方面又能够辐射紫外线和 X 射线,对目标造成损伤,这就是激光的辐射破坏效应。紫外线和 X 射线与光、热和无线电波一样,在本质上都是线穿透曝光。此外射线可使气体、液体及固体物质电离,从而改变其电学性质。X 射线能够造成永久性物理损伤,如固体材料的破裂、孔洞、剥落等,这种作用能使标准样品老化而影响使用寿命。

从以上对激光武器杀伤破坏机理的三个主要破坏效应的分析中可以得出结论:热烧蚀破坏效应是激光对导弹、飞机、卫星等空中目标毁伤的主要手段;激波破坏效应只对飞行器上很薄的金属壳体部位构成物理性损伤威胁;辐射破坏效应只对滞留空中时间较长的卫星构成多方面的严重威胁。不同飞行器防御高能激光武器的毁伤,应根据激光的破坏机理采取不同的措施。

高能激光武器主要是依靠热作用破坏目标关键部件,从而达到摧毁目标的目的。例如,在飞机或坦克的油箱上烧一个洞可以引起油箱爆炸,烧断保险装置可以导致炸弹和导弹提前爆炸或再也不会爆炸;破坏控制或制导系统可以使导弹落到远离目标的地方。

连续激光具有较低的功率,因而一般不能立即引起破坏,加热目标达到破坏温度可能需要几秒,在这样长的时间,光束的抖动会使光斑偏离目标点,等到光斑再回到目标点时,这里先前产生的热量已扩散开,当目标采取适当的对抗措施时,这一问题尤为突出。因此,高能激光武器设计人员对脉冲激光更感兴趣,高重频短脉冲激光引起材料温度急剧变化足以使玻璃、陶瓷一类材料炸裂。高强度短脉冲激光也可引起金属或其他材料表面爆炸性气化,产生的冲击波透过目标传播引起机械损伤(由连续激光束所引起的气化一般来说不会产生冲击波)。

虽然造成物理损伤是高能激光武器摧毁目标的主要方式,但不是唯一方式,在特殊情况下,高能激光武器也用于攻击光-电传感器。攻击间谍卫星上的传感器就是一个例子:一方面对间谍卫星来说,破坏传感器就相当于整个卫星完全报废;另一方面卫星轨道高度低则数百千米、高则可达数万千米,这样的高度远非在战场上攻击传感器的低能激光武器所能及。

高能激光武器对目标的破坏效果主要取决于激光在目标上产生的辐照度、光束在目标点稳定停留的时间以及辐射与目标相互作用的机制。作用时间可以根据需要选定,作用机制与光束特性及目标的物理、几何特性有关,激光在目标点产生的辐照度由激光的光束质量、功率、束直径、波长、目标距离等决定,这些量又与光源种类、传输介质的特性等因素有关。系统性能关系如图 3-24 所示。

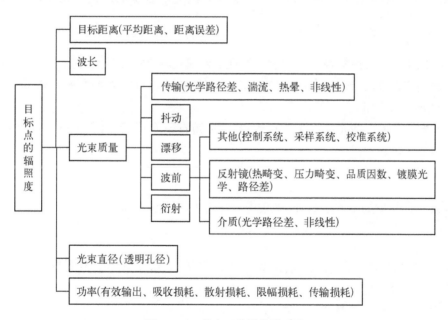

图 3-24 激光系统性能关系图

三、激光杀伤能力判别式

(一)常用术语

1. 系统亮度

当照射到目标上的激光的面能量密度 $e(\mathrm{kJ/cm^2})$ 超过某个阈值 e_{th} 时,靶目标将会失效(如出现熔化、热解、气化、穿孔、破裂、失稳等),即满足条件

$$e = \frac{E}{\pi r_s^2} = \frac{P\tau}{\pi r_s^2} \geqslant e_{th} \qquad (3-22)$$

式中，P 为激光束总功率(kW)；E 为激光束总能量(kJ)；τ 为激光束照靶时间(s)；r_s 为目标表面上的光斑半径(cm)。

光斑半径可近似表示成

$$r_s \approx \theta \cdot L \qquad (3-23)$$

式中，θ 为激光束发散角(rad)；L 为激光武器的射程(km)。

将公式(3-23)代入(3-24)，并引入符号 B，可得

$$B = \frac{P}{\pi\theta^2} \geqslant \frac{L^2 \cdot e_{th}}{\tau} \qquad (3-24)$$

式中，符号 B 表示单位立体角内的激光功率(W/Sr)，称为激光武器系统的精度。它是激光武器系统一个十分重要的物理参数，代表了武器系统的火力水平。公式(3-24)表达了系统亮度 B 同杀伤距离 L、照射时间 τ、目标破坏阈值 e_{th} 之间的关系。由公式(3-24)可看出，要提高系统亮度 B 有两条途径：一是提高激光器系统的总输出功率；二是减小发散角。

2. 发散角

光线偏离直线传播的现象叫衍射。处理衍射问题的通用方法是惠更斯-菲涅尔原理。先假定始端的光场之振幅分布和相位分布，再将终端任意点的光场看成是始端光场各点振荡引起的扰动叠加。

由于发散角 θ 与激光波长 λ 成正比，与发射镜直径 D 成反比，若比例常数用 C 表示，则发散角公式可表示成

$$\theta = C\lambda/D \qquad (3-25)$$

比例常数 C 通常取为 1.22。另外，光束中心亮斑内的功率 P 为

$$P = \eta_1 P_0 \qquad (3-26)$$

式中，P_0 为光束内的功率。系数 η_1 由 84% 变化到 98%，η_1 的具体数值要视光束特性和激光器的光学系统而定。

3. 大气传输畸变与衰减

强激光在稠密大气中传输时会受到许多不利因素的影响，如大气折射和吸收、大气散射和大气涡流、热晕，受到激光拉曼散射甚至大气击穿等效应，使激光在传输过程中出现能量衰减和光束畸变，从而使得目标上的光斑扩大与光束质量变差，能量密度(kJ/cm^2)下降，达不到摧毁目标的目的。

目前克服或解决大气传输畸变的有效途径是采用自适应光学技术。工程上将激光的大气衰减率 η_2 表示成

$$\eta_2 = (1 - \alpha)^L \qquad (3-27)$$

式中,L 为射程(km);α 为激光的大气衰减系数(在一个范围内取值)。α 值在一个范围内变化的原因是缘于疆土的南方和北方、季节的春夏与秋冬、气候的晴朗与雨雾、地域的海洋与大陆等差异。它们都对大气衰减和传输有着不同程度的影响。于是,照射在目标上的总功率 P 应该修改为

$$P = \eta_1 \eta_2 P_0 \qquad (3-28)$$

4. 光束质量

光束质量体现在激光出口处光束相位的均匀性。其表示方法约有四种:即斯特利尔(Strehl)比、M_2 因子、K 因子和光束质量因子 β。实际应用中常采用光束质量因子,它定义为

$$\beta = r_s / r_{s0} \qquad (3-29)$$

式中,r_s 和 r_{s0} 分别表示实际光束的光斑半径和理想光束的光斑半径,而理想光斑半径在这里是指包含 86.5% 发射能量(或功率)的圆半径。因此,β 大于 1。

(二)激光杀伤能力判别式

综合上面的公式可以得到激光杀伤能力判别式为

$$B = \frac{P}{\pi \left(C\beta \dfrac{\lambda}{D} \right)^2} \geqslant \frac{L^2}{\tau} e_{th} \qquad (3-30)$$

式(3-30)左侧是激光武器火力水平的标志,代表了激光武器的杀伤能力。在激光器特性(如波长 λ、系数 C 等)给定的条件下,发射镜直径增大,使衍射角变小,火力随发射镜直径的平方增加,可以攻击更远的目标。激光武器系统的效率和传输效率高(即 η_1 和 η_2 高),火力水平也增加,但呈线性关系增加。光束质量也对杀伤能力有着十分重要(平方关系)的影响。

式(3-30)右侧是激光武器火力水平的另一种等效表示,是从目标的被拦截角度描述激光武器的杀伤能力。若目标硬度(即破坏阈值 e_{th})增加,就要求激光武器的亮度线性增加;若亮度保持不变,则就必须增加照射时间,或者缩短射击距离。假若目标的硬度不变,但目标方的防空能力很强,迫使激光武器只能在较远的距离射击。则从公式可以看出,激光武器的亮度与射程的平方成正比,所以提高防空能力比提高目标硬度更有效。

四、激光功率

对于激光武器来说,激光功率是十分重要的参量。最终起作用的是照射到目标点上的功率,而其又取决于激光振荡器的输出特性、激光放大器的增益特性以及传输路径上其他光学系统和传输介质的损耗特性。

(一)辐射源功率

用于高能激光武器的光束一般需要放大,甚至多级放大,因而,这里所说的"辐射源"

包括激光振荡器和激光放大器。

激光振荡器腔内的光强与增益介质中的模体积及单位体积中的光能量有关,而耦合输出的光强为

$$I = I_s l(G^0 - G) \tag{3-31}$$

式中,l 为增益介质的长度(cm);G^0 为光强很弱时的增益系数(cm^{-1}),并称为小信号增益系数;I_s 为介质的饱和光强,即使得介质的增益达到饱和的光强。

发生增益饱和的原因是:随着光强的增长,受激辐射的概率增大;反转粒子数不断减少,导致工作物质的增益系数下降。

(二)光学传输系统的损耗

高能激光武器系统具有非常复杂的结构。仅就光束控制系统而言,除激光振荡器和放大器外,还包括光束的传输系统,用以校正光束的抖动、漂移和波前畸变。此外,为了压缩发散角还需要采用扩束系统。这些系统是无源的,因而将产生一定的功率损耗,引起损耗的原因主要有对光束的吸收、散射和限幅。

(三)路径传输的功率损耗

事实上,在没有光学部件的空间传播时,也会因大气对能量的吸收、散射和非线性效应而引起光强衰减,特别是高能激光在大气中长距离传播时,这种衰减尤为严重。

五、光束质量

光束质量包括波前误差、光斑的漂移和跳动等,它们是影响激光武器效率的重要因素。与光强的情况类似,光束质量也会受到辐射源和传输路径上介质的影响,特别是路径大气对光束质量的影响尤为严重。

(一)辐射源的光束质量

激光器最基本的组成部分是增益介质和激光谐振腔,这两部分会对光束质量产生影响。

1. 增益介质对光束质量的影响

激光增益介质对光束质量的影响主要来自热畸变作用。当激光器工作时。介质中的能量流将引起介质发热,从而使介质密度发生变化,进而导致折射率变化,并最终对光束质量产生影响。在低压气体激光器中这种影响较小,而在高压气体激光器及固体激光器中这种影响可能相当严重。

介质对光束质量的影响首先表现为引起波前误差或光学路径差。光学质量好坏的另一个标志是视线误差,即光斑不能稳定地落在目标点上。光斑位置变化很快称为跳动。由增益介质所引起的光斑漂移或跳动与介质密度不均匀有关,这项误差的大小常用视线角度表示。

2. 谐振腔对光束质量的影响

谐振腔影响光束质量的因素很多,如反射镜制造工艺误差、失调误差及热畸变效应等。此外,镀膜所引起的相位畸变和散射也会导致光束质量下降。事实上,谐振腔畸变对整个光束质量起决定性作用,光束在腔内多次往返,腔反射镜将畸变逐次累加到波前上。谐振腔的调整对只有两个反射镜的谐振腔而言比较简单,但对包括多个反射镜的腔则变得非常复杂。反射镜对光束质量的影响可等效为波前误差。

3. 湍流大气对光束质量的影响

估计湍流大气对光束质量的影响比计算激光源及光学链中的元件对光束质量的影响困难得多,主要原因是:激光器和光学元件具有稳定的结构,制作好后其性能不再变化或只发生微小的变化,因而它们对光束质量的影响可通过理论或试验研究而提前大致确定。大气则不然,它是空间和时间的随机函数。特别是,当光波在湍流大气中传播时,波前具有非常复杂的形状,很难用简单的函数精确地表示出来。

(二)自适应光学系统

由激光辐射源及系统中光学元件引起的波前误差和光斑漂移与跳动取决于一些确定的因素,因而从理论上来说总可以用适当的方式事先加以补偿;唯独大气湍流所引起的光束质量下降是完全随机的,无法预先予以校正,而只能实时地进行动态补偿。自适应光学是一种较理想的补偿方法。

由于自适应光学系统是一种集光、机、电、算于一体的装置,无论理论上还是实际上都相当复杂。根据应用目的的不同,自适应光学系统可分为成像自适应光学系统和发射自适应光学系统两类。成像自适应光学系统用于天文成像或军事目标的无源探测;发射自适应光学系统用于高能激光武器,在激光雷达等武器系统中两类自适应光学系统都可以得到应用。

六、国外激光武器的发展概况

激光诞生初期,由于其输出功率低,只用来作为激光测距、激光制导、激光雷达和激光通信等方面的工具。随着激光发射功率的提高,激光迅速成为一种具有直接杀伤力的武器(李旻,2017;阎吉祥,2016)。

(一)天基激光武器反导反卫发展概况

天基激光武器计划是美国国防部于 1980 年提出的,它是美军重点发展的太空武器和唯一从 SDI 计划延续下来的激光武器计划。天基激光武器计划的关键部件阿尔法氟化氢(ALPHA HF)化学激光器的研制计划也是 1980 年提出的,是一个适合于在太空部署的圆柱状部件,要求功率 2 MW,光束质量接近衍射极限。同时,也开始进行与 HF 激光器配合使用的大型轻质发射镜计划(LAMP)。

1987 年,里根总统观看了大型激光武器模拟演示,使用的激光器比 ALPHA 装置大得多,演示中打掉了 10 个模拟的苏联助推器。1991 年,美国弹道导弹防御组织(Ballistic Missile Defense Organization, BMDO)进行了 ALPHA 激光演示,完成了高功率武器级的演示。安装的发射镜直径为 4 m。

天基激光武器计划在 1 300 km 高度的轨道上部署 20 颗带有激光器的卫星,卫星轨道倾角 40°,激光有效射程 4 000~5 000 km,可摧毁 9~11 km 高空的助推段洲际弹道导弹,单个卫星可覆盖 10% 的地球表面,12 颗卫星可覆盖 94% 的地球表面,摧毁一枚导弹的时间为 1~10 s,重新瞄准时间为 0.5 s,每台太空激光器可以持续发射 500 s。

SBL 计划能满足战区导弹防御系统(Theatre Missile Defence System, TMD)和国家导弹防御系统(National Missile Defense System, NMD)两方面的需要,可同时摧毁 5 枚洲际弹道导弹或 10 枚战区弹道导弹。SBL 计划的目的在于促使潜在的敌人放弃导弹计划,因为这些计划对他们而言将变得毫无价值。

(二) 机载激光武器(ABL)发展概况

早在 1983 年,美国空军就制定了将 B-1 战略轰炸机用于机载激光实验室(Airborne Laser Laboratory, ALL)计划,以研究大气传输、空中环境等对激光武器的影响以及改进技术。后来在改装的 NKC-135 空中加油机机身中安装 0.4 MW 连续波 CO_2 激光器,在机身前端安装休斯飞机公司研制的激光定向装置。并且于 1983 年 5 月对 5 枚响尾蛇空空导弹的制导系统进行软杀伤,导致其坠毁。

美国空军在解决大气传输畸变的有效途径时采用自适应光学技术。它通过每秒钟可调整 500~1 000 次的快速倾斜镜和变形镜以及波前校正器和控制技术来纠正光束的扩展和畸变,从而达到相当好的光束质量。美国空军宣称,以目前计划的功率水平,在正常大气条件下,不需要进行大气补偿就能满足远达 250 km 的作战任务要求。只是在大于 250 km 时,在非正常大气条件下需要使用主动跟踪和自适应光学系统。当激光束射向目标时,这些精确相反的预先畸变足以被大气抵消掉,在导弹上形成一个篮球大小(直径约 25 cm)的强激光光斑。这说明在上层大气中,ABL 的光束传输质量好,自适应光学技术的应用比较成功。

2001 年 11 月,美国波音公司运用安装在波音 747-400F 飞机内的 COIL 装置发射了一束强激光,击中了导弹靶标。虽然这个被称为第一束光的试验只持续了 1 s,但美国国防部导弹防御局将这次试验称为 ABL 武器计划中一件具有里程碑意义的大事,说明 ABL 武器系统的确能够正常工作,接下来的主要任务是增加光束持续时间和能量。

2010 年 2 月,美国空军与波音公司利用波音 747 货机改装的 YAL-1 机载激光试验台,采用氧化碘化学激光器摧毁了一枚处于助推段的弹道导弹。波音公司网络与空间业务主管表示,波音公司希望改用大尺寸的固态激光炮,能重复在本次试验中取得的成绩。他还指出,在空对空场景下运用定向能武器时,固态激光器才是未来的发展趋势。目前的化学激光器虽然功率足够,但是化学燃料带来的尺寸、重量、管理等问题,使它作为一种实际武器装备时,某些用途受到了限制。

当前,美国机载高能激光器的发展,基本摒弃了氧化碘化学激光器,正在采用光纤激光器、半导体泵浦固体激光器、半导体泵浦气体激光器、分布式增益液体激光器等技术路线。目标功率覆盖范围为 50 kW 至 300 kW,涵盖了防御、进攻等作战应用。美国实施的主要机载激光武器计划有:"自卫高能激光演示样机"(Self-protect High Energy Laser Demonstrator, SHiELD)于 2024 年开展集成系统的试验;AC-130J"空中炮艇"飞机机载高能激光武器于

2022年开展飞行射击试验;"低功率激光演示验证机"与"高能液体激光区域防御系统"始终未见开展机载射击试验。

(三)地基激光武器(GBL)的发展概况

用激光束摧毁几百千米至几千千米,甚至地球另一面正在飞行的导弹与卫星的方法是:地基激光站→中继镜(高空)→战斗镜(高空)→飞行目标。地基激光武器的优势是它的质量与尺寸不受限制,但关键难点在于要克服大气湍流导致的激光束畸变(这与天基激光武器相反)。

1997年10月,美国陆军首先进行了激光反卫星试验。试验中运用了联众激光器,一种是中红外先进化学激光器(MIRCAL),功率为2.2 MW;另一种是低功率的化学激光器(LPCL),功率200 W,均采用了"海石计划"的光束定向器(SLBD)。靶星是一颗红外地面监控导航卫星,轨道高度425 km,轨道运行速度26 800 km/h,轨道倾角97°,质量211 kg,卫星上的传感器是一个三波段红外成像系统。美陆军利用LPCL对卫星进行跟踪与定位,时间持续10 s,之后又用MIRCAL以小于500 kW的功率照射10 s,之后又用LPCL进行2次照射,检测卫星的损伤效果。试验表明,两次照射均使卫星上的传感器达到了饱和(暂时失效)状态,并收到了卫星传回的数据,证明第一次500 kW的激光照射并未使卫星受到永久性损坏。此次试验的结论是:在天气较好的情况下,数百瓦激光照射能使400 km高空的微型传感器饱和,但要使其彻底破坏,500 kW的功率是不够的。这次试验标志着美国地基激光武器已具备了初步反卫星的实战能力。1998年以来,美国陆军通过一系列实验,进一步提高了地基激光武器跟踪卫星并将激光长时间聚焦在卫星特定部位的能力。

2018年3月1日,俄罗斯总统普京在国情咨文中对外公布了"佩列斯韦特"战斗激光武器系统,暗示其可用于完成战略任务,可能在必要时拦截洲际导弹及摧毁卫星。该系统自公布以来一直披着神秘的面纱,俄罗斯官方未曾披露过激光器类型、系统能耗、激光输出功率等具体参数,引发了各方推测。甚至有军事专家分析,"佩列斯韦特"激光武器系统很可能是基于核泵浦激光器方案,将核能裂变直接转化为激光辐射的反应堆——激光器。

(四)车载激光武器的发展概况

车载激光武器最早始于1996年4月美国与以色列签订的鹦鹉螺(Nautilus)计划,目的是解决以MIRCAL/SLBD为基础的化学激光器改为车载激光武器的问题。其中最大问题是将近9 m长的光学谐振腔改为U形腔的问题。另外,车载光束定向装置当时计划采用最新的天体望远镜技术。据报道,车载鹦鹉螺战术高能激光武器的燃料舱携带的燃料足够进行50次发射,可防御巡航导弹、空地导弹、各种飞机等几乎所有低空目标。该激光武器计划安装在布雷德利战车或重型卡车上。

美国主要是利用该计划防御再入大气的战区弹道导弹和直升机,以色列则用其防御火箭弹。两国还签订战术强激光武器的先期概念技术演示(ACTD)计划,它将MIRCAL和SLBD以及C^4I系统组装成8个集装箱,安装在6辆拖车上,组成战术强激光武器ACTD

演示器,射程 7~10 km。该计划从 1996 年开始到 1998 年结束,主要演示用激光武器击毁火箭弹与炮弹的能力。

1999 年以后,美国和以色列开始研制鹦鹉螺样机,2000 年 6 月美国使用固定式鹦鹉螺样机击落了喀秋莎火箭弹,8 月成功进行了同时拦截多枚火箭弹的试验。2000 年,美国 TRW 公司利用鹦鹉螺计划的成果开始为美国陆军研制通用区域防御综合反导车载激光武器系统。该系统可部署在轮式或履带式战车上,总质量小于 18 t,可用 C - 130 运输机空运。其反射镜直径 0.7 m,$\lambda = 3.8$ μm,发射功率 0.5 MW,可摧毁 4 km 内的雷达整流罩、10 km 内的光学系统。2002 年 11 月在两次激光打靶试验中成功击落了 2 枚超声速飞行炮弹。

目前,美国陆军还在加速 2 项车载激光武器系统的研发工作。其一是"机动近程防空"(MS - HORAD)系统。该系统激光武器功率为 50 kW,可有效拦截来袭炮弹和无人机等目标,对传统以枪炮和导弹为主的防御系统形成补充。该系统计划在 2022 年率先在 4 辆"斯特克瑞"装甲车上进行部署。其二是高能激光器移动试验车(HELMTT)系统。2016 年起,美国陆军便尝试将功率为 100 kW 左右的激光武器集成到中型战术卡车上。2017 年,光纤激光器技术的成熟完善使得该计划的进度大大提高。

第六节　激光武器防护技术

一、概述

随着激光致盲武器与战术激光武器的日趋成熟,使得直接利用强激光破坏各种目标成为现实。有"矛"就要有"盾"。美国自 20 世纪 80 年代起就开始着手制定激光防护和安全标准,并积极发展相应的激光防护手段。例如,美国国防科学委员会针对战场上的激光威胁提出的激光防护对策,已被国防部批准实施。其具体内容体现在 1982 年国防部长办公厅发表的关于对抗的政策指令中,即激光器必须被看作是对美国所有采用光学和光电监视、观察、制导和探测元件的传感器和武器系统具有可能的重大打击力的装置。同时美国国防部提出要求:

(1)在光电系统中(包括已装备和正在研制的),对那些可能受到激光照射威胁,并且工作性能对激光照射威胁具有敏感性和易损性的部位,都要采取相应的防御激光武器的抗激光加固和对抗措施。

(2)对所有采用了光电元件的新系统,都必须检查它们的抗激光武器攻击能力。这种检查由防务系统采办审查委员会进行,或者根据其他适当的审批程序审定。与此同时,通过机理研究,制定激光危险或安全标准。

为了推进激光防护计划的实施,1984 年美国陆军开始执行一项旨在保护士兵和机(车)组人员免受低能激光损害的计划,称作"光学改进防护计划"(Optical Improvement Program),目的是解决士兵使用直观光学与光电观测器材时可能产生的眼睛受激光损伤问题。根据该计划,美国陆军将采用可防御目前所用激光器的光学元件来装备主要的战术光学系统,如滤光片等。同时向士兵发放滤光片或激光防护镜,以保护眼睛免受激光和一些碎片的危害。例如,用聚碳酸酯做成的防护镜可以使眼睛遭受碎片损伤的概率降低

50%左右。1990年,美军给所有的士兵都配备了这种激光防护镜。该防护镜可防两种激光波长,并能防御质量小、速度低的碎片。

为了对付将来可能出现的激光器,陆军又制定和实施了一项新的激光防护计划,称为"先进激光防护计划"(Advanced Laser Protection Program)。根据这项计划,将研究发展先进的抗激光手段或措施,如研制先进的滤光片,研究不受激光波长或功率变化影响的防护技术等。陆军与国防高级研究计划局及其他兵种一起合作实施该计划。该计划为期5年,目的是鉴别各种激光防护技术,对它们进行筛选,评定其防护能力。然后,将所选定的最好的防护技术引入原理演示验证装置中进行演示验证。除对人眼的上述防护外,美国还提出对目前战场上使用的低功率激光致盲武器(低于烧坏或毁伤装备结构所需的能量)可能采取的对抗措施有:采用陷波滤波器,即滤去或排斥一种或多种波长激光;采用识别滤波器,像彩色玻璃一样,只允许一种或几种安全的波长通过;采用中性滤波器,减弱所有波长的激光强度。中和滤波器包括:护目镜,安置在驾驶员眼睛的上方;开关型触发器,在探测到激光脉冲之后,快速反应减弱光的强度。要求上述滤波器足够"透明",以允许尽可能多的有用光透过。

二、眼睛与皮肤的激光防护

正是因为激光致盲武器在战场上可以发挥极为独特的作用,并且已作为一种光电对抗装备走向战场,所以各国都逐步加强了对激光防护技术发展的重视程度。特别是美国陆军,自20世纪80年代中后期以来,先后制定了两个激光防护计划。一个旨在对付当时战场上已经出现的几个固定波段的激光武器,如 $0.53~\mu m$、$1.06~\mu m$ 和 $10.6~\mu m$ 的激光器;另一个旨在防范未来战场上可能出现的新的军用激光波长。

(一)眼的激光防护

由于激光致盲与致眩的首要对象是战场上的作战人员眼睛,所以人眼激光防护从20世纪70年代起就得到各国军方的高度重视。美军先后制定了"光学改进计划"和"先进激光防护计划"。"光学改进计划"以保护眼和光电传感器为主,主要针对的是战场上最常使用的几个激光波长。该计划的重要成果之一是发明了 M22 双目望远镜使用的镶嵌式滤光片技术,它只对那些危险的激光波长反射,而对场景光高透射,有效防护角度25°,第一批产品定购量就达到了14万件。"先进激光防护计划"则以防护任意波长的高功率激光,特别是防止亚纳秒级脉冲激光为主,采用的各种措施均以非线性光学技术为基础,即利用非线性材料透光性能随入射光强变化的特点,用其制成一些光开关或限光器,控制进入的光强。据称这种开关型防护片将用于第三代激光防护系统。

不论采用哪种防护技术制成的激光防护眼镜,都是要将投射到眼镜上的致盲光束吸收或反射掉,使之不能进入人眼。常用的激光防护眼镜通常有以下三种类型。

(1)吸收型。通常采用有色玻璃或塑料材料,有色玻璃的优点是能够承受强激光照射,耐冲击;塑料的优点是重量轻、易制成各种曲面状,缺点是不耐磨、易有划痕。

(2)反射型。通常采取玻璃表面镀介质膜的方法制作。该防护镜可以选择性地反射特定波长的激光,并尽可能多地透过可见光;但当激光入射角变大时,反射率降低,透过率增加;此外如不制成曲面状,其反射光束易对他人造成危害。

(3)吸收、反射复合型。利用材料表面的介质膜反射防护某一激光波长,同时利用材料本身特征吸收其他激光波长。

除此之外,还有一些爆炸型、光化学反应型和动力学型防护眼镜,其工作原理及特点如表3-4所示,使用者可根据需要加以选择。在选择激光防护眼镜时需特别注意以下几个参数。

表3-4　激光防护眼镜的工作原理及特点

种　类	工　作　原　理	优　点	缺　点	备　注
反射型	在镜面上镀上多层介质膜,可将一定波长范围内的光能反射,使其不进入人眼	反射率随所镀膜的设计加以控制	易受激光入射角度的变化而影响反射率,膜层易沾污、受潮和磨损	大量使用
吸收型	由对光谱有选择吸收的滤光片(玻璃或塑料)制成	玻璃:抗损伤能力强,镜面不易损坏。塑料:光学密度较高,重量轻	高功率激光照射下会产生吸收饱和,但吸收带宽比较窄	可见光透过50%,大量使用
复合型	由吸收玻璃和介质薄膜反射膜组合而成,兼有二者功能	防护性能上有较高安全系数,适于大功率激光防护	未完全克服反射与吸收型二者的缺点	比前两种更有效
爆炸型	在镜片上涂一层极薄的可爆炸薄膜,当光强超过一定限度时,薄膜就迅速爆炸,使镜片很大程度上转为不透光,从而达到防护效果	防护范围大(覆盖可见光至近红外),适用于飞行员、坦克驾驶员	防护薄膜一旦引爆,就需更新,属一次性消耗型	
光化学反应型	在两层镜片中注入某种化学溶剂,在光强超过一定数值时,产生一种能吸收入射光的色素,使入射光波被吸收		反应速度最快为 10^{-8} s;对 $10^{-9} \sim 10^{-12}$ s 的 Q 开关激光难以防护,需常换溶液	用得不多
动力学型	滤光片基本透明,当收到激光激励时,迅速变混浊,防止光线进入人眼		结构较复杂,目前实际做到的反应速度还不够快	用得不多

1. 防护波长

如已知对方实施致盲的激光波长,则可有针对性地选用单波长激光防护镜;如不知道对方的工作波长,则最好选用宽波段、多波长防护镜。目前可防护波长包括 0.337 μm、0.441 μm、0.514 μm、0.53 μm、0.84 μm、1.06 μm 和 10.6 μm。当前最迫切需要防护的是 0.53 μm 和 1.06 μm 波长的激光威胁。

2. 最大照射剂量

激光防护镜所能承受的激光功率(能量)密度是有上限的,从激光防护安全标准中可以查到它所能承受的最大辐照度或辐照量。如照射激光束聚焦,则可根据激光束聚焦后的功率密度直接参照标准中标示值选择眼镜。

3. 光密度

防护眼镜的光密度 D_λ 定义为

$$D_\lambda = \log_{10}(E/E_L) \qquad (3-32)$$

式中,E 为防护镜前入射激光辐照度;E_L 是防护镜后透射激光辐照度。由上式可见,如果人眼的损伤阈值越低,则就要选择光密度值越高的眼镜。此外应注意,如果采用的是两片吸收型滤光片叠加,则叠加后的光密度值近似等于单滤光片光密度值之和。即

$$D_{\lambda 1,2} = D_{\lambda 1} + D_{\lambda 12} \qquad (3-33)$$

4. 透光比

透光比定义为可见光透过量与防护眼镜总透过量的比值,因此要想佩戴防护眼镜后不影响正常工作,则希望透光比越大越好。

5. 激光损伤阈值

激光防护眼镜本身也是由一些特殊的玻璃或塑料材料制成的,大多数还镀有防护膜层,其损伤阈值随照射激光特性的不同而不同。例如,对于 Q 开关和锁模激光,吸收玻璃的损伤阈值为 $10 \sim 100\ \mathrm{J/cm^2}$,塑料和介质膜的损伤阈值为 $1 \sim 100\ \mathrm{J/cm^2}$。在选择防护眼镜时应注意要以下限为准,以便有一定的保险系数。

佩戴防护眼镜通常是对裸眼人员而言,如果使用光学仪器,则可采取增设激光防护滤光片的做法,即将滤光片放置在观察目镜前。在选择滤光片参数时需特别注意,经光学系统会聚后,同样外界入射激光功率下,滤光片更易受损。

除上述几种防护措施以外,还有偏振滤光片防护镜、红外激光防护镜、对泵浦灯的防护镜,以及军用全息激光防护镜等。由美国休斯飞机公司研制的"军用全息激光防护镜"有以下几种产品:$0.53\ \mathrm{\mu m}$ 全息激光防护面罩(用于飞机驾驶员头盔)、$1.06\ \mathrm{\mu m}$ 全息反射镜片(可见光透过率 87% 以上),以及双波长($0.53\ \mathrm{\mu m}$、$1.06\ \mathrm{\mu m}$)全息反射镜片(可见光透过率 66% 以上)。

（二）皮肤激光防护

一般说来,皮肤的激光损伤阈值至少要比眼睛的损伤阈值高 1 个数量级,但这种危害也是不容轻视的。通常可采取下述一些防护措施:操作员佩戴手套;用衣物遮蔽皮肤裸露部分;在皮肤表面涂抹一层对皮肤无害的保护膜(具有高反射率的介质);在工作区加设挡板;等等。

眼睛与皮肤的激光防护问题不仅在战场上十分重要,在平常试验与训练中,也应注意避免己方激光系统(如目前广为使用的激光测距机、激光目标指示器等)对人员的伤害。根据仪器给出的激光输出功率、光束发散角等参数,可提前计算出它可能对人眼造成危害的距离,由此设定一个安全区域。

三、光学薄膜抗激光加固技术

任何光学仪器设备中几乎都离不开光学膜层,如激光测距机中一些镜片要镀 $1.06\ \mathrm{\mu m}$

的激光增透膜;光学潜望镜中一些反射镜面要镀高反射膜;CO_2 激光测距与红外热像观瞄/测距合一设备中要有分光膜等。需要将光学膜层的抗激光加固问题与光学仪器本身的激光加固问题综合考虑。目前可能采取的技术措施有以下几项。

(一)改善镀膜工艺

(1)采用溅射法镀膜。溅射法镀膜用电子束或离子束加速氩粒子,使之与(靶子的)溅射材料相碰撞,被碰撞成粒子状的溅射材料直接镀到基片上。这种方法无需加热,因此也不会有低价氧化物产生。日本一家公司曾用 Al_2O_3、SiO_2 电介质进行溅射法镀膜试验,其结果是,采用溅射法形成的膜层在加热前后的反射率随波长变化甚微,几乎接近理想状况。

(2)改进镀膜过程中对工艺参数的控制。严格控制并优化镀膜过程中的剩余氧气压、蒸发温度和蒸发率等参数,可使膜层抗激光损伤能力有所提高,如 1.06 μm 高反射膜的损伤阈值可从 $3\sim5$ J/cm^2 提高到 8 J/cm^2。

(3)改进基片抛光工艺。如采用一种称为"bowl-feed"的抛光法对熔融石英和 BK-7 玻璃基片抛光,然后涂制四层 SiO_2/SiO_2 增透膜,损伤阈值较传统抛光法提高 60%。

(4)将不同应力方向的膜层适当组合。通常膜层内部都具有拉伸与压缩两个方向的应力,对多层膜可采取将不同方向的应力膜层交替使用的方法来提高膜层的附着力。

(5)严格控制镀膜的环境条件,减少各种非膜料粒子(特别是金属粒子)的混入。

(6)进行激光净化或退火处理,用稍低于膜层损伤阈值的激光束对膜层进行多次照射,以去除灰尘、杂物与剩余应力。试验表明,对膜层用低能激光脉冲照射 $6\sim8$ 次后,可使其损伤阈值提高 1 倍以上。

(7)采取化学气相沉积制膜工艺。

(8)采取激光气相沉积制膜工艺。

(二)优选材料与结构

(1)选择高纯度膜料,减少可成为激光吸收体杂质的含量。

(2)尽量采用电介质膜,少用金属膜。

(3)采用新的镀膜材料,如热扩散系数大、致密度高的材料。试验表明,多孔硅增透膜与传统膜层(SiO_2/SiO_2)相比,损伤阈值几乎提高了 1 倍。

(4)选择热膨胀系数一致的膜料与基片材料。

(5)采取新的膜系结构设计,如采用非 1/4 厚度的膜系,以降低膜系中的干涉光强度,可将 ZrO_2/SiO_2 半反膜的损伤阈值从 18 J/cm^2 提高到 35 J/cm^2。

(6)尽量采用反射膜(损伤阈值高),少用透射膜(损伤阈值低)。

能用单层膜时就不用多层膜。通常对 10 层以下的膜系,损伤阈值随着层数的增加呈现迅速下降的趋势;超过 10 层以上,这一变化趋于平缓。

(7)增镀保护膜。在膜系的最内层或最外层上增镀保护膜,可显著提高膜层的激光损伤阈值。例如采用 SiO_2 保护膜,损伤阈值提高达 38%,最大达 50%;采用 MgF_2 保护膜,损伤阈值提高 17%,最大达 35%。SiO_2 保护膜之所以可提高损伤阈值,原因在于它有均匀的细颗粒结构(约 25 μm),由此可改善一般高反膜的表面粗糙度与均匀性,使其抗损伤能力明显增强。当膜层的厚度在 1~2 倍波长时效果最佳。一般而言,对于透镜最易损的部位是在衬底与膜层的交界处,而对反射膜最易损的是与空气接触的第一、第二层膜处,所以对透光膜保护时要镀在内涂层上,对反射膜则要镀在外涂层上。

(三) 其他措施

(1) 强制冷却。对反射式光学系统可在镜子背面设置强制水冷通道;对一些高功率激光系统,可在不开机或脉冲发射间隔期间利用净化冷空气吹拂,一方面可以降温,另一方面可除去依附在膜层表面的灰尘,减少由此带来的表面缺陷损伤。

(2) 研制新型除垢剂。采用新型除垢剂及时清除膜层表面由于初期损伤形成的一些烧焦或烧化的斑痕,以免其成为在激光连续照射中新的光能吸收源。

(3) 采取双膜层机制。在某些应用场合,可采取双膜层机制,即当第一层膜层受到激光损伤去除后,还有第二层作为备份。

四、军用光电系统抗激光加固措施

军用光电系统主要指各种夜视与可见光观瞄器材、激光测距机、激光制导武器、红外热像仪、红外成像制导武器等,它们既可是一些独立工作的装备,又可是一些重要兵器的配套设备。提高其抗激光损伤能力,无疑将对提高整个兵器系统的作战能力起到重要的作用,下面分几种类型加以描述。

(一) 微光夜视仪抗激光加固措施

微光夜视仪是目前部队装备的一种主要夜视器材。由于它需要把目标反射的微弱夜天光放大成千上万倍,以达到人眼能够观察的亮度,因此在像增强器前有一套会聚能力很强的光学系统;再加上像增强器(将弱光放大成强光的器件)的损伤阈值很低(仅为 $100 \, \text{mJ/cm}^2$ 左右),所以微光夜视仪很容易遭受激光损伤,对此可采取以下加固措施:

1. 像增强器前增加快速强光保护装置

现有微光夜视仪依像增强器类型的不同分为三代,在第一代级联式像增强微光夜视仪中已设有一套自动增益控制保护电路,即当入射光过强时,启动降低荧光屏的高压,起到保护屏的作用;二代微光夜视仪在荧光屏前有一个微通道板,它本身就有一定防强光饱和作用。但上述措施保护的都只是像增强器中的荧光屏,而对其前端,即产生光电转换的光电阴极却丝毫起不到保护作用,恰恰激光干扰与损伤的首先是光电阴极,所以应在光电阴极前增加一个快速强光保护装置,其反应速度最好在毫秒量级以下。该装置的作用一是遮挡强光,但又不是完全将窗口遮蔽,否则仪器无法观察。可以采用的方法有多种,如采用变反射率的反射/透射分光镜,当入射激光强度超过像增强器损伤阈值时反射率陡然提高,将强激光反射到其他方向,用某些吸收介质将其吸收掉;或采用多孔挡板,快速遮蔽在微光夜视仪观察光路中限制进光量。因为经过夜视仪的光学系统后,一个激光脉冲一次只能破坏微光夜视仪光电阴极上的一个点,所以上述措施只要做到有效、快速,就能起到一定的保护作用。

2. 改进光电阴极涂覆工艺

现有的光电阴极材料在激光脉冲照射下很容易被冲击剥离掉,所以要设法改进光电阴极的涂覆工艺,使其对光纤面板的附着力增强;或从外部用某种透明导电膜对涂层加固或改变光电阴极涂敷的方向,使入射激光对其造成"光压加固"作用,而非剥离作用。

3. 增设滤光片

目前用于干扰或破坏微光夜视仪的激光器大多工作在 1.06 μm 和 0.53 μm,由此启发我们可在微光夜视仪的光学接收系统中加设相应波长的滤光片,专门滤除 1.06 μm 和 0.53 μm 的激光,而让其他波段的光照样通过。由于微光夜视仪像增强器的工作波段是 0.4~0.9 μm,所以只在两个很窄激光波长上滤光,对它的正常工作基本不造成影响。

4. 提高、改善光电传感器光敏面的性能

微光电视通常采用 CCD 作为光电传感器,每单位面积热容量约 10^{-4} W·s/(cm^2·℃),当受到如 50 W/cm^2 的光照度照射时,若忽略热传导作用,则大约引起 5×10^5℃/s 的初始温升,即在几分之一秒的时间内,靶面温度可达到氯化钾的熔点(776℃)。于是靶材由于升华或蒸发而脱离衬底,产生一个永久性的烧斑。为此,应设法提高靶面的热容量来降低初始温升速率,或提高靶面的热传导能力,使最后的热平衡温度降低到不引起材料升华或减慢升华过程的地步。据称已经出现了一种网支撑(或抗烧伤)的新型靶面,它采用细密的铜网来代替原支撑靶的氧化铝层,其热容量为 10^{-3} W·s/(cm^2·℃),比传统靶的热容量大 10 倍,热传导能力大 100 倍。由此如要产生与常规 CCD 靶同样的损伤斑,则需入射激光辐照量提高 10~30 倍左右。可见,通过这种改进后,微光夜视仪的抗激光加固能力将有所改进。

(二) 激光制导武器与激光测距机抗激光加固措施

由于激光制导武器与激光测距机所用光电传感器与光学系统有许多相似之处,所以可把它们的抗激光加固问题一并加以考虑。

1. 改进滤光片

滤光片是保证光电系统获取高信噪比的一个十分重要的部件,可采取以下措施提高其损伤阈值:采用双层膜机制(适当牺牲一点光透过率),一层膜被破坏后,还有一层膜可以工作;减少滤光片的安装应力,如用橡胶垫片等来减少边框的应力影响,避免在强脉冲激光作用下边缘部分断裂、破碎;设置备份滤光片;使滤光片旋转,避免入射激光束长时间作用在同一区域上。

2. 提高光电传感器抗激光损伤能力

光电传感器在相关系统中的作用与地位显而易见,它应该作为重点保护对象。通过几年的试验与探索,发现可从以下几方面入手来提高光电传感器的抗损伤能力。

在响应速度允许条件下选用大光敏面积的光电传感器。光敏面越大,光学系统会聚的光斑直径就可以相应大些,光功率密度也就可相应降低。

巧妙设置传感器电极引线位置。目前有些探测器件的引线设置在光敏面靠近边缘的区域,或者放在光敏面中心。这种布设引线方法很容易在受到激光照射而升温时造成引线脱焊,致使整个器件失效。因此应设法改变电极位置,并采用高熔点焊料,不至于稍有温升即脱焊。

设置备份探测器。光电传感器自身价格并不高,至多相当于整机价格的十几或几十分之一,在条件允许情况下,最好设置备份探测器;一旦一个失效后还有替补,以维持正常工作。

3. 对整个光学系统加强激光防护

采取"变色"窗口。无论是激光制导武器的头罩,还是激光测距机的光学窗口,均可以涂敷一种光致变色材料,它随入射光强而改变透过率,阻止强激光的进入。但其变化速率要足够高,以赶上短脉冲激光的节奏,同时又要保证微弱信号的接收,这种变色的材料也可以填充剂方式塞入特制的夹层头罩之中。

适时使用遮蔽罩。在激光制导武器投放过程中,处于惯性或指令飞行段时,导弹头部应有遮蔽罩,不让干扰强激光进入,因为光电传感器即使在不加工作电压时也能受到激光的损伤。同样对于激光测距机,在行进或作战中,只要不进行激光测距操作时就应用遮蔽罩将其光学系统封闭起来。遮蔽罩对于不同的系统可以设计成不同的型式,如类似照相机的快门式、百叶窗式、翻转式等,需使用方便,开启与关闭容易。

采取变视场光学系统。如激光制导武器,在向目标寻的时最好采取变视场光学系统,搜索段用大视场,锁定目标后用小视场。

在能够把测距与观瞄系统分开时尽量分开。因为测距的工作时间是十分短暂的,而观瞄时间较长且频繁,这样可以适当减少测距系统受损的概率。

（三）红外热像仪与红外成像制导武器抗激光加固措施

1. 增加 10.6 μm 激光反射片

红外热像仪与红外成像制导武器工作在 8~12 μm 这样一个较宽的工作范围内,目前可以对其实施激光干扰的几乎只有 10.6 μm 的 CO_2 激光器。对此可在光学接收系统中设置一块相应的滤光片将干扰/致盲激光滤掉。当然对膜层材料及带宽要进行最优化选择,以保证其他波段的红外辐射能量仍能最大限度地被接收。

2. 设置高效光衰减器

上述两类红外成像系统均属于弱能量探测系统,而干扰激光能量往往远高于其正常工作值,所以红外探测器极易饱和或者受损。对此可在光路中设置一个对入射激光的高效衰减器,即对于光机扫描成像系统,一旦扫描到强光入射方向时可将衰减片旋进光路,而离开此方向时则自动退出,以既达到防护的目的,又减少对正常目标观察的影响。衰减片旋进与旋出光路的时间可由一个光强监测系统加以控制,具体实施方法可类似于避开太阳干扰时的做法。

3. 提高红外图像相关处理能力

对于红外成像制导武器来说,只有当弹上摄取的目标图像与预先存入的目标图像相匹配时,才认为是真目标而向其寻的。但当红外成像系统遭受激光破坏后,肯定会使红外图像局部缺损,比如使几条线无图像,如果武器系统中所设定的匹配原则过于苛刻,则很可能致使其无法识别是否为真目标。由此弹上的图像相关处理原则首先应是判定轮廓,当某些细节与预先存储的图像不一致时,反过来再进行轮廓的比较,这样将有助于提高武器系统在探测器局部受损情况下的寻的攻击能力。

4. 尽量采用多元探测器系统

采用多元器件的好处是不易被对方全部破坏掉。相比之下,单元器件一旦受损后,全系统即完全丧失工作能力。

(四) 红外制导(点源)武器抗激光加固措施

红外制导武器是当前装备数量和品种最多的一种光电制导武器,它的光学系统由调制盘、滤光片、接收物镜、场镜和光电传感器几个部分组成。试验表明,这些器件很容易遭受激光的损伤。其中任何一个部件受损,都将影响整个导弹的制导性能,所以必须从几个方面同时进行激光加固。

1. 提高调制盘的抗毁能力

现今导弹系统中大都把调制盘放置在光学系统的焦面处,这里的光功率密度最高,也最容易致伤。因此应该适当加大调制盘尺寸,且避开焦面位置,因为散焦处的激光功率密度将大大下降;或寻找损伤阈值更高的材料与膜层制作调制盘;或在现有调制盘上加一些保护膜层;或改善调制盘固定方式,减少边框应力。

2. 将场镜改为光锥

目前在红外探测器前都设置有一块场镜,它的作用是更有效地搜集入射光,使之全部会聚到探测器上。但它在强激光照射下也极易受损,为此可将场镜改为光锥。因光锥是一种空腔锥形体,同时也是一种很好的聚光体,这样也可大大减少受损的可能性。

3. 增加 $3.8\ \mu m$ 激光反射片(膜)

对工作在 $3 \sim 5\ \mu m$ 波段的红外制导武器来说,目前最有可能使用的干扰激光是 $3.8\ \mu m$ 的 DF(氟化氘)化学激光器。可参照前述办法增设 $3.8\ \mu m$ 滤光片,以使之无法进入光学系统。

4. 优选头罩材料

导弹头罩亦是强激光破坏的重点对象之一。对一个高速飞行的导弹,一旦头罩有裂缝,高速气流就会冲进去而破坏制导系统。所以在选择头罩材料时,除要考虑光透过率以外,还要注意其导热系数、热膨胀系数、比热、弹性系数及硬度等参数,提高其耐受激光破坏的能力。

(五) 可见光观瞄器材抗激光加固措施

1. 增设带阻滤光片

可见光观瞄器材通常工作在 $0.4 \sim 0.7\ \mu m$ 的可见光波段。所以可在观瞄器材窗口增加一块带阻滤光片,即将 $0.7\ \mu m$ 以上的光全部滤掉,使之无法进入光学系统。

2. 设置备份分划板

可见光观瞄器材通常以分划板为瞄准目标基准,如果分划板受损,则将严重影响目标指示精度。所以可设置备份分划板,使之一旦受到激光损伤后可以尽快更换。

3. 采用新型光学元件

现有可见光光学系统大多采用玻璃材料,在强激光照射下,常发生炸裂、发毛等现象。

如改用一些新型材料(如塑料等)则碎裂的可能性变小;或者在原有光学材料中掺杂一些塑性材料,使之脆性降低。目前国外已经在一些光学系统中采取了塑料透镜,其透明度高,耐高温与抗腐蚀性能好。

4. 光学窗口增镀减反光膜

主动激光侦察通常借助于光学镜头对激光的强反射回波发现目标。对此,可在光学镜头外表面增镀减反膜。

5. 改进光学元件的加工工艺

可见光光学元件大多采用不同牌号的玻璃材料制成,在加工中应注意提高光洁度,尽量减少划痕和表面缺陷。采用激光退火,用这种方法处理过的薄玻璃较未退过火的损伤阈值更高。采取酸洗处理方法,试验表明对冕牌玻璃,酸洗过的激光损伤阈值可提高 1.5 倍以上。提高抛光质量,严格控制玻璃表面及其表层中氧化物的含量及相关参数。

五、激光硬破坏的防护措施

所谓"硬破坏"是指强激光照射在导弹或飞机外壳等金属材料上引起材料表面熔化、穿孔和层裂。战术激光武器的高级阶段,就是要使强激光能够达到这样的破坏水平。对于激光的硬破坏可从以下几个方面采取防护措施。

1. 材料表面涂"烧蚀"层

无论是远程洲际弹道导弹,还是近程战术导弹,通常在设计时都要确保弹头部的热绝缘程度优于燃料箱或弹壁,因为它要承受再入大气层过程中的热负载。例如,采用钛材料制作的燃料箱壁和抗毁能力强的弹头相比,在同样有效厚度下,燃料箱的激光损伤阈值为 1.5×10^3 J/cm^2,而弹头激光损伤阈值则为 $10^4 \sim 10^8$ J/cm^2,所以应特别注意加强燃料箱或弹壁的抗激光损伤能力。

可以在材料表面涂上一层"烧蚀"材料,其特点是热扩散系数较低,当有效厚度为 0.5 g/cm^3(总厚约 3 mm)时,损伤阈值为 3×10^4 J/cm^2,并能保持良好热隔离特性达 1 min 之久。把这种材料涂在材料表面,使入射激光首先照在涂层上面,让烧蚀层熔化、气化甚至电离,而使防护涂层下的弹体材料不至于被破坏。

2. 采用可移动式吸收屏

在导弹壳体外部沿轴线方向加一个冷却系统或称之为吸收屏。该屏可根据所探测到的目标表面受热情况自动滑到受激光照射的受热区。屏上涂有约 1 cm 厚的石墨涂层,它可以吸收并承受 2×10^8 J/cm^2 的热能量。

3. 在导弹助推器上加保护"裙"

在助推器上增加一个圆筒状的"保护裙",它是一种可以活动的外套,利用它来遮蔽尾焰的不同部位,使对方无法准确判断尾焰的位置,由此也就抓不到导弹的准确位置。

4. 改变导弹尾焰的亮度与形状

若要实施激光硬破坏,必须将强激光在一定时间内固定照射在目标上的某一点,方能将其穿孔。而跟踪系统则往往是根据导弹的尾焰来探测和确定跟踪部位。如果在导弹燃料中加入一些不同的添加剂,或控制尾焰在不同时刻从不同的喷管中喷出,使尾焰形状不对称,则都可以使尾焰呈现出不稳定的形态,也可以在尾焰中加入一些"污染剂",使尾焰的亮度发生变化,由此使对方无法精确瞄准目标。

5. 旋转弹体

旋转弹体可有效地避免强激光驻留在某一点上,但对于洲际弹道导弹,需达到 1 转/s 以上的速度方能有效地分散激光能量。但随之带来的问题是,旋转弹体会使离心力作用到壳壁上,而减少导弹的有效载荷,所以要重新设计导弹。据报道,苏联可能曾通过改型而使其洲际弹道导弹完全变成可自旋的导弹(阎吉祥,2016)。

6. 隐蔽导弹发射

隐蔽导弹发射就是把远距发射的导弹放置于伪装物中,如将弹头隐藏在轻质多层金属制的反射气球中,或伴随一个带有弹头的气球再配上 10 个空心气球,当临近到敌方上空时再发射,致使对方无法判定哪个气球是"实"的,哪个是"空"的。也可在发射区域上空制造烟幕,使对方难以测定真实导弹的弹道轨迹。

7. 运用饱和攻击技术

在发射真导弹的同时发射一些假导弹,它们只有一些简单的制导系统,而无弹头。其代价较低,而且尾焰和外形同真导弹一样。这样大范围、多方向、多目标的进攻,将可能致使对方激光武器防御系统过早启动,消耗能源,捕获与跟踪忙乱,形成一种"饱和"攻击的局面,由此降低对方激光武器的效能。

8. 设置假目标

把一些小而轻的金属片,伴随导弹一起发射,形成的金属片云既可以反射强激光,还可造成众多的假目标。

思考题

1. 激光欺骗干扰的基本原理是什么?
2. 激光隐身的基本原理是什么?其典型的实现技术有哪些?
3. 高能激光武器的关键技术有哪些?其发展趋势是什么?
4. 激光武器的破坏机理有哪些?分别适用于哪些作战对象?
5. 战斗人员在战场上针对个人有哪些激光防护措施?
6. 军用光电系统针对强激光破坏有哪些防护措施?

第四章
可见光隐身伪装原理与技术

第一节　隐身伪装技术概述

　　人类最早认识到的隐身伪装,是自然界中许多生物为捕食或躲避天敌,经过长时间自然进化而形成的、能够适应和融入自然环境的隐身伪装本领。自人类文明起源开始,各种形式的隐身伪装就一直在应用,尤其是在战场上的运用,特别是经过两次世界大战之后,形成了现在军事意义上的隐身伪装技术。

　　伪装是指为隐蔽我方和欺骗、迷惑敌方而采取的各种隐真示假的措施。即伪装包括隐真和示假两个方面。隐真,是通过消除、减小或改变目标的各种暴露征候,使我方的真实情况和企图不被或不易被敌方觉察的伪装方法的统称。示假,是通过模拟目标的各种暴露征候,制造和显示虚假现象,造成敌方错误或过失的伪装方法的统称,如设置假目标、实施佯动等。而伪装技术是指依据伪装原理及实战经验发展形成的有关伪装的一整套研究设计和组织实施的技能与方法。常见的隐蔽、遮障、融合及欺骗等伪装技术和措施,都是通过外部手段实现隐真示假,没有改变目标的外形和配置。如果在目标研究、设计、制造时,就对其外形、材料、结构和附加装置等统筹考虑,以消除或减小暴露征候,赋予目标一种固有伪装性能的伪装,则称为内在伪装。依据此概念,显著减小目标自身的各种暴露征候,使敌方探测系统难以发现或使其探测效果降低的综合技术称为隐身技术,又称隐形技术或低可探测技术。

　　需要指出的是,隐身并不是完全看不见,隐身技术只是缩短探测系统的有效作用距离,以有效压缩敌方反应时间,增加自身在战场上的生存能力和作战能力。隐身伪装有联系也有区别,伪装侧重于战术动作,是为了隐蔽自己和欺骗、迷惑敌人所采取各种隐真示假的活动,是军队战斗保障的一项重要内容。而隐身侧重于技术,是改变武器装备等目标的可探测信息特征,使敌方探测系统不易发现或发现距离缩短的综合性技术。隐身技术是传统伪装技术的一种应用和延伸,是现代内在式伪装的典型代表。此外,与传统的伪装技术相比,隐身技术强调"消除"目标自身的特征显著性;而在伪装技术中,目标自身显著性依然存在,主要通过外在手段使其隐蔽。隐身技术是在装备设计和制造阶段就考虑的伪装,是一种内在伪装,更强调与目标的一体化,是传统伪装技术走向高技术化的发展和延伸。隐身技术的出现使伪装技术由消极被动变为积极主动。

一、隐身伪装技术的内涵

　　隐身伪装与侦察之间的关系是既相互对立、相互斗争,又相互影响、相互促进。侦察技术的发展、侦察能力的提高,直接影响隐身伪装技术的改进和发展。任何目标都处在一定的背景之下(背景即目标周围的景物和环境),由于目标与背景的外貌和物理特性各不相同,二者之间不可避免地存在一定的差别,如果差别明显,目标就易被侦察发现识别;如果差别不明显,目标就与背景融合而不易暴露出来。因此,目标与背景之间存在的差别,是目标暴露的根本原因,它既是侦察发现、识别目标的客观依据,又是隐身伪装实施作业的基本对象。从技术上讲,侦察的实质,就是以各种技术手段显示揭露这种差别;而伪装的实质,则是以各种技术手段来消除、降低、歪曲或模仿这种差别,使目标不致暴露或使侦察产生错觉。

隐身伪装技术的根本着眼点就在于消除目标与背景的差异,所采取的手段可以分为两大类:

(1) 目标与背景融合技术。主要的手段包括结构与外形设计、表面涂层(吸波涂层,迷彩涂层)、遮蔽伪装(天然伪装、植物伪装、人工遮障、烟幕伪装)。

(2) 目标模拟与干扰技术。主要的手段包括假目标(装备假目标、工程假目标、灯火、音响等)干扰和电磁干扰。

二、隐身伪装技术对战争的影响

隐身伪装技术的广泛应用,极大改变了战场上作战双方的实力,并对作战方式产生了革命性的影响,使战局形势更加错综复杂。

1. 隐身伪装技术的应用可以传递虚假信息,使敌人获取错误情报

"知己知彼,百战不殆"。尽管高技术探测技术具有全天候、实时化、高分辨率和准确的定位识别能力,但任何一种探测手段都有其弱点,采用适当的隐身伪装方法,通过隐真示假,能给敌人造成错觉,以致其获取错误情报。

2. 隐身伪装措施的实施可以提高作战部队的生存能力

战场上,隐蔽己方目标、作战实力和作战意图是重要的战术原则。有效伪装可降低真实目标的特征信号水平,增加敌方侦察或制导系统探测和捕获跟踪的难度,从而降低其命中率和杀伤率;通过示假,可诱骗敌人实施攻击,分散敌人火力,提高部队的生存能力。

3. 隐身伪装技术是夺取战场主动权的重要手段

隐身伪装技术的使用,使许多攻击兵器的防空能力大大提高,从而增强了作战行动的突然性,为夺取战场主动权、达成作战企图创造了有利条件。

例如,部分隐身飞机和隐身导弹的研制成功并用于战场,使空袭武器的结构发生了变化。随着新型隐身飞行器的不断出现,空袭武器装备将发生根本性的飞跃。这必定给反空袭作战带来很大的困难。普通预警系统将失去预警功能,无法实施有效的对空防御。隐身飞机由于其目标特征信号很小,一般的雷达系统无法发现,使得已有的防空兵器无法发挥作用。

4. 隐身伪装技术使装备战略计划和作战方法发生了变化

随着大量高技术探测手段应用于战场,隐身装备研制成为重要的装备战略计划,各种地面隐身装备、隐身飞机、隐身舰艇大量装备部队。现代作战方法因此发生根本性改变,未来战场将有更多的部队担负隐身装备维护和战略伪装任务。近战、夜战和步兵的使用发生变化,缺少夜视侦察器材与伪装器材将失去夜战的主动权。战术机动将为武器的火

力机动所替代,隐蔽待机,给敌方以突然杀伤的作用增大;战役机动的方式将改变,小群、隐蔽、灵活,出其不意,成为制胜的重要方法。

5. 隐身伪装技术使电子对抗、侦察与反侦察的斗争更加激烈

大量用于战场的隐身装备和伪装措施,由于采用电子对抗隐身技术,将使电子对抗的均势被打破,伪装由消极的反侦察向积极主动的反侦察方向发展。这必将刺激电子支援技术和侦察技术的发展,从而形成更高层次的电子对抗和侦察反侦察的斗争。

三、隐身伪装技术的发展趋势

(一)迷彩伪装器材向全波段化发展

迷彩伪装技术的运用,使伪装涂料的研制取得了突破性的进展,不但种类多、用途广,而且性能好,向全波段方向发展。光学伪装不仅具有与背景相似的颜色,而且具有紫外、可见光、近红外的反射特性,能对付昼间目视侦察、全色照相、近红外观察和昼间近红外照相;热伪装涂料能以亮暗不匀和不规则斑点来破坏和歪曲目标的热图像轮廓,使之与周围背景的热图像相吻合,致使热成像侦察器材难以发现和识别目标。防激光探测涂料,可吸收激光,大大减弱目标对激光的反射。如瑞典巴拉居达公司研制的 C5 - 350 自干型醇酸伪装涂料有多种伪装色可用于涂敷在目标表面上,而结构型吸收材料则直接作用于目标外壳的结构材料。这种重量轻、超薄层、宽波段新型涂料,可使迷彩伪装器材随环境的物理特征变化,针对敌方侦察、制导光谱波段,自动或通过人工控制来改变器材波段,从而提高迷彩伪装器材的智能化水平。目前,美、俄、英、法、日等国军队已将微波吸收材料广泛运用于飞行器、坦克、舰艇等的反雷达伪装,收到了很好的伪装效果。如美军 B-2 轰炸机的机架和外壳采用钛和碳素/环氧树脂复合材料,其结构为蜂窝状,入射雷达波在蜂窝的多个内表面来回反射,从而达到吸收效果,大大增强了飞机隐蔽性能。

(二)遮障伪装器材向多元化发展

1. 突出多谱性

高新技术的运用,提高和增强了伪装材料的多谱性能。采用合成材料(如聚氯乙烯)制成的防可见光、近红外伪装网,可使网的两面具有不同的颜色斑点,在尺寸、形状和饰片切割上,均能适应不同背景下的特定要求;用合成纤维制作的伪装遮障系统,可适应战场的各种地形、背景条件和种种军事装备的伪装要求,能对付紫外、可见光、近红外和各种频段雷达的侦察;复合结构连续膜式的隔热毯和伪装网构成的伪装遮障,是集远红外发射特性、近红外反射率和可见光颜色为一体的宽波段伪装器材,可对付可见光探测、近红外和中远红外侦察器材,这些新型遮障材料的广泛运用,大大提高了遮蔽器材对付紫外、可见光、近红外、热红外探测的能力。

2. 强调多功能

为提高部队战场生存能力,在研制和开发伪装器材时,都注重伪装器材的多功能性,使遮障器材功能向多、全、好的方向发展。现代侦察大多采用可见光、雷达、红外、毫米波、厘米波等探测手段。因此要求遮障器材必须具有防热红外、毫米波、厘米波等多波谱技术,制导采用可见光、激光、红外、雷达等手段,因此要求遮障器材必须具有多波

谱、宽频带的综合功能。当前世界各国虽然研制和装备了一些具有防热红外、毫米波、厘米波雷达的宽频带遮障器材和可防可见光、红外、激光的发烟器材等,但伪装谱段仍未能覆盖全部侦察谱段。为改变这一现状,增强遮障器材的功能,目前国内外十分重视研制和发展多谱段、宽频带和综合功能全伪装遮障器材,这已成为伪装发展的必然趋势。

3. 力求多样化

为减少被对方侦察发现概率,提高遮障器材性能,遮障器材将向多样化方向发展。一是研究"内装式"伪装遮障系统。目前正在加速发展内装式热红外技术,研制能与装备融为一体的设计和撤收可控自如的通用或专用变形遮障系统。如在目标内部安装抑制器和热消耗器,在燃料中置入添加剂,使目标本身的热辐射降至最低限度。内装式伪装具有费效比高、使用方便、适合武器系统快速机动等优点,解决了传统伪装技术难以伪装机动目标的难题。二是改进"外加工"伪装遮障系统。采用具有光学、红外、雷达三种防护功能的伪装网,遮障面由几米或更小的小块组成。遮障不是将整个目标全部盖住,而是经过科学设计后,分为好几种基本形状,分别安装在目标易暴露或具有特殊形状的部位,和原有的迷彩有机结合,起到很好的伪装效果。三是发展标准组件式伪装网系统。其具有轻巧、简捷和方便等特点,可适应各类目标在高技术战场上高度机动性的需求。

第二节　可见光隐身伪装基本原理与途径

目标特征信号是目标信息的载体,侦察探测系统对目标特征信号进行接收和分析,从而发现和识别目标。隐身伪装的基本原理就是通过各种方法消除或改变目标的特征信号,使敌方不能接收这些信号,或接收到错误的目标信息。光学隐身伪装主要指消除、减小、改变或模拟目标和背景之间光学波段反射特性的差别,以对付光学探测所实施的伪装。

一、人眼视觉特性

人眼仅对波长范围在 $380 \sim 780$ nm 的光波敏感,这个范围的光被称为可见光。人眼是一个非常灵敏的视觉器官,最初的伪装主要是欺骗敌方的目视侦察,即使到了现代,对付目视侦察的迷彩伪装也是最基本的伪装技术。虽然现代的伪装除了对付敌方目视侦察还要对抗敌各种仪器侦察,但各种成像侦察仪器的结果多数也要由人眼判读,了解人眼的视觉特性也有助于了解光学伪装的基本原理。

人眼主要由三个部分构成:① 由角膜、虹膜、晶状体、睫状体和玻璃体组成的光学系统;② 作为感光元件的视网膜;③ 进行信号传输与处理显示的视神经与大脑。

视网膜上的感光细胞有 1.1 亿个,分为锥状细胞和杆状细胞两种。其中锥状细胞约 700 万个,具有高分辨力和颜色分辨力;杆状细胞约 1 亿多个,其视觉灵敏度比锥状细胞高数千倍,但不能分辨颜色。当人眼适应较亮的视场时(大于或等于 3 cd/m^2),视觉由锥状细胞起作用,成为明视觉响应;人眼适应较暗的视场时,视觉只由杆状细胞起作用,由于杆状细胞没有颜色分辨能力,所以夜间人眼观察到的景物呈灰白色。

（一）人眼的亮度分辨能力

人眼的视觉探测是从一定亮度的背景中把目标区分出来,人眼对亮度差别的分辨能力是最重要的视觉特性之一。此时人眼的视觉敏锐程度与背景的亮度及目标与背景的亮度对比度有关。

目标与背景的亮度对比度为

$$K = \frac{|Y_t - Y_b|}{\max(Y_t, Y_b)} \tag{4-1}$$

式中,Y_t 和 Y_b 分别为目标与背景的亮度。亮度对比度阈值是指人眼刚好把目标从背景中区分出来时所需的最低亮度对比值。

Wald 定律描述了背景亮度 Y_b、对比度阈值 K_v 与人眼所能探测的目标张角 α 之间的关系:

$$Y_b \cdot K_v^2 \cdot \alpha^x = 常数 \tag{4-2}$$

式中,x 值在 0~2 之间变化。

对于小目标,$\alpha < 7'$,则 $x = 2$,式(4-2)变为

$$Y_b \cdot K_v^2 \cdot \alpha^2 = 常数 \tag{4-3}$$

上式即为著名的 Rose 定律,该定律说明,当人眼观察亮度不等的两个面时,若亮度很低,则觉察不出亮度的差别。但如果把两个面的亮度按比例提高(亮度对比值不变),则达到一定大小的亮度时,就有可能分辨出差别来。

对一较大目标($\alpha > 30'$),在日出和日落间自然光照下的亮度范围内($12.73 \sim 636.3 \text{ cd/m}^2$),亮度对比度阈值约为 1.75%。

自然界的颜色可分为彩色和消色两大类。彩色除了有亮度的差别还有色彩(色调、饱和度)差别,如绿色、黄色与褐色;而消色之间只有亮度差别,如黑色、白色与灰色。在近距离观察时,目标与背景的色彩差别和亮度差别对识别目标都很重要;但在远距离观察时,由于空气、烟尘的影响,彩色会失去色彩而接近消色,颜色之间只能依靠亮度来区分。同时,人眼区分颜色的亮度能力比区分色彩能力强。所以在光学伪装中,考察目标与背景间的亮度差别非常重要。

白天正常照明下亮度对比度阈值为 1.75% 是在实验条件下测得的。对于伪装来说,由于背景斑点的颜色比较复杂,有利于目标的隐蔽,所以实际亮度对比度阈值是实验室结果的 5~10 倍,即约为 0.1~0.2。在伪装中有:

（1）当目标(非线性)视角大于 $30'$,要求目标不可见时,必须满足对比度 $K \leqslant 0.05$。

（2）当目标视角小于 $30'$,要求目标不可见的对比度阈值应根据背景的斑驳程度而定,单调背景时 $K \leqslant 0.1$,斑驳背景时 $K \leqslant 0.2$。

（3）当要求目标明显可见时,必须满足 $K \geqslant 0.4$。

（二）人眼的空间分辨力

人眼能区分两发光点的最小角距离称为人眼的极限分辨角。在白天较好的照明条件下,人眼的极限分辨角的平均值在 1′左右;照度减小,极限分辨角增大;在无月的晴朗夜晚,人眼的极限分辨角约为 17′,分辨能力约为白天的 1/25。

研究人眼的空间分辨能力对于指导伪装具有重要的意义。比如敌观察距离为 500 m 时,取极限分辨角 1′,则变形迷彩的斑点尺寸至少要超过 15 cm 才能形成有效的图像分割。

（三）光学侦察的光源

光学探测主要根据目标和背景之间光学反射特性差别发现目标。光学反射特性差别的体现要依赖于光源,光学探测依赖的光源主要有阳光、月光、星光、激光、可见光或近红外探照灯等。

太阳是自然界最重要的光源,研究发现太阳表面单位时间辐射的能量与温度为 5 900 K 的黑体辐射相似,而辐射能量的光谱分布与 6 000 K 的黑体辐射相似,到达地球大气层外的阳光能量平均约为 1 357 W/m²,这个值也称为太阳常数。由于大气散射和选择性吸收,到达地面的阳光能量小于太阳常数,并且到达地面的太阳光主要集中在 300～2 500 nm 波长范围内,这是界定光学伪装对应波长范围的依据之一。

在不同的时间、地点和天气条件下,地面阳光的强度和光谱成分变化较大,但是可以考察典型条件下的数值,用于比较研究和说明一般的规律。经过 1.5 个大气质量后,到达地面的阳光能量的典型光谱分布分别如图 4－1 所示。太阳位于正头顶时,阳光经过的路径为 1 个大气质量;太阳位置与天顶夹角为 r 时,大气质量等于 $1/\cos r$。

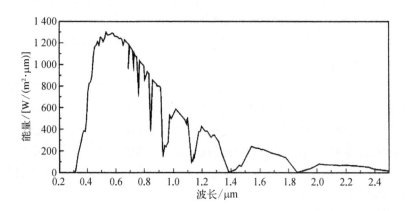

图 4－1　大气质量 1.5 时阳光能量光谱分布

二、影响目标与背景光学反射差别的因素

（一）光谱反射率、光谱反射曲线与颜色

光谱反射率指物体表面对某一波长光的反射率,而光谱反射曲线是物体表面光谱反射率随波长变化的曲线。光谱反射曲线反映了物体对光的选择性反射,是目标与背景间

光学特征差别的内在因素。

光谱反射曲线可以反映物体的组成,图4-2是两种植物绿叶与某型瑞典产伪装网绿色装饰布的光谱反射曲线。植物绿叶都含有大量的水分和叶绿素,所以不同植物绿叶的光谱反射曲线具有共同的特征,图中樟树绿叶和法国梧桐绿叶的光谱反射曲线几乎重合:由于叶绿素的存在,550 nm左右都有绿色反射峰,680 nm左右有吸收峰,且在700 nm后反射率急剧增大,在740 nm左右几乎达到最大值;由于树叶中大量水分的存在,在1 450 nm、2 030 nm附近出现大的水分吸收峰,970 nm附近有小的水分吸收峰等。

人造绿色伪装材料虽然肉眼看来与绿叶颜色接近,但是光谱曲线一般都存在较大差异。伪装网绿色装饰布模拟叶片的绿色反射峰和700~740 nm反射率急剧增大的特征存在一定的偏差,不能模拟叶片的水分吸收峰。如图4-2所示樟树绿叶、法国梧桐绿叶与瑞典伪装网绿色装饰布的光谱反射曲线对比图。

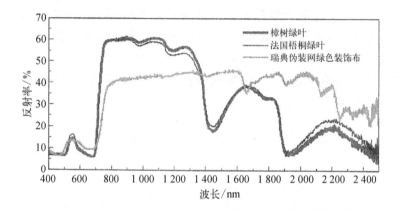

图4-2 樟树绿叶、法国梧桐绿叶与瑞典伪装网绿色装饰布的光谱反射曲线

了解和掌握自然背景中各种物体的光谱反射曲线,对光学伪装来说非常重要,因为只有目标表面的反射曲线接近其相应背景的反射曲线时,才能消除或减小目标与背景之间的色彩差别和亮度差别,才能对抗高光谱侦察,达到良好的伪装效果。

颜色是最基本的可见光伪装性能,对应波长为380~780 nm。颜色有多种表示方法,例如在彩色显示器中常采用RGB表示。而在伪装技术领域颜色一般采用CIE1931标准色度观察者光谱三刺激值描述。三刺激值XYZ中只有Y值既代表色品又代表亮度,而X、Z只代表色品。通常所指的可见光亮度即为Y值。

根据光谱反射率可计算出三刺激值X、Y、Z:

$$\begin{cases} X = K \sum_{\lambda=380}^{780} S(\lambda)\bar{x}(\lambda)R(\lambda)\Delta\lambda \\ Y = K \sum_{\lambda=380}^{780} S(\lambda)\bar{y}(\lambda)R(\lambda)\Delta\lambda \\ Z = K \sum_{\lambda=380}^{780} S(\lambda)\bar{z}(\lambda)R(\lambda)\Delta\lambda \end{cases} \qquad (4-4)$$

式中,K 为归化系数,且 $K = \dfrac{100}{\sum\limits_{\lambda=380}^{780} S(\lambda)\bar{y}(\lambda)\Delta\lambda}$;$S(\lambda)$ 为 CIE 标准照明体 D_{65} 的相对光谱功率分布;$\bar{x}(\lambda)$、$\bar{y}(\lambda)$、$\bar{z}(\lambda)$ 为 X、Y、Z 色度系统中的色匹配函数;$R(\lambda)$ 为物体的光谱反射率;$\Delta\lambda$ 为波长间隔。

加权系数 $S(\lambda)\bar{x}(\lambda)$、$S(\lambda)\bar{y}(\lambda)$、$S(\lambda)\bar{z}(\lambda)$ 的值按 10 nm 间隔求和有

$$\sum_{\lambda=380}^{780} S(\lambda)\bar{x}(\lambda) = 92.020$$

$$\sum_{\lambda=380}^{780} S(\lambda)\bar{y}(\lambda) = 100.000$$

$$\sum_{\lambda=380}^{780} S(\lambda)\bar{z}(\lambda) = 108.814$$

式(4-4)所计算的颜色三刺激值,是指标准日光下用标准人眼观察的结果。公式中 $S(\lambda)$ 是模拟太阳的 D_{65} 光源的光谱功率分布,色匹配函数是标准人眼(标准色度观察者)的光谱功率响应特性。

颜色的差别可以用色差表示,伪装色的色差一般采用 CIE1976 $L*a*b$(简写为 CIELAB)色差公式(4-5)表示:

$$\Delta E_{ab}^{*} = \left[(\Delta L^{*})^{2} + (\Delta a^{*})^{2} + (\Delta b^{*})^{2} \right]^{\frac{1}{2}} \tag{4-5}$$

式中,

$$L^{*} = 116(Y/Y_0)^{\frac{1}{3}} - 16 \qquad Y/Y_0 > 0.008\,856$$

$$a^{*} = 500\left[(X/Y_0)^{\frac{1}{3}} - (Y/Y_0)^{\frac{1}{3}} \right] \qquad X/X_0 > 0.008\,856$$

$$b^{*} = 200\left[(X/Y_0)^{\frac{1}{3}} - (Z/Z_0)^{\frac{1}{3}} \right] \qquad Z/Z_0 > 0.008\,856$$

其中,X、Y、Z 为 CIE1931 标准色度观察者光谱三刺激值;X_0、Y_0、Z_0 为 CIE 标准照明体 D_{65} 照射下,完全反射漫射面的三刺激值,10 nm 间隔时有 $X_0 = 95.020$、$Y_0 = 100.000$、$Z_0 = 108.814$;ΔL^{*}、Δa^{*}、Δb^{*} 为样品色与其所对应标准色坐标 L^{*}、a^{*}、b^{*} 之差。

对于极深颜色,X/X_0、Y/Y_0、Z/Z_0 小于 0.008 856,使用上述色差公式会引起色空间的畸变,导致很大误差,此时 CIELAB 深色修正公式如下:

$$L^{*} = 903.3(Y/Y_0)$$

$$a^{*} = 500\left[f(X/Y_0) - f(Y/Y_0) \right]$$

$$b^{*} = 200\left[(X/Y_0) - (Z/Z_0) \right]$$

$$f(X/X_0) = 7.787(X/X_0) + 16/116$$

$$f(Y/Y_0) = 7.787(Y/Y_0) + 16/116$$

$$f(Z/Z_0) = 7.787(Z/Z_0) + 16/116$$

一般认为色差小于 3 肉眼观察区别不明显,所以通常要求伪装材料颜色与规定的标准色之间的色差不大于 3。

根据常见背景种类颜色的不同,可以把自然景物大致分为三类:

(1) 消色物体。消色物体包括雪层、石灰石、混凝土、柏油路面、黑土及煤炭等。这类物体的光谱反射率基本上不随波长变化。这些物体在日光照射下呈现为亮度不同的白色、灰色和黑色。

(2) 黄红色物体。这类物体包括没有植被的黄土、沙漠、泥地、某些土路、成熟的庄稼和晒干了的植物等。这类物体的特点是它们对长波光线的反射能力要比对短波光线强得多,其光谱反射率在光学波段是随波长的增大而逐渐增大的,所以看起来它们呈黄红色。

(3) 绿色物体。这类物体即各种自然植物。

(二) 表面粗糙度

物体的表面粗糙程度影响反射光线在空间的分布,使得观察者从不同角度观察时,得到的亮度就不同。理想的反射表面称为漫射面,其特点是反射光在各个方向上的亮度都是均匀的。

表面粗糙程度并不影响其光谱反射特性,所以粗糙程度不同只影响表面颜色的亮度,而不影响其颜色的色彩。例如压实的黄土要比松土亮,践踏过的草地要比未触动过的草地的绿色亮,涂在粗糙面上的涂料要比涂在光滑面上暗等等。

自然界的表面,按其粗糙程度可以分为光滑面、无光泽面、粗糙面和植被面四种。

1. 光滑面

如水面、冰面、玻璃、磨光的金属面及光亮的油漆面等。当光入射到这类表面时,产生镜面反射,绝大部分光线沿着反射角方向反射出去,只有很少部分光向其他方向散射,因而表面的亮度分布有明显的方向性:沿反射角方向观察这类表面时,表面闪光亮度最大,以至达到炫目的程度;而在其他方向观察时,则亮度很小,表面发暗。光滑表面的闪光是一个十分明显的暴露征候,敌人在很远距离上都能清楚地看到。因此无论在什么背景上伪装目标时,都要对目标表面的光滑部分采取消除闪光的措施(如遮盖、加工成粗糙平面等)。

2. 无光泽面

如布面、纸张、胶合板、混凝土、路面、压实的土壤、积雪的表面等。这类表面向各个方向散射入射光,各个方向亮度大致相等,在反射角方向上亮度稍大,但不像镜面那样闪光眩目。

3. 粗糙面

如翻耕的土地、沙砾、煤堆、渣堆、疏松的土壤等表面。这类表面凹凸不平,容易产生阴影和二次反射,以致其表面亮度往往小于同类材料的无光泽面。其各个方向亮度也大致相等,但在光源入射方向上亮度却较大。

4. 植被面

如草面、庄稼地、灌木丛、树林等。这类表面由许多植物叶面(树叶、草叶、庄稼叶)构成,叶面之间互相遮蔽,容易产生阴影和多次反射,所以这类表面在各个方向上的亮度分布基本均匀,只是由于叶面之间存在暗色的空隙和产生的阴影,因而在垂直于表面的方向观察时亮度较小。

在光学伪装中,要消除目标与背景之间的颜色差别,除了要求它们的光谱反射特性近似一致外,还应要求它们的粗糙程度近似一致。必须避免闪光,许多人工涂料或材料表面较为光滑,存在较大光泽,就必须采取措施,进行消光处理,降低光泽水平,使其尽量接近漫射面。

(三) 表面的受光方向

物体的空间位置和表面形状不同,受到光源照射的情况就会不同,即使物体的光谱反射特性和表面粗糙程度都相同,由于受照情况的不同也会产生亮度差别。

白天物体表面的照度由太阳直射光照度和天空漫射光照度组成,太阳直射光的照度与太阳的高度角有关。天空散射光的照度可以认为与表面的位置无关,即它对各个方向上的表面所形成的照度都几乎是相同的。夜间月光是直射光源,星光及大气辉光可以认为是漫射光源,它们对夜视来说都是很重要的光源,它们在不同空间位置上所形成的照度关系与白天相似。对于主动红外夜视器材和激光侦察器材,它们是用人工光源主动照射目标的,目标表面的空间位置与照度关系更加密切,因为此时照度几乎仅与漫射光源有关。

表面的空间位置不同,可能造成目标不同部分的亮度对比,而这一因素直接与目标的立体形状有关。要消除或减小它与背景间的这种差别,将涉及目标外形的遮蔽和阴影的消除。作业量较大,是消除颜色差别时一项较为困难的任务。

(四) 光源与感光元件的特性影响

如前所述,式(4-4)计算得到的颜色是日光下人眼观察的结果,当光源的光谱功率分布发生变化或者感光元件发生变化时,得出的结果就可能发生变化。

利用滤光片可以改变观察者接受的反射光的光谱功率分布,间接起到改变光源光谱功率分布的效果。典型的例子是用来揭露绿色伪装和检验绿色伪装材料优劣的绿色检验镜。这种滤光片能大量透过波长 680 nm 以上的红光和近红外线,少量透过 500 nm 左右的绿光,其他波长几乎都不透过。在这种检验镜下,自然植物呈橙红色或红色。人工绿色材料将按其光谱反射特性与植物光谱反射的差异程度呈现出不同的颜色:光谱反射特性与植物接近的将呈红橙色或红色;光谱反射特性与植物差别大的将仍呈绿色;介于两者之间的,则将呈现出红褐色或暗褐色。绿色检验镜是分辨同色异谱现象的简易仪器。

通常所说的颜色都是人眼的响应,而照相胶片、夜视器材上所显现的则是它们的感光材料和元件所产生的响应。如人眼看到的各种色彩在黑白照相胶片上就变成灰度不同的黑白色调,而且由于照相胶片对蓝光和红光的灵敏度都比人眼高,所以在照片上蓝色和红色物体都会显得比人眼观察时亮。又如近红外线是人眼所看不到的光线,无论强弱变化多大,人眼都不能分辨;但在近红外照相、近红外夜视仪以及微光夜视仪器中,都可以显现出亮度的差别。

（五）大气影响

光线在大气中传输时,大气分子、雾、尘埃对光产生散射和吸收,从而影响对目标的观察。

1. 大气透射率

目标和背景反射的光线在大气中传输时发生衰减,大气的衰减程度用大气透射率表示,单位厚度大气层的透射率可定义为

$$\tau = I_1/I_0 \tag{4-6}$$

式中,τ 为单位厚度大气定向透射率,在 $0 \sim 1$ 间取值,单位为 km^{-1};I_1 为定向透过单位厚度大气的光强;I_0 为入射光强。

2. 气幕亮度

大气的散射不仅衰减来自目标和背景的反射光,还散射来自太阳等光源的照明光,这些来自光源的散射光给目标和背景都附加了一个额外的亮度,即气幕亮度。

在地面水平观察时,气幕亮度可表示为

$$L_{\mathrm{a}} = L_{\mathrm{sky}}(1 - \tau^R) \tag{4-7}$$

式中,L_{a} 为气幕亮度;L_{sky} 为地平线处的天空亮度;R 为观察距离,单位为 km。

3. 视亮度

经过大气传输后,观察到的目标与背景的亮度称为视亮度。目标与背景的视亮度可以表示为

$$\begin{cases} L_{\mathrm{t}}' = L_{\mathrm{t}}\tau^R + L_{\mathrm{sky}}(1 - \tau^R) \\ L_{\mathrm{b}}' = L_{\mathrm{b}}\tau^R + L_{\mathrm{sky}}(1 - \tau^R) \end{cases} \tag{4-8}$$

式中,L_{t} 为目标的真实亮度;L_{b} 为背景的真实亮度。

不管目标与背景的真实亮度如何,随观察距离 R 增加或透射率 τ 的减小,其视亮度都会逐渐接近于地平线处的天空亮度,τ 越小变化越快。当目标的真实亮度小于天空亮度时,其视亮度随距离的增加而增大,如青山或森林远看比近看亮;当目标的真实亮度大于天空亮度时,其视亮度随距离的增加而减小,如雪山和白色建筑远看比近看暗。

综上,观察距离 R 增加或透射率 τ 减小都可使目标与背景的视亮度对比减小,有利于目标的伪装。对于望远系统的侦察,尽管望远镜可以放大视角,但是大气使目标与背景的视亮度对比下降限制了观察距离的增大,当视亮度对比下降到 1.75% 以下时,无论望远系统的放大倍率多大,都不能分辨目标。

三、光学隐身伪装原理与主要途径

隐身伪装是与敌侦察对抗的基本手段,因此要了解隐身伪装的基本原理,就需要将隐身伪装与侦察探测统一进行分析。侦察的目的是要探测和识别各种军事目标,任何目标都处于一定的背景之中,目标与背景之间在外观、物理特性等方面各不相同,体现在不同波段上两者之间存在的差别,正是这种差异使得目标容易被各种侦察器材所辨认出来。而隐身伪装则是尽量保护这些军事目标的暴露征候,使其不被对方的侦察所发现。光学隐身伪装也称防光学隐身伪装,是指采用消除、减小、改变或模拟目标和背景之间光学反

射特性差别的方法对目标采取的各项措施,主要用于对付敌光学侦察和光学成像制导武器。光学隐身伪装主要是根据目标与背景之间色彩和亮度上的差别,按照目标的隐身伪装要求,采取各种措施,消除和降低这种差别。

光学隐身伪装的主要途径有:① 消除或降低目标与背景间的颜色差别,使目标不可见;② 难以做到使目标不可见时,可改变、歪曲目标光学特征,使目标难以识别;③ 设置假目标,达到以假乱真的效果。

（一）消除或降低颜色差别

（1）利用天然遮障隐蔽,如将目标隐蔽在浓密的树丛中,使敌人仅能观察到天然背景而不能见到目标;

（2）设置人工遮障,并使人工遮障面的反射特性、粗糙程度和空间位置与背景一致;

（3）直接在目标上面覆盖树枝、枯草等就便伪装材料,使目标表面的反射特性和粗糙程度与背景一致,同时注意消除目标的外形轮廓特征和阴影特征;

（4）利用沙尘天气、大雾天气等低能见度天气条件隐蔽目标行动;

（5）大面积施放烟雾,局部改变目标与观察者之间的大气状况,达到临时遮蔽目标的目的,由于大气透射率显著减小,目标与背景的颜色差别随着烟幕厚度的增加而迅速消失,目标也就不可见了。

（二）改变、歪曲目标光学特征

目标难以完全隐蔽时,主要采取以下方法:

（1）将目标配置在与其颜色相近的背景上,或地物的阴影中。

（2）在目标上涂刷与背景颜色相适应的迷彩。

（3）在单调背景上布置人工斑点,以适应配置目标和迷彩伪装的需要。

（4）改变目标的识别特征,使其不以本来面貌出现。重新显露的外形必须降低军事价值,使其成为对敌人不构成威胁、不易引起注意的目标,例如将坦克伪装成汽车等民用目标。

（三）设置假目标

设置假目标就是用人工方法模仿目标的各种识别特征,包括颜色、外形、尺寸、配置等。其作用是吸引敌方侦察,加强真目标隐蔽的效果,达到分散敌人注意力和兵力的目的。

假目标所模仿的外形特征必须逼真,使其成为能引起敌人注意、感到某种威胁的目标。当假目标比真目标更为引人注目时,它就能发挥很大作用。

第三节　遮蔽隐身伪装技术

遮蔽隐身伪装技术又称遮蔽技术,是利用天然条件或人工屏障有效地阻挡敌方的探测,通常是指从传感器到目标的直接视线遮挡,从而不让敌人发现和识别的技术。实战中应尽力对各种目标和行动进行遮蔽,因为良好的遮蔽能保证目标不被敌方探测到。遮蔽技术在高技术局部战争中是反侦察和对付精确制导武器最有效的方法之一。遮蔽隐身伪装的例子有：在树冠下隐藏车辆、将装备配置在隐蔽地点，或者用伪装网覆盖车辆和装备等。此外，施放烟雾也是一种效费比较高的遮蔽隐身伪装技术，而且可以对付可见光、红外、激光等多个波段。因该部分相对独立，将在后续内容中予以单独介绍。

一、天然伪装

天然伪装是利用地形的伪装性能、天然伪装材料和能见度不良天候对军事目标进行伪装的一种方法。在任何条件下，正确合理地利用天然伪装都是目标进行伪装所需要考虑的首要因素之一。天然伪装中地形对伪装具有很大的影响，选择适于伪装的地形配置目标本身就是一项极为重要的伪装措施。

任何目标都是布置在一定的地形背景上，为降低显著性，目标伪装外形（即目标实施伪装后所具有的外貌形状）必然要适应地形背景。例如处在长满灌木丛的沟谷中的野战仓库，实施伪装时，应使其适应沟谷的外形，具有一些陡坡的形状；而处在居民地边缘、树林边缘的工事设施，实施伪装时应使其具有建筑物外形、树木的外形等。

目标伪装效果和实施伪装的难易同样会受到地形影响。例如目标处在密林中时，即使不采取人工伪装措施也能达到良好的隐蔽效果；当目标处在疏林或林缘时，采取少量的人工伪装措施，就能获得较好的伪装效果；而当目标处在荒原或沙漠时，就会给伪装带来很大的困难，即使花费大量的人力器材，也难以取得良好的伪装效果。

此外，地形也会影响到伪装方法和器材的选择，以及利用何种就便材料实施伪装。目标处在单调的地形背景下时，就难以采取隐蔽的方法进行伪装，仅能采取降低显著性或改变外形的方法，而且在就便材料的采集上也比复杂地形背景要复杂得多。

从保障或促进目标伪装的角度来看，地形（包括地物和地貌）具有遮蔽和景观两种性能。这两种性能统称为地形的伪装性能。在合理利用情况下，地形的遮蔽性能不仅对光学伪装具有良好的效果，在对抗红外侦察和雷达侦察方面也具有较好的隐蔽效果；地形的景观性能则能不同程度地降低目标对光学侦察的显著性和减少实施人工技术伪装的困难。图4-3为一个利用自然环境和地形地物进行伪装的狙击手。

图4-3　实施天然伪装的狙击手

（一）地形的遮蔽性能

地形的遮蔽性能就是现地的地物地貌遮挡观察者光学视线的特性，也就是利用地物地貌构成天然遮障使目标在现地达到隐蔽的特性和能力。

地形的遮蔽性能不仅取决于地形的不规则性，即地貌的起伏程度和地物（天然植物、种植植物、建筑物等）类型与高度，还取决于观察者的高度、目标本身的高度和观察者到目标的水平距离等。

（二）地形的景观性能

地形的景观性能，就是地面上的各种景物所形成的颜色斑点能使目标的显著程度降低或提高的特性。地形的景观性能所显露的是地形地物的自然外貌，而不涉及其本身和内部的遮蔽能力，为与前述的地形遮蔽性能相区别，也可称为地形的外表性能。

地形的景观性能是目标伪装时必须考虑的地形背景，它直接影响目标的显著程度，关系到目标伪装方法、措施的选择和伪装效果的获得。所谓背景就是与目标同时落入观察员视野的各种景物。按照观察方向的不同，地形背景的投影面可能与地面垂直或倾斜，也可能与地面处于同一平面，前一种情况称为垂直或倾斜背景（地面观察和空中倾斜所见到的背景），后一种情况称为水平背景（空中垂直观察所见到的背景）。在这两种情况的背景中，与目标紧密关联的主要是四周靠近目标的那些部分，即称为中心背景的部分，这就是目标考虑伪装设计背景，其范围一般要求不小于目标投影面积的九倍。

（三）利用能见度不良天候

除了利用地形的隐蔽性能和景观性能伪装目标以外，利用天然伪装材料和利用能见度不良的天候条件伪装目标也属于天然伪装考虑的范围。"能见度"是指具有正常视力的人在当时天气条件下看清楚目标轮廓的最大距离。黄昏后到拂晓前的时间和雨、雾、雪等不良天候都是防止敌人地面和空中光学侦察的天然遮障。雨、雾、雪还能衰减雷达波和遮蔽热红外线，可以缩短红外热像仪、雷达的侦察距离。

雨、雾、雪等天候出现的时机及时间的长短与气象条件有关，为不失时机地加以利用，应注意气象资料的收集分析。

利用夜暗和雾、雨、雪等能见度不良的天候条件，一般只能对付可见光的目视和照相侦察；暴雨、大雪、浓雾仅能降低热红外、雷达侦察的作用距离。因此在利用夜暗和能见度不良的天候条件伪装目标时，仍应利用地形地物的伪装性能和利用天然伪装材料，并应根据敌人可能实施的侦察手段和地形的特点，补充采取防热红外侦察和防雷达的伪装措施。

在利用夜暗和不良天候实施伪装时，还应注意严格灯火管制，避免发生可能暴露的音响，必要时实施音响伪装。

二、植物伪装

植物伪装是利用生长的、采集的植物或进行变色处理的植物隐蔽目标、降低目标显著性和改变目标外形所实施的伪装。地表植物种类繁多、生长丰茂，为目标进行植物伪装提供了十分有利的条件。利用生长植物进行伪装的优点是：有着与背景一致的外貌和特性,当植物具有一定的密度时,能有效地对付光学、热红外和雷达的侦察;当采用移植成年树隐蔽目标时,可立即获得伪装效果,且不需特别的维护;可以平时与战时相结合,军民结合,绿化环境,对较大的目标实施广泛的伪装。用生长植物伪装的缺点是:植物落叶后,伪装效果降低;播种和栽培的方法,不能在短期内产生预定的伪装效果;植物的播种或栽植,均需要消耗一定的人力与时间。因此,利用生长植物伪装目标仅适用于人力、时间较为充足的场合。对于新建的目标,应尽可能在设计和施工时就有计划地保护环境和规划栽植,使伪装实施时既节省人力、物力,又能获得较好的伪装效果。采集植物进行伪装目标可以立即获得伪装效果,但采集的植物易干枯,效果不持久,要经常更换,因而仅适用于临时性的伪装。

军事目标采用足够的植物进行伪装后,不仅能够有效地防光学和热红外侦察,而且植物在吸收雷达波方面也有明显的效果。通常植物伪装主要有植物覆盖、植物遮障、植物装饰和植物变色等方法。

三、人工遮障

人工遮障指用制式伪装器材或就便伪装材料制作和设置的用于妨碍敌人侦察、遮蔽目标的设施。人工遮障具有质量轻、操作简便、几乎能够防护整个光学波段且不影响装备使用机动等优点,如美国和瑞典的人工遮障中第四代伪装网的单位质量仅为 $135~\mathrm{g/m^2}$,两名士兵就能携带一套这样的伪装网系统。通常人工遮障与天然伪装配合使用,两者相辅相成,都是实现军事目标伪装的重要组成部分。当目标处在地形地物背景单调的情况下,天然伪装等难以实施时,人工遮障便成为目标实现伪装效果的主要设施;即使在背景斑驳的条件下(如茂密的森林中)采用人工遮障进行辅助仍可以大幅降低目标的显著性,从而实现更大的伪装效果。

人工遮障通常都由伪装面和骨架两部分组成。伪装面是人工遮障中起伪装作用的主要部分。它可用编有伪装材料的伪装网、草席、树枝编条等各种材料制作。其形式有密集和通视两种。密集的伪装面基本上没有透光空隙;通视的伪装面则有一定的透光空隙。由于通视的伪装面在保证目标伪装效果的前提下,还具有便于观察、便于采光以及阻力小、重量轻、节省材料等优点,所以它在人工遮障中得到广泛应用。骨架是人工遮障中起支承作用的部分,用来支撑伪装面,保证伪装面的所需形状和紧张状态。它通常由支承结构、支柱、控绳和固定装置组成。

人工遮障根据用途和外形的不同,分为水平遮障、垂直(倾斜)遮障、掩盖遮障和变形遮障四种类型。

1.水平遮障

水平遮障是伪装面与地面平行,且大于目标面积,架空而设置的人工遮障。水平遮障的四周是敞开的,这种情况虽然有利于遮障下面目标的活动,但却不能有效地对付敌人的地面侦察,而仅能对付敌人的空中侦察。因此在敌人的地面侦察不能到达的地区,水平遮障可以用来伪装单调或斑驳背景上的各种目标(固定目标、活动目标、较大目标或较小目标),这样不仅可以节约伪装材料还能实现较好的伪装效果。

水平遮障根据伪装面的显著性要求还可分为不显著水平遮障和显著水平遮障。用来伪装较小目标时,水平遮障既能制作成显著的,又能制作成不显著的。

用来伪装较大目标的水平遮障,则仅能制作成不显著的。而显著的水平遮障(又称棚架遮障)可用来隐蔽技术兵器、车辆、器材和道路上的运动,以防止敌人的空中侦察。

2. 垂直(倾斜)遮障

垂直(倾斜)遮障是指伪装面与地面成垂直或倾斜角设置的遮障。垂直(倾斜)遮障通常用于隐蔽地面目标以对付敌人的地面侦察,当然在某些条件下也可以对付空中倾斜观察和空中水平观察。垂直遮障通常用于缺少天然遮障的地区或远离天然垂直遮障的地点,因此垂直遮障通常属于显著的遮障,能被目视侦察发现,但其主要目的是遮蔽目标和迷惑敌人。但当垂直遮障与天然垂直背景的间距较小,则应尽可能制成不显著的遮障,即伪装面应与天然垂直背景类似。垂直遮障伪装面通常具有一定的通视度,便于观察外界,通视度的大小可按具体情况定,一般不应大于 30% ~ 40%。

垂直遮障按其用途可分为堑壕遮障和栅栏遮障两种。堑壕遮障设置在堑壕或交通壕前方的胸墙上,用来隐蔽壕内的运动、射击和观察设备。栅栏遮障则不仅可以用于隐蔽目标的具体地点、性质和数量,还可以实现目标的运动和筑成工事及其施工作业的隐蔽。从处在国境线上的国防工程作业到后方军事目标及其施工作业等都需要设置栅栏遮障,以防敌人侦察和保守国家军事秘密。

3. 掩盖遮障

掩盖遮障是遮障面四边与地面或地物相连,能够完全地掩盖目标的遮障,通常用于对付敌人空中和地面侦察。由于掩盖遮障是与目标紧密相接的,因此通常设计成不显著的,使其外貌与背景相融合,以防止遮障面显示出目标的轮廓等而降低伪装效果。掩盖遮障的使用范围很广,既可用于阵地前沿或敌人地面直接观察到的地区,又可用于军队后方的各种场合。根据目标所处的地形及伪装面的形状,可将掩盖遮障分为凸面掩盖遮障、平面掩盖遮障和凹面掩盖遮障。

凸面掩盖遮障通常用于掩盖高出地面的目标,例如射击掩体内的火炮、射击(观察)工事的射孔(观察孔)、技术兵器、运输车辆的集结地域和物资堆列等。凸面掩盖遮障面可制成密集的或不密集的。密集的遮障面应有小部分可以通视,其密集度为 50% ~ 60%,以便于从遮障内部观察外面;不密集的遮障面,其伪装材料采用均匀铺设的密集度不小于 60%,若不采用均匀铺设,其边缘的通视度约为 50%。

平面掩盖遮障的表面与地面处于同一平面,用来隐蔽不高出地面的目标,例如堑壕、交通壕、露天掩蔽工事和目标的接近路等。平面掩盖遮障的遮障面通常制作成不显著的,遮障面既可作成密集的,也可作成不密集的。如果用来伪装较深较窄的壕沟时,因其底部较暗,阴影明显,所以密集度不应小于 80%。平面掩盖遮障的遮障面的颜色、粗糙状态应与周围背景一致,使其融合于背景之中。

凹面掩盖遮障面有较大的挠度,通常用来伪装配置在沟、壕、坑内的目标,其伪装外形和原来地貌相似,便于隐蔽目标。凹面掩盖遮障的遮障面,通常用制式伪装网制成,遮障面可制成密集的或不密集的。不密集的遮障面在边缘部分的伪装材料比中央部分的稀疏,而中央部分的伪装材料的密集度可以不大于 60%。这是由于沟底或壕坑的底部比较阴暗,有利于目标的隐蔽。

4. 变形遮障

变形遮障是在目标上部或周围设置不规则形状的遮蔽物,以歪曲目标外形对付敌人侦察的遮障。相比于其他遮障,变形遮障的主要优点在于能够伪装大型装备等,主要伪装难点是其独特的外形结构及阴影特征不易消除,容易识别,通过采用变形遮障可以有效地消除这些暴露特征,使目标具备抗可见光、近红外及雷达侦察的能力。并且有时变形遮障可设计成两面使用的状态,以满足两种不同背景下的使用。根据所需伪装目标的状态可分为活动目标的变形遮障和固定目标的变形遮障。

装置在活动目标上的变形遮障应符合下述要求:使目标的平面和各处侧面都能达到变形的伪装效果;结构坚固而且轻便,不妨碍活动目标的机动,能够迅速架设和收拢,伪装面用柔性伪装网或伪装布制成。伪装面及其垂直面都应做成不规则的形状,并且涂染迷彩。在活动目标停留的场所可以设置一些可移动的支架式变形遮障,用来临时伪装没有装置变形遮障的活动目标或不宜直接在目标上设置遮障的活动目标。这些变形遮障用木材或金属杆制成三脚架的形式或装有滚轮的支架形式,它们的伪装面使用伪装布或伪装网制成,涂有迷彩,伪装面的边缘下垂,形成不规则的轮廓形状。

固定目标的变形遮障有变形檐(变形冠)和仿造设备两类。变形檐和变形冠通常配合使用,通过改变目标的平面和垂直形状以及在地面阴影的形状,实现对付敌方空中或地面的目视与照相侦察。仿造设备是指对某些暴露的体积较大的目标,在外形上增加一些装置,改变原貌,仿造成其他不重要目标,以迷惑敌人。仿造设备遵循一个很重要的原则是降低目标的重要性,例如将重要的军事目标仿造成普通民用的建筑物或将大型的油库伪装成住宅,又或者将较大的营房或仓库伪装成已被毁坏的大型建筑物,将重要的桥梁仿造成已被毁坏的桥梁等。

四、民用化伪装技术

对地面机动武器系统而言,可以采用民用化伪装技术,将真实的主战装备呈现为大型民用车辆的样式,可以有效提高防侦察和打击能力,从而提高战时生存能力。进行民用化伪装,其核心是针对敌方主要侦察打击威胁,从外形、红外特性、辐射特性、雷达特性以及运动特性等方面逼真模拟大型民用车辆。图4-4所示为民用化伪装后的"云豹"装甲车。

图4-4 民用化伪装后的"云豹"装甲车

第四节   涂层隐身伪装技术

任何目标都处在一定的背景上,目标又总是与背景之间存在一定的颜色差别,在改变目标亮度和色度上很好的措施是在目标表面涂敷迷彩涂料。迷彩涂层是利用涂料、染料和其他材料,按一定要求喷涂目标表面,以改变目标和背景的颜色及图案,消除目标的光泽,降低目标的显著性并改变目标外形的隐身伪装措施。

涂层迷彩隐身伪装技术因其效果好、操作简便而在军事隐身伪装中被广泛应用。涂层迷彩具体又可分为保护色迷彩、变形迷彩、仿造色迷彩、小斑点迷彩与数码迷彩等。

一、保护色迷彩

保护色迷彩是复制背景基本色或优势背景色的单色迷彩,如图 4-5 所示。在单调或单色背景上,保护迷彩的颜色取背景上具有代表性的颜色,例如夏季草原上取绿色,秋季草原取黄色;冬季雪地背景上取白色等等。涂在军事车辆、坦克上的绿色涂料,可减小军车、坦克、舰船等装备在植物背景中的显著性等。

(a) 沙漠中的坦克   (b) 水面上的舰艇

图 4-5   典型的保护色迷彩装备

在多色斑驳背景上,如某种颜色的斑点面积超过背景总面积的 55%,则可取这种斑点的颜色作为保护迷彩的颜色。背景颜色比较复杂时,保护迷彩的颜色取目标所处背景上各种颜色斑点的平均色。

多色斑驳背景上保护迷彩颜色的亮度取背景斑点亮度的均值 L_m,可用下式计算:

$$L_m = \sum s_i \cdot L_i \qquad\qquad (4-9)$$

式中,s_i 为第 i 种斑点占背景面积的比例;L_i 为第 i 种斑点的亮度。

保护迷彩一般适用于单调背景上的固定目标和人工遮障或单调背景上的活动目标(如坦克、火炮、汽车等);有时军队的服装、装具等也采用保护迷彩。

二、变形迷彩

为了提高迷彩的隐蔽能力和适应性,迷彩从单色发展到多色。如果采用与背景颜色相似的不规则斑点组成的多色迷彩,就可用于伪装多色背景上的运动目标,这就是变形迷彩。这类伪装迷彩可歪曲目标外形,使运动中的坦克、火炮能很好地融合于背景之中,造成敌方侦察和识别的困难。变形迷彩斑点的颜色需符合目标活动地域背景的主要颜色,颜色的种类通常为 2~5 种,最常用的是三色变形迷彩。

变形迷彩颜色的选择除了必须符合目标活动区域内主要背景斑点颜色外,还要保证迷彩斑块之间保持必要的颜色差别,以保证对目标外形的分割以及保持颜色的多样性,通常要求相邻斑点颜色间的亮度对比不小于 0.4。不少动物的体色体现了变形迷彩的伪装原理,如图 4-6 所示的大熊猫、马来貘、瓦莱山羊等(曹义等,2012)。

(a) 大熊猫　　　　　　　(b) 马来貘　　　　　　　(c) 瓦莱山羊

图 4-6　具有变形迷彩体色的几种动物

三色变形迷彩是最常用的迷彩方法,由中间色和亮、暗差别色组成,这三种斑点的面积比例、颜色选定都由背景决定。中间色的确定与斑驳背景中保护迷彩颜色确定类似,其亮度系数应为背景平均亮度系数。三色变形迷彩的具体要求有:

(一)颜色选取

(1)变形迷彩斑点的中间色根据接近背景平均亮度系数的要求从优势背景颜色中选取。

(2)变形迷彩图案中亮、暗差别色和中间色之间的亮度对比应不小于 0.4,迷彩斑点相互保持鲜明对比,利于歪曲目标外形。

(3)变形迷彩图案中各颜色与背景中相似颜色之间的亮度对比小于 0.2。

(二)斑点尺寸计算

为了防止各种颜色斑点产生空间混色现象,迷彩斑点的尺寸必须在预定的观察距离上可以看见,GJB 4004—2000 规定:

$$A \geqslant 0.0009D$$

式中,A 为斑点可见尺寸;D 为观察距离。

地面装备变形迷彩的设计观察距离为 800~3000 m,对应的迷彩斑点尺寸应在 0.72~2.70 m 之间。

（三）斑点形状与配置

斑点的形状与配置的原则主要有：

（1）变形迷彩斑点的形状由不规则的曲线轮廓构成；

（2）同一颜色的斑点宜采用形状不同、大小不等的斑点；

（3）中间色斑点和对比色斑点在装备上应交错配置；

（4）变形迷彩斑点不应对称配置；

（5）斑点不应在装备轮廓边缘中断，应延伸至另一表面去，延伸时斑点的长径与装备的棱线应以锐角相交；

（6）装备凸出部宜配置暗斑点，凹进部宜配置亮斑点，且斑点的中心不应与凸出或凹进部的顶点相重合；

（7）装备顶部宜多配置暗斑点，阴暗面宜多配置亮斑点，且将暗斑点延伸；

（8）装备的孔口部位应配置暗斑点，但不得重复孔口部位的轮廓。

三、仿造迷彩

仿造迷彩是仿制目标周围背景图案的多色迷彩，它能使目标融合于背景中，成为自然背景的一部分，用于固定目标或长期停留在固定地点活动目标的伪装。由于仿造迷彩能使目标成为自然背景斑点的自然延伸，在多色斑驳的背景上，其伪装效果优于保护迷彩和变形迷彩。

四、小斑点迷彩与数码迷彩

小斑点迷彩又称为双重结构迷彩，近距离观察时这种迷彩由各色小斑点构成，远距离观察时由于人眼分辨率不能区分单个的小斑点，各色小斑点经空间混色形成大斑点。根据小斑点配置的不同，小斑点迷彩能分别产生保护、变形和仿造迷彩伪装效果。与大斑点迷彩相比，小斑点迷彩的主要特点如下。

（1）小斑点的颜色总数较多，较大斑点能更好地符合自己的颜色特点（背景斑点的颜色，实际是空间混色的结果，小斑点迷彩就能较好地仿造背景斑点的空间混色）。

（2）在不加工表面的条件下，小斑点能在一定程度上仿造背景斑点的粗糙状态，这是因为在一定距离观察时，观察员能对大斑点中的小斑点产生凹凸起伏的感觉。

（3）小斑点的作业量大，复杂费时。小斑点迷彩由于其复杂性一直未得到广泛的应用。

近年来随着数字成像侦察技术的发展和计算机技术在伪装设计领域的应用，出现了数码迷彩的概念。数码迷彩（digital camouflage）是对小斑点迷彩概念的深化和发展。数码迷彩采用小斑点迷彩设计，相对大斑点迷彩具有更好的分割效果。理论上来说，较大的而且边缘显著的色块容易被发现，而色块的边缘斑点多、边界模糊则难以被发现。

数码迷彩是近些年发展起来的一种新型迷彩伪装技术，它的伪装原理并不是将背景的颜色、形状以及纹理等信息进行简单的复制，而是运用计算机图像技术提取自然背景纹理、颜色和层次性等信息，将背景图像中的颜色、纹理及其分布等信息进行像素数码化表达，并在装备表面上进行复制和再现，克服了传统迷彩只在特定侦察距离上才具有伪装效果的不足，在不同的侦察距离上均具有良好的背景融合性。根据目标的特点和所处的背景特征,数码迷彩既可设计成武器装备的变形迷彩,也可设计成固定军事设施的仿造迷彩。数码迷彩的凹凸感和层次感强,背景精细特征模拟效果好。形象地讲,从近距离看,大小不一、一格一格的方形小色块通过内包、外围,能够造成一种"视错觉",产生数字图像中基本像素的不确定感,模拟树影摇曳效果,以及丛林或沙漠等背景中的树叶、碎石的斑驳特征;从远距离上看,不同颜色的斑点通过并置、交错,产生空间混色,能够形成大斑点的效果,可模拟森林、群山等背景群落的表面特征。武器装备经数码迷彩伪装后,隐蔽伪装性能更好,整体协调性更强。

数码迷彩没有统一的设计方法,用于数码迷彩生成的方法有马尔科夫随机场模型、吉布斯(Gibbs)模型、马赛克(Mosaic)模型、自回归(autoregressive, AR)模型、自回归移动平均(autoregressive moving average, ARMA)模型、分形(Fractal)模型和 CLC(Generalized Long Correlation)模型等。近年来迅猛发展的非参数纹理模型不同于参数纹理模型,它不需要对纹理参数估计,而是直接从输入的源纹理图像中选取纹理基元,采用非线性处理方法生成新的纹理图像,因此该方法生成的纹理图像更接近于真实的纹理图像。数码迷彩作为伪装技术的一种新方法,其必然会对伪装技术的设计理念、应用方法以及装备的伪装效能产生较大的影响。随着科技的进步和侦察探测水平的提高,数码迷彩的形态也必将会有进一步的提高和发展。

五、隐身伪装材料发展前沿

(一)变色龙材料

根据变色龙能随着环境的变化而改变自身颜色的原理,现已研制出新型的光变色迷彩。例如有一种军服上的防原子辐射变色涂料,在普通光照射下呈绿色,而在核爆炸辐射的照射下,能在 0.1 秒后变成白色,以减少光辐射对人体的伤害。电致变色材料采用电热的方法提高液晶的温度来改变颜色,其色彩和图案能根据需要连续和可逆地进行改变。预计未来将会有更多的此类高技术材料问世。

法国是欧洲隐身研究的代表。据悉法国国家科学研究中心根据法国武器装备总局的合同已研究了三大类变色龙材料,统称为"X-变色材料",包括光致变色、热致变色和电致变色 3 种。它们均属于可见光及红外范围,虽各具特性,但具有多种应用类型变色的共性。

这些材料会根据其提供的信号或与所在环境的相互作用(主要是指环境温度)发光或产生不同的电磁特性。也即这种材料在未激活状态有某种颜色,而在接收激活信息(如来自可见光或辐射的热源)后会变化成其他颜色。这些"变色龙"材料一般应用形式为凝胶体和涂料,可用传统的工业方法(如真空气化、阴极雾化法)或用特种涂抹法以薄层形式敷在结构上。从目前的研究情况看,研究人员已掌握了热致变色和光致变色技术,但关于电致变色材料,无指令自动改变颜色的问题尚未解决,技术还不够完备。

(二)超材料隐身技术

所谓超材料主要是指那些根据应用需求,按照人为意志,从原子或分子设计出发,通过严格而复杂的人工设计与加工制成的具有周期性或非周期性人造微结构单元排列的复合型或混杂型材料。这类材料可呈现天然材料所不具备的超常物理性能,如负折射率、负磁导率、负介电常数等。超材料并非是一种单一材料形态,更不是一种纯净材料形态,而是一种人造复合型材料形态。迄今发展出来的超材料包括左手材料、光子晶体、超磁性材料等。

完美隐身技术不是通过吸波,而是改变光波的传播路线(使之发生弯曲),以达到绕射传播的目的。其设计理论主要源于 2006 年英国帝国理工学院的 J. B. Pendry 教授在 *Science* 发表的论文提出的坐标变换原理,并指出可利用超材料独特的人工电磁可设计性,使电磁波(光波)可以实现绕过物体而继续传播。物体的"可见程度"是与其相对于电磁波的散射截面相关的,如果外加结构或者物质,能够使目标物体的散射截面大大减小甚至为零,这个物体对于波来说就是不可见的。此时,这种外加的结构就像一件斗篷,将物体遮蔽起来了,所以也称之为"隐身斗篷",图 4-7 给出了其示意图。

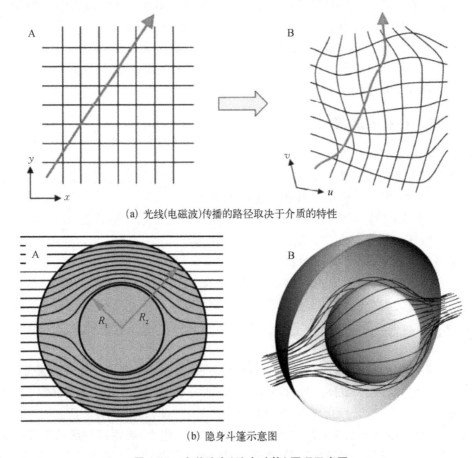

(a) 光线(电磁波)传播的路径取决于介质的特性

(b) 隐身斗篷示意图

图 4-7   完美隐身(隐身斗篷)原理示意图

完美隐身的设计理论与左手材料的进展,极大地激发了科学家利用超材料实现"隐身斗篷"的研究热情。然而,物理实现三维电磁隐身材料需要设计出非常复杂的电磁超材料,以满足对不同方向、位置的等效电磁参数值的需求。

国内,浙江大学陈红胜教授提出了一种可见光波段多边形隐身衣的设计方法,利用人眼对光线的相位和略微延时并不敏感的特点,简化了坐标变换理论,不需纳米级工艺雕琢,利用改变材料的折射率实现光线绕过位于隐身器件中心的物体,展示了一个在可见光波段隐形的途径,图4-8给出了该结构设计的试验及视觉效果。

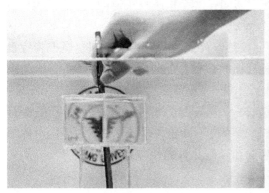 

图4-8　可见光波段多边形隐身设计的试验及视觉效果

第五节　假目标技术

假目标也叫示假技术,是指为欺骗、迷惑敌人而设置和构筑的、用以显示目标暴露征候的模拟物。假目标作为伪装的一部分,在"隐真""示假"活动中占有重要地位。具体可分为制式和就便器材两类,典型的假目标有假汽车、假坦克、假火炮、假工程设施等。假目标能分散敌人注意力,引诱敌方侦察与攻击,掩护隐蔽真目标;同时能分散敌方火力,减少真目标的损失。

一、假目标的作用和设置要求

假目标作为实施伪装的一种主要器材,在战争中的作用越来越大,同时,随着现代侦察技术的发展及精确制导武器的广泛使用,对假目标的制作和运用也提出了更高的要求(刘京郊,2004)。

(一)假目标在战争中的作用

假目标古已有之,使用假人、假马、假战车的战例比比皆是,"草船借箭"的故事更是为世人所称颂。大规模应用假目标则是在第二次世界大战期间,显示出巨大的军事效益。第二次世界大战中,同盟国设置了500个以上的假城市、基地、飞机场和船坞,它们都由看起来像实际建筑和军事装备的廉价装置构成。德军航空兵在对英国领土进行的877次夜袭中,有一半以上的炸弹投到了这些假目标上。这些建造在偏远的无人居住区的明显假目标浪费了轴心国军队的不少时间和资源,从而大大减小了对真正的城市和防御工事的破坏。

二战后,假目标更是得到世界各军事强国的大力推广。第四次中东战争中,埃及在苏伊士运河两岸设置了一些假地对空导弹阵地,美国的高空侦察机以及专门为这次战争发射的两颗卫星都没有识别出这些假目标。海湾战争中,伊拉克用木板、塑料和铝箔等物资,设置了大量假"飞毛腿"导弹,还从意大利等国进口了许多仿真假导弹;多国部队出动几千架飞机,集中突击伊拉克的"飞毛腿"导弹阵地,结果炸毁的大多数是假目标。

20世纪70年代以来出现了一批重量轻、体积小、设置和撤收快速的制式假火炮、假车辆、假坦克、假飞机、假房屋以及其他假工程设施和假防空导弹系统等。轻型聚氨酯软质和硬质发泡塑料假目标也开始装备部队。制式热红外假目标和声、光、烟尘模拟装置也相继出现。为适应军队快速机动的需要,设置和撤收假目标的时间将更加缩短,目标运动特征的模拟也将逐步臻于完善。

众多战例证明,运用假目标实施示假伪装,减少人员伤亡、装备损耗,为战役、战斗行动创造有利战机发挥着重要作用。特别是在侦察手段不断推陈出新的未来战争中,传统的隐真方法已难以达成伪装目的,必须采取隐真和示假并举的伪装对策。

(二)假目标的设置要求

随着侦察技术的发展,其对假目标发现和识别能力大幅提高,真实目标面临新的威胁。因此,必须科学制作和正确运用假目标,才能获得预期的伪装效果。

对于各种假目标,在作战运用时都必须满足以下六点基本要求:

(1)配置合理。假目标的配置要符合战术和技术要求,包括假目标类型、选择地域、配置数量与距离等,并与真目标有一定的安全距离。

(2)外貌逼真。假目标的主要特性,如形状、颜色、平面尺寸和大于可见尺寸的细节,应尽可能与真目标相近。对于红外及雷达假目标,则要求其红外辐射特征和雷达波散射特征与真目标较为一致。

(3)方便快捷。假目标的制作力求简单,便于快速设置和撤收,对于经常更换位置的活动模型,应尽可能做到轻质、高强度,以便于运动和牵引。

(4)实施不完善伪装。对假目标施以不完善的伪装有利于掩盖假目标的制作缺陷并减少作业量,增加示假效果。

(5)隐蔽作业。制作和设置假目标要隐蔽地进行,如控制作业区人员往来、规定作业代号、消除作业痕迹等。

(6)仿造活动征候。有计划地仿造真目标所特有的活动征候,如仿造对空防御设施,射击时的闪光、声响,电台的工作,人员、车辆的活动,遭到敌人袭击时所呈现的景象等。

二、假目标的特点

假目标主要是指仿造武器(如假发射平台、假飞机、假坦克、假火炮、假军舰等)、人员、工事、桥梁、道路、洞口等形体假目标,迷惑敌人,吸引敌人的注意力和火力,从而有效地保护真目标。

现代假目标能够模拟目标多光谱特征,不仅有地面假目标、海上假目标、空中假目标;而且有静止假目标、机动假目标。这些假目标不仅外形逼真,而且能对付红外、雷达、激光等侦察系统和精确制导武器,其外貌特征与内在性能几乎与真目标无异,有的还能够遂行佯动作战任务。图4-9为外军充气式导弹发射平台假目标。

图4-9　外军导弹发射平台假目标

高技术条件下的示假技术主要有光、声、热、电模拟示假技术。它是利用侦察器材只识别各种"源"的弱点，用"源"模拟各种目标在特定的背景上所产生的暴露征候，以达到蒙蔽和欺骗侦察器材的目的。假目标种类很多，比如对付红外侦察的假目标主要有热目标模拟器、红外闪光弹，通过辐射中红外线诱使敌方中红外制导兵器跟踪，如红外闪光弹可以模拟飞机发动机放出的热流，欺骗敌红外制导系统，使导弹跟踪这些闪光弹。

假目标伪装技术的关键在于假目标的制作外形、尺寸应与真目标一致，在红外辐射及微波反射特性上，应尽量类似于真目标。

三、制式假目标类型

传统的光学假目标主要是以就便器材制作的模型为主，成本低廉，但是制作周期长、仿真效果欠佳。随着雷达、热红外以及多波段侦察设备相继出现，目标分辨能力不断提高，特别是西方国家主导的快速打击系统日趋成熟，对假目标的材料选择与制作标准提出了越来越高的要求。制式假目标正是在这种背景下产生的，制式假目标是按照统一规格定型生产，列入军队装备体制的伪装器材。制式假目标适用于大量快速设置假目标的需要，具有高逼真、多谱段示假的特点，在战场上具有广阔前景，是假目标伪装的重要途径。

传统制式假目标按照制式假目标的制作材料和结构方式，主要有充气式、骨架蒙皮式、压缩膨胀式、聚氨酯发泡成型式和装备组合式等多种类型。

（一）充气式假目标

充气式假目标由塑料、橡胶薄膜或尼龙橡胶布以及充气组件构成。它具有逼真度高、重量轻、体积小、便于贮存和运输、设置和撤收速度快等优点。充气式假目标适用于模拟技术兵器、帐篷等中小目标，并有利于模拟目标的圆管、曲面等部件。瑞典巴拉居达公司生产的假飞机与假坦克,能模拟真实装备雷达反射特征及热红外特征,并且具有准确的形状和颜色,可欺骗目视观察、雷达和热红外探测。巴拉居达公司生产系列假目标因其完美的示假效果受到世界各国军方的一致青睐。

(二) 骨架蒙皮式假目标

骨架蒙皮式假目标由金属、玻璃钢、塑料骨架以及织物蒙皮组成,具有造型逼真、便于携带、设置快速等特点,主要适用于模拟建筑物、武器装备等大中型目标。美国20世纪80年代研制,并在海湾战争中使用的一种多谱段M1坦克假目标,它配备了热特征模拟器,平时由M1主战坦克携带,战时能快速设置。在局部被击中损坏的情况下,仍能利用部分组件有效示假。

(三) 压缩膨胀式假目标

这种假目标是美国20世纪70年代研制并装备部队的一种假目标,如114装甲指挥侦察车假目标。它的最大特点是采用柔性聚氨酯泡沫塑料模塑成形,逼真度高,易于制成各种军事装备的假目标。在运输、贮存时,可使其体积压缩到展开体积的1/10,有利于运输和贮存。

(四) 聚氨酯发泡成型式假目标

该假目标可在常温下利用假目标模具和聚氨酯发泡材料现场浇注成形。其特点是逼真度高,能承受一定的风雨、雪负载。制作假目标的聚氨酯材料、模具和作业机具均可装于假目标作业车上,需要时开赴现场即时制作和设置。

(五) 装配组合式假目标

这种假目标按示假的战术技术要求设计造型。以玻璃钢壳体和杆件为主要材料,以坦克、汽车、火炮为主要模拟对象,形成通用组件和组合方式,合理地解决了三种模拟目标的逼真度与装配组合组件通用性之间的矛盾。此类假目标采取表面金属化措施,并在内部加装了热源装置,从而具有对付雷达及红外侦察的示假效果。

四、假目标的发展趋势

(一) 智能化

高技术的发展和运用,促进假目标向智能化、信息化方向发展。目前,许多国家都在研制能够随环境物理特征变化、针对敌方侦察、制导光谱波段,自动或通过人工控制来改变假目标特性的伪装器材。据报道,美军研制的仿真假导弹,有热源,可模拟导弹发动机;有电磁波源,可模拟雷达;同时,外壳还涂有一层反射雷达波材料,无论是用照相侦察、电子侦察,还是红外、热成像等侦察技术,都难以分辨其真假。

(二) 系列化

为适应信息化条件下作战的需要,战场上将大量构筑和设置假目标,使敌难以侦察,难辨真伪。为降低被敌侦察发现的概率,假目标不但在总体上具有多谱性而且逐步形成系列。目前外军的假目标已形成频谱假目标、装配式假目标、膨胀泡沫假目标、光声假目标、薄膜充气式假目标和自行式活动假目标等系列,这些假目标将在高技术条件下战争中发挥重要作用。

（三）作业机具快速化

为适应战场广泛示假的需要,提高假目标构筑和设置的速度,假目标作业机具正向机动快、制作快、设置快的方向发展。同时,还注重采用新技术和新材料,大力发展性能优良的单频带特征假目标和具有自动控制特性的假目标(诱饵)施放系统,以提高其在攻击对抗时截获与处理信息、作出反应的速度。如美军生产的霍克防空导弹排假目标,由9个模型组成,其中包括排指挥所、连续波搜索雷达、大功率探照灯、3台60千瓦发电机和3个导弹发射装置。该假目标以充气模型为主体,配以刚性部件,作业时7人仅用77分钟就可设置完成。

（四）复合假目标技术

随着光电、红外遥感、激光等高技术在战场上的广泛应用,侦察、监视器材也有了相当大的发展。现代侦察系统具有利用可见光、红外、微波、激光等技术手段进行综合侦察的性能。而传统的示假器材多数只能对付目视侦察,性能比较单一,远远不能适应未来高技术战争条件下保护地面大型高价值目标的需要。近年来,国外开始致力于研究模拟目标多频谱特征的假目标,使之具有欺骗可见光、红外、激光、雷达等多种侦察系统和制导武器的性能。

（五）主动型假目标技术

传统的假目标,只是被动地等待敌方的发现与攻击,始终处于技术上的被动状态,而且敌人一旦了解和熟悉了战场环境,假目标就无用武之地了。目前,国外新型假目标的特点主要表现在主动性强、作战效能高、模拟信号逼真,可以达到以假乱真的目的。未来各国装备的制式假目标将会由被动等待侦察向主动发射某种信号,吸引敌人侦察的方向发展,化被动为主动。如果将这些假目标配置在导弹发射平台等重要目标周围,将会起到明显的示假效果。同时具有佯动作战能力的发射平台模拟训练装备,具备机动运输、占领阵地、起竖回转等功能,也是重要的发展方向之一。

（六）新概念假目标技术

假目标技术的发展主要以材料和工艺的改进为基础。为适应现代战场广泛示假的需要,许多国家都十分重视利用新技术、新材料制作各种功能齐全的假目标,它们采用先进的制作工艺和技术,大大提高了假目标的设置速度。一些新材料,如光致变色、热致变色、电致变色材料、发射系数随温度升高而降低的半导体材料、新型铁磁性材料和铁氧体材料正在或即将研制成功,必将促使大量新型假目标的问世。

第六节　烟幕干扰技术

　　烟幕由在空气中悬浮的大量细小物质微粒组成,是以空气为分散介质的一些化合物、聚合物或单质微粒为分散相的分散体系,通常称作"气溶胶"。气溶胶微粒有固体、液体和混合体之分。烟幕干扰的机理是:当光辐射通过烟幕时,由于光波波长、烟幕颗粒的大小、形状、表面粗糙程度和光学性质的不同,烟幕颗粒将对光线产生反射、折射、衍射和吸收,使得透过烟幕的光的强度小于进入前的光的强度,从而达到遮蔽目标的目的。烟幕干扰具有见效快、操作简单、可进行大范围干扰使用等优点,并且烟幕不仅能够用来遮蔽目标,还可以作为假目标迷惑敌人。因此,广泛使用烟幕,对于隐蔽我方部署、提高军队在战斗中的生存能力具有重要意义。

　　烟幕干扰技术通过在空气中释放大量气溶胶微粒,以实施对光电探测、观瞄、制导武器系统干扰的一种技术手段,具有"隐真"和"示假"双重功能。现在战争中烟幕的应用频率及作用越来越大,已经从早期的对抗可见光波段,发展到可以对抗紫外、微光、红外,甚至扩展到对抗毫米波波段。烟幕可以防止敌可见光侦察器材的观察,同时降低红外辐射和微波的探测距离,从而给敌观察、瞄准射击和组织指挥造成困难。另外,烟幕能迅速提供隐蔽以对付敌突然发起的攻击,干扰破坏敌地面或空中的目视和激光制导武器,使用特种烟幕甚至可以干扰敌雷达图像和各种搜索系统。烟幕可以有效降低武器对所遮蔽目标的命中率,一般从有烟幕笼罩的阵地(迷盲烟幕)向位于烟幕以外目标的射击效果大约降低到1/10,而仅用烟幕遮蔽目标(伪装烟幕)时,则能降低到1/4。若打击的目标为运动中的坦克和战斗车辆等活动目标,则遮蔽效果更佳。

一、烟幕干扰的分类和作用原理

(一) 烟幕的分类

　　烟幕从发烟剂的形态上分为固态和液态两种。常见的固态发烟剂主要有六氯乙烷-氧化锌混合物、粗蒽-氯化铵混合物、赤磷及高岭土、滑石粉、碳酸铵等无机盐微粒。液态发烟剂主要有高沸点石油、煤焦油、含金属的高分子聚合物、含金属粉的挥发性雾油以及三氧化硫-氯磺酸混合物等。

　　烟幕从施放形成方式上大体可分为升华型、蒸发型、爆炸型、喷洒型四种。升华型发烟过程是利用发烟剂中可燃物质的燃烧反应,放出大量的热能,将发烟剂中的成烟物质升华,在大气中冷凝成烟。蒸发型发烟过程是将发烟剂经过喷嘴雾化,再送至加热器使其受热、蒸发,形成过饱和蒸气,排至大气冷凝成雾。爆炸型发烟过程是利用炸药爆炸产生的高温高压气源,将发烟剂分散到大气中,进而燃烧反应成烟或直接形成气溶胶。喷洒型发烟过程是直接加压于发烟剂,使其通过喷嘴雾化,吸收大气中的水蒸气成雾或直接形成气溶胶。

　　从干扰波段上分类,烟幕可分为防可见光、近红外常规烟幕,防热红外烟幕、防毫米波、微波烟幕和多频谱、宽频谱及全频谱烟幕。

　　烟幕从战术使用上分为迷盲烟幕、遮蔽烟幕、诱惑烟幕和识别烟幕四种。

1. 迷盲烟幕

迷盲烟幕直接用于敌军前沿,防止敌军对我军机动的观察,施放烟幕时己方处在烟幕之外,以降低敌军武器系统的作战效能,或通过引起混乱和迫使敌军改变原作战计划,干扰敌方前进部队的运动。图4-10为其原理示意图,通常使用的发烟器材为小火箭烟幕弹、发烟迫击炮弹、发烟手榴弹和航空兵发烟弹等。

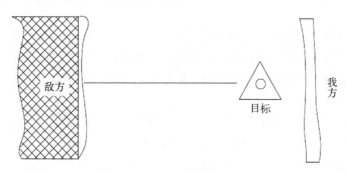

图4-10 迷盲烟幕

2. 遮蔽烟幕

遮蔽烟幕是为了遮蔽配置地域内的目标或活动,施放于目标配置地域内或前沿的烟幕,用于降低敌军目标识别系统的作战效能,便于我军安全地集结、机动和展开,或为支援部队的救助及后勤供给、设施维修等提供掩护。图4-11为其原理示意图,通常使用的发烟器材为发烟汽车、发烟箱、发烟罐和就便发烟器材等。

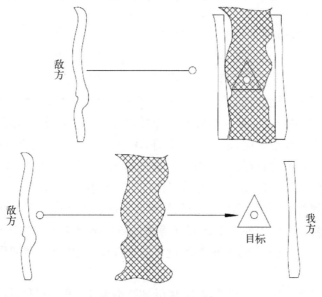

图4-11 遮蔽烟幕

3. 诱惑烟幕

诱惑烟幕为迷惑敌方、吸引敌方的注意力和火力,在假目标区域或无目标区域施放的烟幕。诱惑烟幕可以用来模拟军队、军队目标的行动和转移,掩饰假阵地和假的固定目标等。

按烟幕所处的位置区分：

（1）垂直烟幕。为对付敌地面、海上侦察和攻击，在目标配置地域附近构成与地面垂直的烟幕。

（2）水平烟幕。为对付敌空中侦察和攻击，在目标配置地域正上方构成与地面平行的烟幕。

按施放的烟幕对军队战斗队形的位置区分：

（1）正面烟幕。在己方正面构成的烟幕，可以在敌阵地内，也可以在双方军队之间或直接在己方的前沿上，设置成一条直线烟幕遮障，以防敌侦察和攻击，其长度应超过被遮蔽目标的正面长度。

（2）侧面烟幕。在己方战队队形的翼侧设置的烟幕；可以设置在敌方的位置上，也可以设置在敌方和己方之间，用于掩护军队不受敌侧面侦察和攻击。

（3）后方烟幕。在战斗队形后方设置的烟幕，用以掩护后方目标。

（4）假方向上烟幕。在己方战斗队形之外而设置的烟幕，用以迷惑敌方使其不知真实意图或对被伪装的军事目标得出错误的判断，以吸引敌注意力和火力。

按烟幕使用的性质区分：

（1）固定烟幕。在整个施放期间都保持在一条固定线上的烟幕。

（2）移动烟幕。转移发烟点或转移发烟炮弹的火力，使施放线发生变化的烟幕。

4. 识别烟幕

识别烟幕主要用于标识特殊战场位置和支援地域，或用作预定的战场通信联络信号。

（二）烟幕干扰的机理

现代烟幕干扰技术主要是通过改变电磁波的传输介质特性来干扰光电侦测和光电制导武器的。如对激光制导武器的干扰，烟幕可以使激光目标指示器的激光束或目标反射的激光束的能量产生严重衰减，激光导引头接收不到足够的光能量，从而失去制导能力。另外，烟幕还可以反射激光能量，起到假目标的作用，使导弹被引诱到烟幕前爆炸。

烟幕对可见光有遮蔽效应，根本原因是烟幕对光产生散射和吸收，造成目标射来的光线衰减而使观察者看不清目标；而且由于烟幕反射太阳和周围物体的辐射、反射光，增加了自身的亮度，降低了烟幕后面目标与背景的视觉对比度。

烟幕对红外辐射的作用机制主要包括辐射遮蔽和衰减遮蔽两个方面。辐射遮蔽是指烟幕利用本身燃烧反应生成的大量高温气溶胶微粒发出更强的红外辐射，将目标及背景的红外辐射遮盖，干扰热成像或其他探测设备的正常显示，结果呈现烟幕本身的一片模糊景象。

衰减作用是烟幕干扰最主要的作用，凭借烟幕中多达 $10^9/cm^3$ 数量级的微粒对目标和背景的红外辐射产生吸收、散射和反射作用，使进入红外探测器的红外辐射能低于系统的探测门限，从而保护目标不被发现。烟幕粒子的直径等于或略大于入射波长时，其衰减作用最强。当烟幕浓度达到 $1.9\ g/m^3$ 时，对红外辐射能削弱 90% 以上，浓度更高时，甚至可以完全屏蔽掉目标发射和反射的红外信号。普通烟幕对 $2\sim2.6\ \mu m$ 红外光干扰效果较好,对 $3 \sim 5~\mu m$ 红外光有干扰作用,而对 $8 \sim 14~\mu m$ 红外光则不起作用。在烟幕中加入特殊物质,其微粒的直径与入射波长相当,可以扩展对所有波段的红外光的干扰作用。如在普通的六氯乙烷烟火剂中加入 $10\% \sim 25\%$ 的聚氯乙烯、煤焦油等化合物,可以使发烟剂燃烧后生成大量直径为 $1 \sim 10~\mu m$ 的碳粒,从而提高烟幕对 $3.2~\mu m$ 以上红外辐射的吸收能力。

从经典的电子论角度看,在入射辐射作用下,构成烟幕粒子的原子或分子发生极化,并按入射辐射的频率作强迫振动,此时可能产生两种形式的能量转换:

(1)入射辐射能转换为原子或分子的次波辐射能。在均匀连续介质中,这些次波叠加的结果使光只在折射方向上继续传播下去,其他方向上因次波的干涉而相互抵消,所以没有散射效果。在非均匀介质中,由于不均匀质点破坏了波的干涉性,使其他方向出现了散射光,于是在入射辐射的原传播方向上会出现辐射能的减弱。

(2)入射辐射转换为粒子的热能。当原子或分子在入射辐射作用下产生共振吸收时,入射辐射被粒子大量吸收转换为热能而衰减。

对于成像系统,烟幕直接影响跟踪系统的特征提取及选择过程。进行特征提取时首先要进行图像分割,目的是将红外图像中的目标和背景分割开来。当有烟幕存在时,大灰度级对应的像点数减少,小灰度级对应的像点数增多,总的灰度级数减小。当烟幕的透过率低到一定程度时,灰度级数将趋向于极限值1,这时根据上述原则就无法分割图像。而对于矩心跟踪系统,烟幕的存在使目标的亮度产生严重的不均匀变化时,波门会扩大,信息值超过阈值的像元数会变化,从而降低跟踪精度。对于相关跟踪系统,当有烟幕遮蔽目标时,造成实时图像的亮度产生不均匀变化,可使实时图像的亮度分布函数与预存图像的亮度分布函数改变,引起跟踪误差。此外,烟幕的扰动以及图像亮度的不均匀随机变化,使得配准点位置随机漂动,还有一些次峰值会冒充配准点,使系统的跟踪误差进一步加大。

影响烟幕遮蔽性能的因素有如下几个方面:

(1)入射波长。烟幕的遮蔽性能与入射波长有关。因此从波段上分,烟幕分为可见光(紫外)烟幕和红外烟幕。可见光烟幕的发烟颗粒的直径很小,而红外烟幕中的烟粒子直径相对比较大。因此根据作战要求的不同,应选择不同种类的烟幕。

(2)粒径大小及分布。烟幕颗粒的大小与衰减系数密切相关,就球形粒子而言,粒径越大,散射截面越大。发烟剂发烟成幕后,粒径并不是大小一样的,而是服从粒径统计分布,即麦克斯韦分布。在利用散射公式计算时所采用的粒子半径值是最常见的粒径值。

(3)粒子的形状与空间统计取向。粒子的形状如果不是球形,问题就比较复杂,往往很难精确计算。研究者已对粒子呈现的形状做了分类,如球形、椭圆形、圆柱形和圆盘形,并分别建立了理论模型,对粒子的散射性能进行了描述。许多烟幕材料根据采样形状选取相近理论模型进行计算并与实验结果进行比较。除球形粒子外,不同形状粒子在空间形成烟幕后,粒子散射面的法线方向在空中也有一个统计分布,该统计值与散射的角分布关系十分密切。某些高反射材料就是由许多微小薄片组成的。片本身的重量不是均匀分布的,片的矢径为几微米到几十微米,片表面对各种波长的反射率较高,它的法线的空间统计取向大致均等,这样的材料作漫反射体十分理想,在 4π 球面度上的散射强度差不多。

（4）粒子的表面性质。粒子的表面性质是光滑还是粗糙,将在很大程度上影响散射特性。例如,有一种沥青加氧化剂燃烧后会产生大量直径在几微米到几十微米的液滴状碳微粒,表面十分粗糙。如果由一定密度的这种微粒组成烟雾作遮蔽烟幕,则入射光与它的作用不是散射而是以被吸收为主,即使是小部分的反射也是漫反射;而光滑表面往往会形成镜面反射。

（5）组成粒子材料的折射率。在推导散射公式中可以看到,材料的折射率对衰减特性有显著影响。

（6）粒子密度。不论是瑞利散射还是迈(Mie)散射,粒子体密度直接影响散射系数,粒子体密度越大,衰减越大。

（三）烟幕干扰的技术指标

（1）烟幕面积:在与观察方向正交的截面内,起有效干扰作用的烟幕分布范围的最大值。

（2）形成时间:从发烟剂起作用时刻至形成规定面积的烟幕所经历的时间。

（3）持续时间:以秒(s)为计时单位,所有构成大于等于1秒的有效干扰时段的总和。

（4）透过率 τ :沿观察方向测量,且

$$\tau = E'/E \qquad\qquad (4-10)$$

式中,E 是进入烟幕前的光能量,E' 是从烟幕出射的光能量。E 和 E' 均对指定的波长来度量。

（5）后向散射率 S :

$$S = E''/E \qquad\qquad (4-11)$$

式中,E 与上同,而 E'' 则沿观察方向的逆向度量。

（6）沉降速率:烟幕形心沿铅垂方向下降的速率(或速度分量)。

（7）风移速率:烟幕形心沿顺风向移动的速率(或速度分量)。

有时还规定一些其他的技术指标,如烟幕的线度尺寸(长度、宽度)、留空高度、扩散速率等。

二、烟幕干扰器材

（一）发烟罐

发烟罐通常用于对单个目标或为数不多的小型目标群实施烟幕干扰,如单兵、班、排的行动。

（1）结构:发烟罐由罐体、发烟剂、点火装置组成。罐体除罐盖为铁皮外,其余部分一般用纸制成。罐盖上有一提环,罐盖与罐体结合处用胶布密封,以防受潮。罐盖下有一隔板,上有出烟孔,中央孔用来插点火棒,平时用铝箔密封;点火装置由点火棒及擦火板组成(平时密封在塑料盒内)。点火棒用以点燃发烟剂,擦火板用以擦燃点火棒;发烟剂一般由氯酸钾、氯化铵等组成。

（2）使用方法：使用时，将罐体的胶布撕去，揭开罐盖，用配备的铁锥将孔戳穿，扎进中央孔内，深度约 80 mm；取出锥子戳穿其余 10 个喷烟孔；再用小刀切开塑料盒，取出点火棒和擦火板，然后用擦火板擦燃点火棒头，若不发火，可更换点火棒插入另一发烟孔内再擦。如罐口冒火，可将罐体倒扣地面，或者立即用沙土、树枝等物扑灭火焰，使其继续发烟。

依战术使用的不同要求，发烟罐有小、中、大三种，重量各为 2 kg、5～8 kg、20～40 kg，外形多为圆筒状。

（二）发烟手榴弹

发烟手榴弹主要供单兵用于烟幕干扰。

（1）结构：由弹体、拉火具、隔片、拉带、封盖等零部件组成。弹体由纸加酪素胶或浸浓度为 8%聚乙烯醇水溶液卷制而成，两头加隔片封盖，内装发烟剂和拉火具的引燃件（体）。拉火具装在中心衬管中，弹的中心孔为引火装置孔，内装拉火具，周围 3 孔为喷烟孔。

（2）使用方法：先将两端带有拉带的封盖取下，投掷手以投掷姿势握着弹体，另一手拉拉火具，待发烟后即可投至目标。

（三）小火箭烟幕弹

火箭弹属于爆炸型发烟器材，其结构与普通杀伤弹相似，但弹体内装料是黄磷、红磷、三氧化硫-氯磺酸或六氯乙烷发烟剂，只有极少量炸药装在爆炸管内，引信通常为瞬发引信，在弹触地瞬间起爆，迸裂弹体，将发烟剂爆散于空中，与水汽作用凝聚成白烟。若用定时引信，则能在一规定时刻起爆，点燃抛射药，将装发烟剂的容器从弹体内抛出，形成浓密烟云。此类器材主要用以在阵地形成迷盲烟幕，其特点是可在不同高度、不同距离瞬时成烟。可用于战斗中发射烟幕，以遮蔽己方、迷盲敌人，其体积小、携带方便，能迅速在一定距离上构成烟幕。

（1）结构：由战斗部、发动机、发射箱和点火装置等部分组成。战斗部是发烟的主要部分，发动机是烟幕弹的动力部分，发射箱是发射装置和包装箱及点火装置。

（2）使用方法：将发射箱设置成与地面夹角约 45°，概略瞄准目标；然后，将电缆线与发射箱接通，把发射盒的开关拨到"0"位与发射线接通，按下开关，烟幕弹即射出。

（3）注意事项：战斗部的中心孔与发烟孔必须畅通；发射时，发射箱后不能有人，射手应在发射箱侧后，取跪姿或卧姿，发射完毕应先断开电源。

（四）发烟器

发烟器包括热源（汽油或柴油燃烧形成）、输送系统（含输送泵、导管、喷嘴等）、燃烧室（专门设计或利用装备上的排气管）和发烟剂（主要是石油产品）四部分，可单兵使用或车载、机载用。

M_3A_4 型发烟器是美军烟幕专业分队实施大面积遮蔽烟幕的主要制式器材。它采用脉动式喷气发动机，启动时由气泵或鼓气囊将汽油压入燃烧室，以火花塞点燃，产生爆轰向燃烧室外排气,同时又再次把汽油压入燃烧室进行第二次燃烧。如此反复,其重复频率可达每秒几十次。燃烧时由爆轰效应产生的压力把雾化油导入燃烧室后部,高温燃气使雾化油蒸发形成蒸汽,由出气孔进入大气冷凝成烟。

(五)发烟车

发烟车是装有发烟器的特种车辆,如图 4 – 12 所示。发烟器有固定在特制车厢内的,也有可拆卸的。发烟车按形成烟幕的方式分为两种:利用机械分散法直接喷洒液体发烟剂(如三氧化硫)产生烟幕的喷洒车;利用燃气蒸发雾油发烟剂产生烟幕的雾油发烟车。

图 4 – 12　发烟车施放烟幕照片

喷洒车的车厢内装有装料桶、输送泵、导管、调节阀和喷头等。雾油发烟车按燃气产生的方式又分为机动发烟车和脉动发烟车两种。机动发烟车的车厢内有装料桶、鼓风机、燃烧室和操作台等。脉动发烟车中最突出的是单向活门装置,由它控制烟幕的施放过程。

发烟车机动性好,发烟量大,可长时间发烟,有些发烟车还有防护装置,更适于协同部队作战。例如美国的"悍马"机械发烟车,其发烟过程是:当发动机运转时,将雾油喷入发动机管道,发动机产生炽热气体进入管道,并与雾油一起进入喷嘴,使雾油汽化。汽化的雾油释放到空气中,凝结成白色烟雾,遮蔽目标。发烟器不仅可以装在"悍马"突击车上,也可以装在其他各种车辆、舰船上,甚至可放置在地面上使用。一辆发烟车装填一次可形成 40～50 m 宽、400～600 m 长的烟幕墙,发烟车可连续装填发烟。

(六)就便发烟器材

就便发烟器材是用就便发烟材料(如锯末、煤面、硝酸铵、硫黄、柴油等)制作的发烟装置。发烟材料要无毒,发烟能力强、浓度大、材料来源广、价格便宜,能够快速制作,满足战时或平时训练之需要。所用的就便发烟材料装填在不同的容器内,如木箱、纸盒、铁桶、水泥袋等。

三、烟幕干扰的实施

(一)烟幕干扰的要求

烟幕干扰的实施过程有以下要求:

（1）为使敌人难以确定目标的具体位置,释放的遮蔽烟幕面积要足够大,尽量避免敌方对烟幕笼罩区域实施打击时目标受到破坏,通常遮蔽烟幕的面积应不小于保护目标面积的 10 倍,并不应将保护目标配置于遮蔽烟幕的中央位置。

（2）施放遮蔽烟幕时,必须将战略目标及其附近的明显方位物(如居民地、道路交叉点、河湾等)一起遮蔽起来。

（3）施放遮蔽烟幕的同时还应施放诱惑烟幕,并与设置假目标、实施佯动相配合。

（4）施放诱惑烟幕的区域应具有欺骗敌人的战术特点,如显示炮兵的集结地域,掩蔽部队展开、转移、构筑工事、通过桥梁和渡口等都应有相应的战术情况和地形特征。

（5）施放诱惑烟幕时可留有一定的空隙,且浓度不宜过高,其发烟浓度可低于遮蔽烟幕的 50%,使敌侦察能部分或隐约看到烟幕中的假目标。

（6）施放诱惑烟幕时,距真目标区域有一定的安全距离。

（二）烟幕干扰的实施

烟幕干扰的实施需要考虑发烟点的配置、实施步骤及发烟器材的消耗等问题。

1. 发烟点的配置

发烟点的配置形式根据战斗队形、目标类型、风向和风速等因素可以分为线性配置、面状配置、环形配置和混合配置。

当需要伪装正面较宽而纵深较浅的长形目标或范围较小的目标,如道路上的运动、炮兵的机动和掩护撤离时,发烟器材通常呈线性配置;面状配置则主要是用于较大面积地区或起伏较大且有复杂地物地形的伪装,此时发烟器材较均匀地配置在预定遮蔽区域;环形配置则是将发烟器材环绕目标配置成一个或两个的环形烟幕带,这种配置可以在任何风向时都能使烟幕完全遮蔽目标。当目标比较分散时,可将面状配置及环形配置同时使用,即将目标采用环形配置,目标所处地域采用面状配置。

2. 烟幕干扰的步骤

（1）测定风向、风速。

（2）根据气象资料、任务和敌情确定发烟点的配置方案。

（3）根据发烟点的配置方案、发烟器材的发烟时间和施放烟幕的时间,计算发烟器材的消耗量。

（4）领取所需发烟器材,布置发烟点。

（5）按指定时间施放。

（三）发烟器材消耗量

发烟器材的消耗量是影响烟幕干扰方案的重要因素,影响发烟器材消耗量的因素很多,可以通过以下公式简易推算。

当采用线性配置方案时,发烟器材消耗量的概算公式为

$$N = \frac{TE}{qte \cdot \cos\alpha}(当\ e < e'\ 时,取\ e') \tag{4-12}$$

式中,N 为消耗发烟器材的数量;T 为烟幕的持续时间,单位为 min;E 为所需遮蔽的正面,单位为 m;q 为气象影响因素(表 4-1 所示);t 为单个发烟器材的发烟时间,一般取下限值,单位为 min;e 为单个发烟器材的遮蔽长度,单位为 m;a 为风向与目标正面的夹角;e' 为单个发烟器材的遮蔽宽度,单位为 m。

表 4-1　不同条件下 q 的取值

条　件	q 值	气　象　情　况
有　利	1.5	风速为 2~5 m/s 的冬季
中　等	1.2	风速为 2~8 m/s,温度在 0~15℃ 的少云天气
不　利	1.0	风速大于 8 m/s 或小于 1.5 m/s 或温度大于 15℃ 的晴天

成面状配置时,发烟器材消耗量的概算公式如下:

$$N' = \frac{JjT}{t} \qquad (4-13)$$

式中,N' 为消耗发烟器材的数量;T 为烟幕的持续时间,单位为 min;J 为发烟点的数量;j 为平均每个发烟点设置发烟器材的数量;t 为单个发烟器材的发烟时间,一般取下限值,单位为 min。

为了节省发烟器材,采用面状配置时,根据发烟点的布置、气象条件,采取连续和断续的两种施放方法。在最初的 10~15 min 内全部采用连续施放,构成烟幕后,除位于目标上风向的发烟点连续施放处,其余点均采用断续施放。

成环形配置时,发烟器材消耗量的概算公式如下:

$$N'' = \frac{GjT}{gt} \qquad (4-14)$$

式中,N'' 为消耗发烟器材的数量;T 为烟幕的持续时间,单位为 min;G 为诸个环形烟幕带的总周长,单位为 m;g 为发烟点的间距,单位为 m;j 为平均每个发烟点设置发烟器材的数量;t 为单个发烟器材的发烟时间,一般取下限值,单位为 min。

环形配置同面状配置相似,也可采用连续和断续配置两种施放方法,在目标上方,其面积占整个环形配置面积 3/8 的发烟点连续施放,其余各点可采取间断施放。对混合设置而言,所需消耗的发烟器材数量按面状配置和环形配置分别计算。

（四）烟幕干扰效果的影响因素

影响烟幕干扰效果的有风、气温、地形和降雨等因素,但主要因素是风。

1. 风的影响

风是空气流动的现象,气象学特指空气在水平方向的流动。空气做水平运动时,既有方向又有速度。风向和风速不仅决定烟幕的方向和速度,同时还影响烟幕的施放时间、发烟点的配置和发烟器材的消耗量,因此施放烟幕必须测量风向和风速。

　　气象上所指的风向是指风从水平平面上吹来的方向,地面气象观测中常用十六方位表示。施放烟幕时,通常根据风向和战斗队形或目标位置的相互关系确定施放烟幕的方向,可分为正面风、斜风及侧风三种(图4-13)。

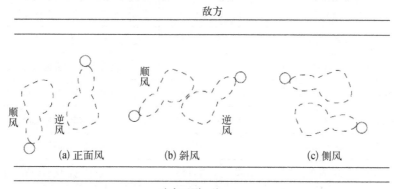

图4-13　施放烟幕风向的定义

　　(1)正面风:风向与己方正面一线垂直或成60°~90°夹角方向的风,又分为顺风(指向敌方)、逆风(吹自敌方)。

　　(2)斜风:风向与己方正面一线成30°~60°夹角,又分顺风和逆风。

　　(3)侧风:风向与己方正面一线平行或倾斜成30°以内的夹角,又称横向风。

　　烟幕在任何风向情况下都可以施放,但风向对发烟地点、发烟器材的选择及数量都有重要影响。如顺风时,可以使用任何一种发烟器材构成烟幕;逆风时,主要是在敌方阵地构成烟幕,此时使用的就是发烟炮弹、发烟火箭弹及空投发烟器材等;在一般情况下,用烟幕遮蔽目标宽度时,发烟点配置在斜风比正面风所消耗的发烟器材少1/4~1/3;配置在侧风比斜风更能减少发烟器材的消耗。因为在侧风条件下,每种发烟器材所施放的烟幕,在整个长度几乎都能加以利用。

　　风速是指单位时间内空气水平移动的距离。通常以 m/s 来表示。有时也用 km/h 或 n mile/h 来表示。其换算关系是:1 m/s=3.6 km/h,1 n mile/h=1.852 km/h。风速还可用风力等级来表示,我国采用12级分法(见表4-2)。

表4-2　风级风速对照表

风力级别	名　称	相　当　风　速			陆地地面物象征
		m/s	km/h	n mile/h	
0	无风	0.0~0.2	<1	<1	静静没有风,烟能直升到天空
1	软风	0.3~1.5	1~5	1~3	烟能随风飘,但是人脸觉不到
2	软风	1.6~3.3	6~11	4~6	人脸能感到,树叶已经在微响
3	微风	3.4~5.4	12~19	7~10	旗子已展开,树叶树枝迎风摇

续　表

风力级别	名称	相当风速			陆地地面物象征
		m/s	km/h	n mile/h	
4	和风	5.5~7.9	20~28	11~16	小枝乱摆晃,吹起尘土和纸张
5	清风	8.0~10.7	29~38	17~21	水面起小波,树叶小枝直抖索
6	强风	10.8~13.8	39~49	22~27	电线呼呼响,大树枝乱动荡
7	疾风	13.9~17.1	50~61	28~33	全树都动弹,迎风走路不便当
8	大风	17.2~20.7	62~74	34~40	树枝能吹断,迎风走路很困难
9	烈风	20.8~24.4	75~88	41~47	风来太厉害,能把小屋来吹坏
10	狂风	24.5~28.4	89~102	48~55	树能连根拔,陆地少见多在海中
11	暴风	28.5~32.6	103~117	56~63	陆地很少见,有则必遭重损毁
12	飓风	大于32.6	大于117	63	陆地绝少见,摧毁力量极强大

烟幕处于大气中,其运动受大气运动(风)支配,风速对烟幕的持续时间及传播距离有重要影响。施放烟幕最有利的风速是 3~5 m/s,风速太大时,造成烟幕迅速消散,烟幕伸展距离变小而不适于实施烟幕伪装;风速低于 1.5 m/s 时,进行烟幕干扰也是不合时宜的,此时在短时间内难以形成一定遮蔽面积的烟幕,仅适合小目标的遮蔽。

通常风向可以通过以下简易方法测定。

(1) 风向的估计确定法测定:测定者站在正南或正北方向,手持小手帕高举,观察手帕随风飘动的方向,或者上抛一纸屑观看其随风飘移的方向,即为当时的风向。

(2) 使用简易测风器测定:取一两米长的木杆,在其上端钉两块各长 0.5 m 的平板条,板条与木杆成 90°,板条彼此也成 90°;在木杆的上端系有一根长 0.75 m 的细长带子。如果使一块平板条指向北或南,而另一块平板条则指向东或西,使得被风吹起的带子,处在两块板条所造成的直角范围内,那么只要观察带子的位置,就可以确定风向的方位角。

(3) 使用风向风速仪测定:风向风速仪上端安有风向标,通过风向标在风力推动下的指向可以指出风的方位角。

(4) 风向的表示:气象上所指的风向是指风的来向,地面气象观测中常用十六方位来表示。

2. 气温的影响

空气温度对烟幕形成高度有一定的影响,一般温度越高,烟幕也越高。为了增加烟幕的高度,可以在发烟罐之间和发烟的稍前方,用干树枝生起篝火并浇以石油或煤油,使局部气温升高。

3. 雨的影响

倾盆大雨能加速烟幕的消散,影响干扰效果;小雨不影响烟幕的遮蔽能力,且因下小雨(带雾)使能见度降低,从而增加烟幕干扰的效果。

4. 地形的影响

起伏地形不利于施放烟幕。高地、峡谷、河川、凹地能使烟幕迅速消散,并减小其传播纵深。因为不平坦地易产生局部风,沿溪谷和高丘陵能产生斜坡风。

在林区施放烟幕时距林缘 100~150 m 处施放较好,否则烟幕遇到森林时部分进入林区,分散了烟幕,且会在树林的上空停滞不动。

为了正确地施放烟幕,达到良好的干扰效果,对影响烟幕施放的各种因素必须进行详细调查,根据实际情况设计烟幕干扰的方案。

四、烟幕干扰的发展趋势

烟幕是光电对抗无源干扰的重要手段。它不但是战时用于对抗导弹或观瞄设备的廉价且有效的手段,而且也是在和平时期干扰卫星、无人机等高空侦察的好办法,因此它的发展方兴未艾。烟幕干扰的发展趋势包括以下几个方面:

(1) 多波段、宽波段烟幕。以往的烟幕主要遮蔽可见光、微光和 1.06 μm 激光,也有专用于遮蔽 8~14 μm 红外热像仪的烟云。随着现代战争的需要,对多波段同时干扰的呼声日益高涨,因此研制多波段、宽波段烟幕是今后发展的一个方向。例如挪威 Vorma. Kjell 等研制的一种复合烟幕弹,由内外两腔组成,内腔装填点火药和快速发烟剂,可以遮蔽可见光,外腔上部装红外遮蔽剂,下部装毫米波遮蔽剂。因此,能够同时遮蔽可见光、红外及毫米波,提高了干扰效果。

(2) 复合型烟幕。所谓复合型烟幕,就是指一种烟幕可同时干扰两个或两个以上波段的烟幕。例如,德国早在 20 世纪 80 年代初就研制出可见光、红外、微波复合烟幕。它的原理是在 6 mm×12 mm 的薄铝片上涂一定厚度的发烟剂和氧化剂混合材料,装填在炮弹内。作战时将炮弹发射至一定位置,爆炸散开并把每片点燃。燃片受重力影响缓慢下落,降落过程中产生大量能遮蔽可见光和红外光的烟雾;展开后的大量铝箔片群又可对微波雷达起无源干扰作用,不同尺寸的铝箔片可干扰对应波段的雷达;每一个燃片自身就是一个红外源,它在 3~5 μm 和 8~14 μm 都有不小的辐射。大量这种运动的燃片犹如一个大的红外"面源",在导弹和目标之间的这个"面源"将严重干扰导弹跟踪。

(3) 二次成烟技术。烟幕或发烟罐是靠装填的发烟剂发烟的,但毕竟容量有限。人们在研制中发现烟幕剂成烟后的产物如果再与空气中的组分(如水汽和氧)进一步进行化学反应,反应后的生成物会对光有一定的衰减,这个过程称为二次成烟。例如,发烟剂赤磷燃烧后生成的烟是干扰可见光和 1.06 μm 激光的好材料,但对 3~5 μm 和 8~14 μm 热像仪没有遮蔽效果。这种烟的主要成分是 P_2O_5,P_2O_5 与空气中的水蒸气结合,可生成磷酸液滴(半径在微米量级),它的体积比烟粒子或水汽分子增加了 2~3 个数量级,足以遮蔽 3~5 μm 和 8~14 μm 热像仪。

(4) 特种烟幕。从作战需要出发,特种用途需要有特种烟幕。例如,高炮和地空导弹阵地作战时,希望己方对空监视完全透明清晰,可以发现敌机并向它射击或发射导弹,又不希望被敌方红外前视系统发现或红外成像制导导弹攻击。如果使用常规烟幕,固然可挡住敌方视线,但同时也挡住了己方视线。如果使用特种烟幕,它在空中成烟后对可见光几乎完全透明,不影响人们的视线,但对红外前视工作波段 8~14 μm 可强烈吸收,衰减系数很大。这就满足了上述作战需要。国外已研制出该类产品,它是一种无色液体,在空气中极易挥发,挥发后与空气中的氧和水汽反应生成可见光透明的巨核气悬体粒子,对 $8 \sim 14\ \mu m$ 波段有较大衰减。高反射材料做成的高反弹也是特种烟幕的一种,它可作为激光欺骗干扰中的空中假目标,在水面舰艇上运用更为合适。

(5)环保烟幕。研制无毒、无腐蚀、无刺激的"三无"发烟剂,并且烟幕产生装置体积小、能耗小、成烟时间短和发烟面积大。

烟幕技术因成本低、操作简单、效果好而被广泛采用。但在作战中准确选择发烟时机不是一件容易的事情,必须要有告警系统的情报支持。随着光学侦察手段的不断发展和光电精确打击技术的不断更新与改进,为了提高己方目标在作战时的生存能力,烟幕这一廉价而有效的防御手段将得到越来越快的发展。

思考题

1. 在光学隐身中需要考虑的人眼视觉特性有哪些?

2. 光学隐身的主要技术途径有哪些?

3. 典型的遮蔽隐身伪装技术有哪些? 分别适用于哪些战场隐身伪装需求?

4. 试阐述军事伪装与隐身技术有哪些联系和区别,并举例说明。

5. 涂层隐身伪装的基本原理是什么? 它与遮蔽隐身伪装有何区别?

6. 实战中运用假目标技术需要注意哪些方面?

7. 烟幕干扰实施过程中影响的自然因素有哪些? 如何利用好这些因素达到最好效果?

8. 未来战争中光学隐身伪装技术的发展趋势是什么?

第五章
红外隐身伪装原理与防护技术

第一节　红外辐射基础

受热、电子撞击、光照或者化学反应都能造成物体内分子、原子或电子的受激和振动，并产生各种能级的跃迁，绝大部分的能级跃迁都使物体以电磁波的形式向外释放能量，产生辐射现象，其中由于热的原因产生的辐射现象就称为热辐射（田国良等，2014）。热辐射是物体固有的属性，一切温度高于 0 K 的物体都不停地向外发出热辐射。

一、黑体及黑体辐射

黑体是一个能把投入其表面的辐射能量全部吸收的理想物体，同时也是最强的辐射体，在相同状态下能够辐射出最多的能量。在自然界不存在绝对的黑体，但可以建立人工黑体模型，其中最典型的模型是温度均匀的不透明空腔壁上的小孔，如图 5 - 1 所示（曹义等，2012）。

当入射辐射通过小孔进入空腔内，在空腔内壁上经过多次吸收和反射，最终通过小孔离开空腔的反射辐射能量几乎为零，从而可近似认为一个温度均匀的不透明空腔壁上的小孔具有黑体性质。图 5 - 1 中假设空腔

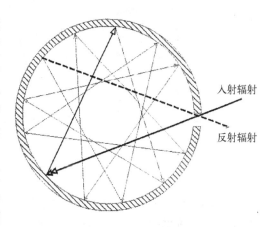

图 5 - 1　人工黑体模型

内壁对入射辐射的吸收率仅为 60%，反射率为 40%，经过 12 次镜面反射，离开空腔小孔的能量不到入射辐射的十万分之二，吸收率约为 99.998%。

在热辐射的研究中，黑体是个非常重要的概念。1900 年，普朗克（M. Planck）根据量子理论推导了黑体在真空中不同温度下单色辐射能力与波长的关系，建立了黑体辐射的普朗克定律，用公式表示为

$$M_b(T, \lambda) = \frac{c_1 \lambda^{-5}}{e^{c_2 / \lambda T} - 1} \tag{5-1}$$

式中，$M_b(T, \lambda)$ 为黑体单色辐射力，单位时间单位表面积辐射出的波长 λ 的能量，单位为 W/m³；λ 为波长，单位为 m；T 为黑体的热力学温度，单位为 K；c_1 为普朗克第一辐射常数，

约为 3.742×10^{-16} W · m²；c_2 为普朗克第二辐射常数，约为 1.439×10^{-2} m · K。

根据普朗克定律，不同温度黑体的辐射能量分布如图 5-2 所示，分布曲线具有如下特点：

（1）黑体单色辐射力随波长连续变化，在某一波长下达到最大值，λ 很大或很小时，$M_b(T,\lambda)$ 均趋于零；

（2）在任意波长下，辐射力都随温度的增高而增大；

（3）随着黑体温度的升高，最大单色辐射力对应的波长变小，辐射能量向短波区集中；图 5-2 中温度低于 373 K 的黑体基本不辐射可见光（波长 380~780 nm），而 1 000 K 的黑体辐射能量可见光已经占小部分；对于常见的军事目标 $T<1\,000$ K，其热辐射能量主要集中在红外区。

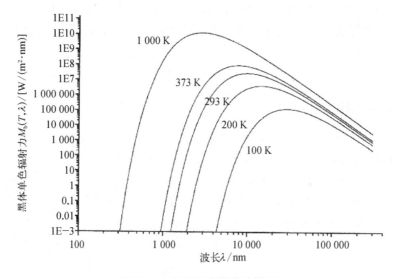

图 5-2　不同温度黑体的模型

从图 5-2 中还可以看出，随着黑体温度的升高，最大单色辐射力对应的波长向短波方向移动。维恩研究了变化规律，归纳了最大单色辐射力 $M_b(T,\lambda)_{\max}$ 对应的波长 $\lambda_{\max}$ 与温度的关系，这就是黑体辐射的维恩位移定律：

$$\lambda_{\max} \cdot T = 2.898 \times 10^{-3} \text{ m} \cdot \text{K} \qquad (5-2)$$

根据维恩位移定律，最大辐射力对应的波长为 11 μm 时（8~14 μm 大气窗口的中心波长），黑体温度约为 -9.5℃。

普朗克定律给出了黑体某一波长下的辐射能力，在进行传热计算时，需要计算物体总的辐射能量，将普朗克公式在全波长范围内积分可以得到下式：

$$M_b(T) = \int_0^{\infty} \frac{c_1 \lambda^{-5}}{e^{c_2/\lambda T} - 1} \mathrm{d}\lambda = \sigma_b T^4 \qquad (5-3)$$

式中，$M_b(T)$ 是黑体单位面积总辐射力，单位为 W/m²；σ_b 为黑体辐射常数，$\sigma_b = 5.67 \times 10^{-8}$ W/(m² · K⁴)；T 为黑体热力学温度，单位为 K。

这个公式称为斯特藩-波尔兹曼定律,它说明黑体的单位面积总辐射力与热力学温度的四次方成正比。

对于热红外侦察探测,热像仪工作在大气窗口波段,热红外伪装关心物体在热像仪工作波段辐射的能量,对普朗克公式在波段内进行积分,可以求得黑体的波段辐射力如下:

$$M_{\mathrm{b}}(T,\ \lambda_1,\ \lambda_2) = \int_{\lambda_1}^{\lambda_2} \frac{c_1 \lambda^{-5}}{e^{c_2/\lambda T} - 1} \mathrm{d}\lambda = \sigma_{\mathrm{b}} T^4 \tag{5-4}$$

对于 -9.5℃ 的黑体,可由式(5-4)采用数值积分方法求得,8~14 μm 波段辐射力约为 92.2 W/m²;而 20℃ 的黑体 8~14 μm 波段辐射力约为 154.7 W/m²。

二、灰体与基尔霍夫定律

如前所述,黑体是最强的辐射体,实际物体的辐射能力不如黑体。为了研究的方便,定义了实际物体的发射率。发射率是实际物体与同温度黑体在相同条件下的辐射力之比,是无量纲量,取值在 0~1 之间。

发射率定义指出,辐射力比较要在相同条件下进行,这里的相同条件包括相同波长范围、相同测试方向、相同表面积等。根据波长范围,发射率可分为全发射率、光谱发射率和波段发射率;根据测量方向,可分为半球发射率和法向发射率等。不同的发射率定义有不同的应用场合。研究辐射传热问题时,采用半球全发射率,一般用量热法测量。而对于红外成像测温,计算中采用热像仪工作波段的波段发射率或光谱发射率。

温度为 T 时,物体波长 λ 下的光谱发射率定义为

$$\varepsilon_\lambda = \frac{M(T,\ \lambda)}{M_{\mathrm{b}}(T,\ \lambda)} \tag{5-5}$$

式中,$M(T,\ \lambda)$ 为实际物体的单色辐射力,单位为 W/m³;$M_{\mathrm{b}}(T,\ \lambda)$ 为黑体单色辐射力,单位为 W/m³。

波段发射率可定义为

$$\varepsilon_{\lambda_1 - \lambda_2} = \frac{\displaystyle\int_{\lambda_1}^{\lambda_2} M(T,\ \lambda)\,\mathrm{d}\lambda}{\displaystyle\int_{\lambda_1}^{\lambda_2} M_{\mathrm{b}}(T,\ \lambda)\,\mathrm{d}\lambda} = \frac{\displaystyle\int_{\lambda_1}^{\lambda_2} \varepsilon_\lambda M_{\mathrm{b}}(T,\ \lambda)\,\mathrm{d}\lambda}{\displaystyle\int_{\lambda_1}^{\lambda_2} M_{\mathrm{b}}(T,\ \lambda)\,\mathrm{d}\lambda} \tag{5-6}$$

式(5-6)在(0, ∞)积分,得到的发射率称为半球全发射率 ε。其中全发射率指的是在全光谱范围内积分比较得到的发射率。

由于辐射体的辐射力指的是辐射源单位表面积向半球空间发射的辐射功率的数值,式(5-5)与式(5-6)定义的发射率又可称为半球发射率。

方向发射率是在与辐射表面法线方向成 θ 角的小立体角测量的发射率,θ 角为零的特殊情况叫作法向发射 ε_{n},方向发射率也分为全量、波段量和光谱量三种。方向全发射率定义为

$$\varepsilon(\theta) = \frac{L(\theta)}{L_b(\theta)} \qquad (5-7)$$

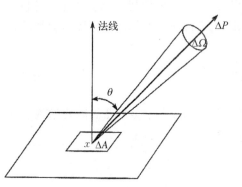

式中，$L(\theta)$ 和 $L_b(\theta)$ 分别是实际物体和黑体在相同温度下的辐射亮度。辐射亮度 $L(\theta)$ 就是扩展辐射源在与法线成 θ 角的方向上单位表观面积向单位立体角的辐射功率（图 5-3），单位为 $W/(m^2 \cdot sr)$。

方向光谱发射率定义为

$$\varepsilon(\theta, \lambda) = \frac{L(\theta, \lambda)}{L_b(\theta, \lambda)} \qquad (5-8)$$

图 5-3　辐射亮度的定义

漫射源（或朗伯源）的辐射亮度是一个与方向无关的常量，黑体是理想的漫射源，所以漫射源的方向发射率是常数，且等于其相同条件下的半球发射率。对于粗糙非金属红外辐射源，可以近似看作漫射源，而光亮的金属表面一般偏离漫射源较远。

发射率是物体的表面性质，与物体的种类、表面粗糙度、温度等有关，由实验测定，常用工程材料的发射率值可以查阅相关资料，具体物体的发射率也会因表面状态的差别而不同。一般而言，抛光的金属表面具有非常低的发射率，而表面被氧化或污染后发射率升高；非金属的发射率一般都比较高。

为了研究与计算方便，在热辐射理论中引入了灰体概念。灰体指光谱发射率 ε_λ 与波长无关的物体，此时有 $\varepsilon = \varepsilon_\lambda =$ 常数。灰体也是一种假想的理想物体，实际物体的辐射与灰体存在一定的偏差，但是对于大多数固体和液体，在热红外波段的发射率不随波长明显变化，因而把它们近似成灰体处理可以大大简化计算，又不会带来过大的误差。

基尔霍夫（Kirchhoff）定律揭示了实际物体发射率 ε 与吸收率 α 的关系。图 5-4 表示距离很近的两个大平壁，平壁间为真空，一个平壁辐射的能量几乎全落在另一个平壁上。平壁 1 是黑体，温度为 T_1；平壁 2 的发射率为 ε，吸收率为 α，温度为 T_2。根据热力学第二定律，$T_1 \neq T_2$ 时，热量自发地从高温壁面传向低温壁面，当处于热平衡时有 $T_1 = T_2 = T$，二者间的净热流为 0，即平壁 2 辐射出的能量与平壁 2 吸收的能量相等，于是有

$$\varepsilon(T) \cdot M_b(T) = \alpha(T) \cdot M_b(T) \qquad (5-9)$$

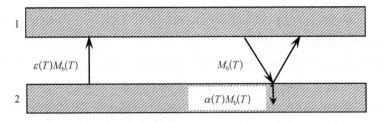

图 5-4　等温平壁间的辐射换热（平壁 1 为黑体）

即

$$\varepsilon(T) = \alpha(T) \tag{5-10}$$

这就是基尔霍夫定律的表达式,可表述为:在与黑体处于热平衡的条件下,任何物体对黑体的吸收率等于同温度下该物体的发射率。

对于单色发射率和单色吸收率,基尔霍夫定律可表示为

$$\varepsilon(T, \lambda) = \alpha(T, \lambda) \tag{5-11}$$

对于灰体,发射率与波长无关,不论投射辐射源是否为黑体,也不论投射辐射源是否与灰体处于热平衡状态,灰体的发射率都等于自身同温度下同一波长范围的吸收率。辐射力强的灰体具有强的吸收能力,同时反射能力较弱;与之对应,辐射力弱的灰体具有低的发射率和低的吸收率,同时具有高的反射率。

三、气体辐射与大气窗口

在进行固体或液体之间的辐射换热计算时,在距离较近的情况下认为它们之间的空气是透明介质而不参与辐射换热;同样在热红外成像中,目标与热像仪相距较近时也可不考虑空气的影响。但是距离较远的情况下必须考虑空气辐射和吸收的影响。

空气中的主要成分 O_2、N_2 等非极性双原子分子辐射和吸收的能力很弱,但 CO_2、H_2O、CH_4、CO 等分子具有较强的辐射和吸收能力,在辐射换热计算和热成像时必须考虑它们的影响。

与固体、液体辐射相比,气体辐射有两个显著的特征:

(1)气体的辐射与吸收具有波长选择性。气体不像固体、液体那样具有连续的辐射光谱,而只在某些波长范围内才有辐射和吸收能力,而在这些波长范围之外,辐射与吸收能力几乎为零,气体的这种选择性辐射使其不能近似成灰体处理。表 5-1 是 CO_2、H_2O(水蒸气)的主要辐射波段,同时这些波段也是它们的主要吸收波段。

表 5-1　CO_2 与 H_2O(水蒸气)的主要辐射、吸收波段

序　号	CO_2		H_2O	
	$\lambda_1 \sim \lambda_2/\mu m$	$\Delta\lambda/\mu m$	$\lambda_1 \sim \lambda_2/\mu m$	$\Delta\lambda/\mu m$
1	2.64~2.84	0.20	2.55~2.84	0.29
2	4.12~4.49	0.36	5.60~7.60	2.0
3	13.0~17.0	4.0	12.0~25.0	13

(2)气体的辐射和吸收在整个容积内进行。固体、液体的辐射和吸收是在表面很薄的一层介质中进行的,一般不透射热射线,具有表面辐射的特点。对于气体,外来射线总是进入气体内部,并被沿途遇到的气体分子逐步吸收,最后只有部分能量能够穿透整个气体容积;当气体对某一表面辐射能量时,应该是整个气体容积中各处的气体对该表面辐射的总和。

红外线通过大气时,几乎不被大气吸收或吸收很小的波段称为红外大气窗口;在大气窗口以外的红外线在大气中迅速衰减,传播距离很小。图 5-5 是红外线水平传播 6 000 ft(约 1 800 m)的透射率,红外热像仪主要工作在中红外大气窗口(3~5 μm)和远红外大气窗口(8~14 μm)。从图 5-5 可以看出,即使在大气窗口红外辐射仍有较大的衰减,传输约 1 800 m 后,中红外大气窗口最大透射率可达 90%,但 CO_2 的吸收带 4.13~4.49 μm 透射率几乎为零;远红外大气窗口透射率大部分波长下都为 70%~80%。

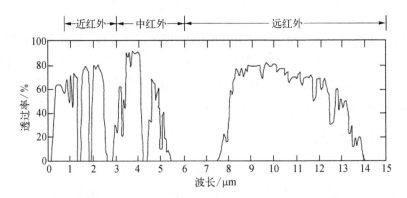

图 5-5   红外线在地面水平传播 6 000 ft(约 1 800 m)的透过率

红外辐射在大气中的透射率与大气状态、海拔、季节等因素有关,不同波长的红外辐射在各种典型大气条件下的透射率可以通过一些专用软件计算得出,如 MODTRAN,也可查找相关资料得到。

下面给出一个典型大气条件下红外大气窗口的平均透射率数据,以供参考。在中纬度(约北纬 40°左右)夏季能见度 23 km 的晴朗大气条件下,全面考虑各种大气组分的吸收、大气散射和大气中悬浮颗粒吸收等因素,得出的平均透射率随水平路程的海拔、垂直路程长度和倾斜路程天顶角的变化见表 5-2 所示。

表 5-2   中纬度夏季晴朗大气的平均透过率

每千米水平路程的平均大气透过率/%			垂直路程的平均大气透过率/%			倾斜路程的平均大气透过率（距离海平面 10 km 高处测量）/%		
海拔/km	3.2~5.0 μm	8.0~13 μm	到海平面的距离/km	3.2~5.0 μm	8.0~13 μm	天顶角/(°)	3.2~5.0 μm	8.0~13 μm
0	56.0	67.4	5	49.1	58.0	0	48.8	53.4
5	78.1	96.6	10	48.8	53.4	30	46.3	50.8
10	85.9	98.8	20	47.5	52.0	45	40.2	46.3
20	92.5	98.7	30	44.2	49.0	60	34.6	36.0

了解气体辐射的性质,掌握大气窗口的形成原理及典型大气条件下大气窗口的透射率,对于热红外侦察系统的设计和热红外伪装的设计都有重要的意义。

四、目标辐射温度的影响因素

(一) 目标的温度和发射率

对于实际物体,其单色辐射力为

$$M(T, \lambda) = \varepsilon_\lambda M_b(T, \lambda) = \varepsilon_\lambda \frac{c_1\lambda^{-5}}{e^{c_2/\lambda T} - 1} \qquad (5-12)$$

式中,$M(T, \lambda)$为实际物体的单色辐射力,单位为 W/m^3;$M_b(T, \lambda)$为黑体单色辐射力,单位为 W/m^3;ε_λ为光谱发射率。该式说明实际物体某波长的辐射力由该物体表面的发射率和温度决定。所有影响目标实际温度的因素都影响目标辐射温度,这些因素包括日照、风、目标内热源、目标与周围物体的换热情况等;所有影响目标发射率的因素也直接影响目标的辐射温度,这些因素包括目标表面材料的种类和表面粗糙度等。

(二) 环境辐射

目标表面除了因本身的温度特性向外界发出本身辐射外,还反射周围物体投射到目标表面上的投射辐射,本身辐射与反射辐射之和称为有效辐射出射度,目标表面的辐射温度最终由其有效辐射出射度决定。根据基尔霍夫定律,低发射率表面具有高反射率,更易受环境辐射影响。

(三) 大气衰减

目标的辐射温度还受大气衰减的影响,假设目标与背景间的实际辐射温差为 ΔT,则经过大气衰减后的温差可近似表示为

$$\Delta T' = \Delta T \cdot \tau^R \qquad (5-13)$$

式中,$\Delta T'$为热像仪观察到的辐射温差,单位为 K;τ 为单位厚度大气透射率,单位为 km^{-1};R 为热像仪到目标的距离,单位为 km。

假设大气透射率为 $0.9\ km^{-1}$,实际辐射温差 $\Delta T = 10\ K$,则热像仪观察到的辐射温差随距离的变化如图 5-6 所示。

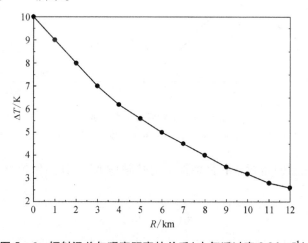

图 5-6　辐射温差与观察距离的关系(大气透过率 $0.9\ km^{-1}$)

综合以上分析,要实现目标的红外隐身,首先要控制目标的温度和表面发射率,其次采用低发射率涂层时要考虑环境辐射的影响,另外选择阴雨、雾天等低能见度天气条件下行动有利于热红外伪装。

第二节　红外隐身伪装原理

一、红外隐身伪装基本原理

红外波是电磁波的一部分,其波长范围为 $0.78 \sim 1\,000\ \mu m$。红外探测指的是利用波长在 $3 \sim 15\ \mu m$ 的红外辐射特征进行探测的方法。在该波段,红外探测器主要是检测目标与背景本身温度引起的热辐射,利用其辐射的差别来识别目标,因此该波段的探测也称为热红外探测。考虑到大气衰减的作用,使得红外辐射在某些波段范围内才能通过,大气吸收带将红外辐射大致分为三个主要波段,即 $1 \sim 2.5\ \mu m$、$3 \sim 5\ \mu m$、$8 \sim 14\ \mu m$ 可作为透过红外辐射的"大气窗口"。

大气窗口对红外测温至关重要,红外探测器的接收波段就选在大气窗口内,近红外侦察探测器的工作波段在 $0.78 \sim 2.5\ \mu m$、红外制导用的探测器工作波段在 $3 \sim 5\ \mu m$、热成像系统的工作波段则扩展到 $8 \sim 14\ \mu m$。

此外,地面的红外线一部分来自太阳辐射,一部分来自地面自身辐射。地面红外辐射如图 5-7 所示。近红外波段 $0.78 \sim 2.5\ \mu m$ 的红外辐射主要为经过目标反射的来自太阳的辐射,而中远红外波段 $3 \sim 14\ \mu m$ 的红外辐射则来自地表(或目标)的自身辐射。所以,实现可见光、近红外伪装,要求目标的红外反射特性与环境一致,恰当的红外形状与图像迷彩能够隐真示假,收到较好的隐身效果。实现中远红外的隐身伪装,则要控制目标的红外辐射,降低与环境的能量对比度。

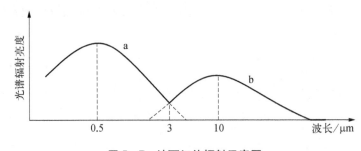

图 5-7　地面红外辐射示意图

注:太阳近似为 6 000 K 的黑体,目标物体近似为 300 K 的黑体。图中 a 为太阳光的反射;b 为目标物的辐射

红外成像仪探测的是背景和目标发射的热辐射能量,其图像的对比度由二者辐射能量的差别来决定:

$$C = (E_O - E_B)/E_B \tag{5-14}$$

式中,C 为对比度;E_O 为目标辐射能量密度;E_B 为背景辐射能量密度。

考虑表面发射系数,根据玻尔兹曼公式,则黑体辐射公式为

$$C = (\varepsilon_0 T_0^4 - \varepsilon_B - T_B^4)/\varepsilon_B T_B^4 \tag{5-15}$$

式中,ε_0 为目标表面发射系数;ε_B 为背景表面发射系数;T_0 为目标表面温度;T_B 为背景表面温度。

因此,寻找能改变目标的表面发射特性的材料是实现伪装隐身的技术途径之一。在改变表面发射系数的伪装隐身涂料中,可见光、近红外伪装涂层可采用模拟背景的伪装涂料实现,最典型的是模拟绿色植物与沙土背景的红外伪装涂层。中远红外的伪装涂层通常采用低发射率涂层,以弥补目标与环境的温度差(辐射差别)来实现。

自然界的每个物体都不断地向外辐射能量。因此,目标与背景之间的红外辐射的反差成为红外探测器的捕捉信号,如果这个反差值小于红外探测器的最小分辨率,就能达到红外隐身的目的。根据玻尔兹曼定律,对不透明的物体,其辐射强度为

$$E_0 = \frac{G}{\pi}\varepsilon_R T^4 \tag{5-16}$$

其中,G 为斯特藩-玻尔兹曼常数;ε_R 为目标的发射率;T 为目标的绝对温度。因此,红外隐身的关键在于控制目标的表面温度 T 和发射率 ε_R。从玻尔兹曼定律可以看出,由于目标的辐射强度与 T^4 成正比,所以实现红外隐身的有效途径是控制目标的表面温度,尽量缩小目标与背景的温差。但是,目标与背景之间的温差很难减小到要求的限度。为此,必须采用红外隐身材料来调节目标表面的发射率,改变目标的红外辐射使其与背景的红外辐射相适应,以求目标与背景之间的红外辐射的反差为零或者接近于零,使红外探测仪器不能或不易发现目标,从而达到隐身的目的。

二、红外隐身伪装基本原则

实现红外隐身伪装的基本原则有以下三条:

(1) 设法降低辐射源的温度,尽量减少向外辐射的能量;

(2) 改变目标的红外辐射频率或频谱特性,使其产生最大辐射强度时的波长偏离红外探测器使用最敏感的工作区间;

(3) 降低目标的黑度,使其具有较低的辐射能力,以降低红外探测系统的分辨力。

各种红外抑制技术正是根据这三条原则来减弱目标在主要威胁方向的红外辐射强度等指标,达到降低各种红外探测设备的作用距离、灵敏度和分辨力的目的。据估计实施红外隐身的最佳综合效果可使目标的红外辐射减缩90%以上。国外早在20世纪60年代就对各种军事目标的红外辐射特征进行了研究,重点研究它们的发动机红外热辐射特性及影响发动机热辐射能力的各种重要因素,并进行了大量的实验,为各种红外抑制技术的发展提供了理论依据。

(一) 降低目标的红外辐射强度

即通常所说的热抑制技术,也称为降低目标与背景的热对比度,使敌方红外探测器接

收不到足够的能量,减少目标被发现、识别和跟踪的概率。具体可采用以下几项技术手段和措施:

(1)采用空气对流散热系统。空气是一种选择性的辐射体,其辐射集中在大气窗口以外的波段上。因此红外探测器只能探测热目标,而不能探测热空气。

(2)涂覆可降低红外辐射的涂料。这种涂料通过两种途径来降低目标红外辐射强度。一是降低太阳光的加热效应,这主要是因为涂料对太阳能的吸收系数小;二是控制目标表面发射率,可通过降低涂料的红外发射率,从而使目标的红外辐射能量尽可能不随温度的变化而变化。

(3)配置隔热层。隔热层可降低目标在某一方向的红外辐射强度,可直接覆盖在目标表面,也可距目标一定距离配置,以防止目标表面热量的聚集。同时,由于隔热层本身不断吸热,温度升高,为此,还必须在隔热层与目标之间使用冷却系统和受迫空气对流系统进行冷却和散热。

当需要隐身有源或无源的高温目标时,则需要在隐身物体上加一层隔热层(如绝缘帆布等)构成热红外隐身遮障。目前,应用最多的隐身网是由多层结构构成的,其结构中间是纤维织物,上下都涂有一层红外反射材料(如金属锌等),外层涂有可见光吸收材料的半透明聚烯膜。这种隐身网因为结构较厚不易固定在车辆上,因此不太适合于移动目标,但对静止物体隐身效果较好。

(4)加装热废气冷却系统。发动机或能源装置的排气管和废气的温度都很高,可产生连续光谱的红外辐射。为降低排气管的温度,可加装废气冷却系统,该系统在消除废气中热量的同时,又不加热目标的表面。

(5)改进动力燃料成分。通过在燃油中加入特种添加剂或在喷焰中加入红外吸收剂等措施,降低喷焰温度。抑制红外辐射能量,或改变喷焰的红外辐射波段,使其辐射波长落入大气窗口外。

(二)改变目标表面的红外辐射特征技术

即改变目标各处的辐射率分布,具体可采用以下几项手段和措施:

(1)模拟背景的红外辐射特征技术,具体是指通过改变目标的红外辐射分布状态或组态,使目标与背景的红外辐射分布状态相协调,使目标的红外图像成为整个背景红外辐射图像的一部分。模拟背景的红外辐射特征技术适用于常温目标,通常采用的手段是红外辐射和伪装网。

(2)改变目标红外图像特征的变形技术,主要在目标表面涂覆不同发射率的涂料,构成热红外迷彩,使大面积热目标分散成许多个小热目标,这样各种不规则的亮暗斑点打破了真目标的轮廓,分割歪曲了目标的图像,从而改变了目标易被红外成像系统所识别的特定红外图像特征,使敌方的识别发生困难或产生错误识别。

(3)光谱转换技术所采用的涂料在 $3\sim5~\mu m$ 和 $8\sim14~\mu m$ 两个大气窗口波段发射率低,而在这两个波段外的中远红外有高的发射率,使保护目标的红外辐射落在大气窗口以外而被大气吸收和散射掉。

采用特定的高辐射率涂料将其涂敷在保护目标的部件上,以改变被保护目标红外辐射的相对值和光谱分布相对位置;或使目标的红外图像成为整个背景红外图像的一部分;或使被保护目标的红外辐射位于大气窗口之外而被大气吸收,从而使对方无法识别,达到红外隐身的效果。

三、红外隐身伪装技术现状

红外隐身伪装主要指消除、减小、改变或模拟目标与背景间中远红外波段两个大气窗口(电磁波波长分别为 $3 \sim 5~\mu m$ 和 $8 \sim 14~\mu m$)辐射特性的差别,以对付热红外探测所实施的伪装。随着红外成像技术的日臻完善,高探测精度和分辨率的红外探测手段相继出现,以及红外精确制导武器的大量使用,红外跟踪设备已成为当前电子战中最有效的目标跟踪系统之一。常规的红外对抗措施越来越难以满足现代战争的需要。飞机、导弹、战舰、坦克等也是均具有较强红外辐射的目标,它们的任何部位都有可能成为红外辐射源,它们自身的辐射和对环境的反射都是被探测和跟踪的信息,尤其是发动机的高温喷气流、机体热部件、气动力加热和对阳光的反射和散射被认为是红外辐射源中的几个主要方面。红外隐身技术的实质就是抑制和缩减其红外辐射能力,避免过早地被发现和跟踪。它已是当前仅次于雷达隐身的主要隐身措施。表 5-3 中列出了各类目标的红外辐射特征。

表 5-3 各类目标红外辐射特性

序号	辐射物体名称	辐射温度/K	物体黑度/ε	红外辐射特征	红外辐射波长/μm
1	受热喷气发动机体	900	0.9	灰体辐射	3~5
2	喷管尾焰	1200~1500	—	高温气体辐射 (CO_2、H_2O)	2~3,4~5
3	蒙皮	370~840 ($M=2\sim4$)	0.91	空气动力加热辐射、灰体辐射	3~5,8~14
4	战舰烟囱、排气管	573	—	气体热辐射、灰体辐射	4~5
5	坦克、车辆	280~325	0.35	灰体辐射	5~8
6	人体	305	0.99	接近黑体辐射	2~3,8~13
7	地面背景	273~293	—	阳光反射、灰体辐射	0.48(阳光反射) 10(地面热辐射)
8	水面背景	280~300	0.95~0.963	接近黑体辐射	10

目前,国外红外隐身技术已发展到实用化阶段。自 20 世纪 80 年代后期以来,除飞机之外,战舰、坦克、各类武器平台,乃至夜战士兵的服装均提出了要用红外隐身技术来改善或提高其战场生存能力。由于这些武器装备自身的红外辐射特征及其面临的战场环境均互有区别,因此其测量、估算红外辐射特征的方法和抑制措施也将有所不同,这将在很大程度上促进红外隐身技术的进一步发展,其结构形式从单一化向多样化扩大。红外抑制

技术的抑制范围已从只对中、近红外波长的强红外辐射源的"点"抑制进而扩大到对远和超远波长的低红外辐射源进行"面"抑制,研究重点发生重大变化。表5-4中列出了现代侦察设备对红外隐身的要求。

表5-4　现代侦察设备对红外隐身的要求

编号	波　段	用　途	侦察器材或装备	对材料的要求
1	近红外 0.7~2.0 μm	图像转换	1. 主动式红外照射/红外潜望镜; 2. 有线制导导弹航向跟踪仪; 3. 激光指示器; 4. 激光测距仪	1. 与自然背景有相近的光谱反射特征; 2. 激光吸收率>95%,不受灰尘和雨雾影响
2	中红外 3~5 μm	热寻的导弹	1. 红外导引灵敏武器; 2. 热成像仪	辐射率<0.5,耐热温度200℃以上
3	远红外 8~14 μm	可视红外系统	1. 热成像仪; 2. 配有有线制导导弹热像仪; 3. CO_2激光测距仪	辐射率>0.2,形成热迷彩

第三节　红外隐身伪装技术

红外隐身的主要对象是易遭受红外制导武器攻击或易被红外侦察告警设备发现、识别的军事目标。军事目标都辐射出红外特征光谱,很容易被卫星的红外多光谱热像仪、高空侦察机及无人机侦察到。军事机动平台由于它的高机动性需要,往往选用了大马力发动机,发动机工作时的发动机罩、排气管温度往往较高。这些正是红外点源或成像制导导弹攻击的目标。降低或改变目标的红外辐射特征,使得目标与背景的辐射反差尽可能地小,这是红外隐身的基本出发点。目前,红外隐身技术已在飞机、导弹、坦克、军舰上得到应用,并取得了显著效果。如美国的F-117A隐身飞机,由于采用多种隐身措施,其红外辐射降低了90%。

一、红外隐身涂层技术

(一)低发射率涂层技术

1. 概念及应用

实现红外伪装的技术途径有两种:一是调节表面发射率;二是控制表面温度。由于地面军事目标的发动机、喷气口、发电机等部位温度一般高于背景,而低发射率涂层是降低辐射温度的有效手段,所以低发射率涂层的研制得到了广泛重视。

低发射率涂层的一个基本要求是与可见光/近红外伪装兼容,即在具有较低的热红外发射率的同时,还要满足颜色及光谱反射率的要求。低发射率涂层并没有统一的标准,但一般低发射率涂层热红外发射率都小于 0.7。芬兰国防技术研究中心与瑞典国防研究办事处合作进行了兼容可见光波段的低发射率红外伪装涂料研究,得到的绿色伪装涂料发射率约 0.50~0.60。

低发射率涂层除了应用于目标的高温部位,还能与高发射率涂层配合,在伪装面上形成热红外迷彩,使伪装面在红外热图中呈现不同的亮度级别,从而歪曲目标轮廓,在斑驳的背景中降低目标的显著性。

2. 红外透明黏合剂

伪装涂料中黏合剂的含量很高,约在 50% 以上,故伪装涂料的发射率受黏合剂的影响很大。黏合剂的热红外性能可用其热红外透光度来表征。透光度越高,则吸收越弱,其发射率也就越低。研究表明,用于低发射率涂料的黏合剂应符合如下两个基本要求:一是必须保护填料并在涂层的整个使用过程保持它们的红外特性;二是所用黏合剂必须在选定的光谱范围内红外透明。

美国涂料技术协会以有机化合物分子所含有的基团与化学键来大致判断其红外吸收能力。大多数黏合剂在热红外区有明显甚至强烈的吸收,这是由聚合物中官能团的分子振动产生的,如碳氢伸缩振动($3.3~\mu m$)、羰基伸缩振动($5.7~\mu m$)、碳氢变形振动($7.0~\mu m$)、碳氧伸缩振动($8.0~\mu m$)。例如,聚氨酯(PU)因含有氨酯基(—NHCO—)、异氰酸酯基(—NCO)等不饱和官能团,在热红外波段有强烈吸收,不适合用于红外隐身涂料。所以在低发射率伪装涂料的配方设计中,应根据各种有机树脂的红外吸收光谱,选用不含上述强吸收官能团的树脂以减少热红外波段的吸收。

从聚合物的官能团和化学键来分析,石蜡族化合物、具有环状结构的橡胶、异丁烯橡胶、聚乙烯以及氯化聚丙烯等都可能用于低发射率伪装涂料的黏合剂。采用红外透明树脂的低发射率涂料一般涂覆在低发射率的基底上才最终获得低发射率涂层。

3. 低发射率颜料和填料

除了选用红外透明树脂,降低涂层的发射率还可以通过两个方法:一是选择低发射率的颜料;二是在涂层中添加片状铝粉等低发射率填料。在满足可见光/近红外光谱特性的条件下,颜料可选的种类较少,铝粉的添加量也不能过多。因此开发新型的低发射率颜料和兼容光学伪装要求的低发射率填料是重要的研究方向。

目前研究较多的低发射率颜料和填料主要是一些掺杂半导体粉末,如掺锡氧化铟 ITO、掺锑氧化锡 ATO、掺铝氧化锌 AZO、CdS、ZnS 等。

(二)兼容隐身涂层技术

由于敌方侦察器材采用多种传感器,单一功能的伪装涂层难以满足隐身的要求,这就使得设计光学/红外/雷达兼容隐身涂层成为迫切的需求。

研制光学/红外/雷达兼容隐身涂层的技术路线有两条:① 研制合适的半导体型粉体,使其在光学波段透明,红外波段有较低的发射率,在微波和毫米波段具有较高的吸收率,再辅以适当的着色颜料获得兼容隐身涂层;② 采用分层涂覆,将雷达吸波涂层置于底层,面层采用与之兼容的光学/红外兼容迷彩涂层。

1. 掺杂半导体型红外/雷达兼容隐身填料

许多掺杂氧化物可以成为自由电子浓度较高的半导体材料,而且其本身在可见光波段可以保持透明,这些氧化物常见的有 In_2O_3、SnO_2、ZnO、掺锡氧化铟 ITO、掺锑氧化锡 ATO、$Zn_{2x}Al_{2-2x}O_{3-x}$(AZO)等,它们的禁带宽度一般在 3.9 eV 左右,由于红外线波长较长,光子能量小于禁带宽度,半导体对其无本征吸收,对光子的吸收和散射主要由自由载流子决定。

入射光与半导体材料自由载流子作用规律表现为:材料的反射率随入射光的频率变化,当入射光的频率接近材料等离子体频率 ω_p 时,反射率发生突变。频率低于 ω_p 的入射光(波长较长)发生高反射,根据基尔霍夫定律,此时半导体材料呈现低发射率;频率高于 ω_p 的入射光(波长较短)则呈现高透射;频率等于 ω_p 的入射光则被吸收,反射与透射都很低。

而等离子体频率 ω_p,由自由载流子浓度决定,即

$$\omega_p = \left[\frac{Ne^2}{\varepsilon_\infty \varepsilon_0 m_e}\right]^{1/2} \tag{5-17}$$

式中,N 为自由载流子浓度;e 为电子电量;m_e 为电子有效质量;ε_0 为真空介电常数;ε_∞ 为光频相对介电常数。而自由载流子浓度可以通过掺杂进行调节,较高的浓度可以使得 ω_p 向高频移动,较低的浓度则可使其向红外移动。

在获得具有合适 ω_p 的材料后,配以合适的着色颜料即可得到光学/红外兼容的隐身涂层。更进一步,由于掺杂氧化物半导体具有一定的导电性,导电性粉末是典型的电损耗雷达波吸收剂,通过调节粉体在涂层中的含量、涂层厚度即可获得雷达吸波涂层,最终实现了光学/红外/雷达兼容的隐身涂层。

2. 分层涂覆型光学/红外/雷达兼容隐身涂层

分层涂覆型光学/红外/雷达兼容隐身涂层是发展比较成熟的技术,其关键是表层的光学/红外迷彩涂层对雷达吸波性能的影响要在许可的范围内。为了达到这一目的,通常采用的技术措施主要是尽量降低光学/红外迷彩涂层的介电常数、导电率及其厚度,使其对雷达吸波涂层的影响忽略不计。

光学/红外迷彩涂层对雷达吸波涂层的影响规律表现为:迷彩涂层使雷达吸波涂层的吸收峰向低频移动,其介电常数越高,厚度越大,吸收峰向低频移动越多;迷彩涂层介电常数和导电性过高会使雷达波在表面发生强反射,使雷达吸波涂料的性能劣化。所以迷彩涂层要尽量减少金属填料含量和自身厚度。

光学/红外迷彩涂层对雷达吸波涂层的影响不能忽略时,应把迷彩涂层作为雷达吸波涂层的组成部分,将其电磁参数、厚度纳入雷达吸波涂层的设计计算。

二、红外隐身结构技术

红外隐身涂层和红外隐身结构是目前红外隐身技术的两种主要技术途径。红外隐身结构技术主要通过外形、遮挡、疏导、隔热、降温、目标热惯量控制等技术手段来显著降低

军事目标的表面温度和红外辐射强度,是实现目标红外隐身最有效的途径之一。红外隐身结构技术是提高武器装备隐身性能的一项实用技术,是目前国内外隐身技术发展的一个重要方向。

红外隐身结构设计在武器系统的设计阶段,根据红外对抗的要求,对其外形、结构、材料等方面进行精心设计与优化,最大限度地降低红外辐射特征,这是最经济、最有效的红外对抗措施。目前对红外隐身结构的研究主要包括以下内容:目标外形设计、红外隐身动力装置、红外隐身排气系统、红外抑制器、高速飞行器冷罩、结构型红外隐身材料、新型红外隐身结构和装置等。红外隐身结构涉及的技术领域较多,内涵丰富,形式多样。对于不同的军事目标,如地面装备、水面舰艇、飞行器等,红外隐身结构具有不同的设计方法和应用形式。红外隐身结构设计主要涉及外形结构设计和动力装置的红外抑制这两种。

三、红外伪装技术

根据实现红外伪装的基本原则,实现红外伪装的具体途径则主要有红外遮蔽、红外融合与变形以及红外假目标等。

(一) 红外遮蔽

红外遮蔽是采用天然地物或人工遮障把目标的红外辐射屏蔽起来。具体方法如下。

(1) 将热目标配置在天然不通视区内。如茂密的树冠是对抗空中侦察良好的天然遮障,高地反斜面、沟谷、高大建筑也是良好的天然遮障。

(2) 将目标配置在人工遮障内。人工遮障包括就便遮障和制式遮障,遮障表面应保证热辐射特性与背景相似。为了防止遮障被热目标加热温度上升,遮障与热目标之间应保持一定的距离,而且应尽量保持二者之间空气的流动性,通过对流散热以避免热累积。制式遮障一般配有隔热毯,隔热毯背面有低发射率涂层,防止被辐射加热,隔热毯上有大量眼睑孔,以利于对流换热。

(3) 施放红外干扰烟雾。红外干扰烟幕弹产生的烟雾对红外辐射具有较高的衰减,在靠近敌方一侧施放时,可形成面积较大的不通视区域。

(4) 合理配置目标的热部件。如作战飞机将发动机排气口配置机身上部,使其从地面观察时不可见。

(二) 红外融合与变形

热红外融合是降低目标与背景间的温差和目标本身各部分之间的温差,可通过降低目标热部件温度、在热部件外涂覆低发射率涂料、采取隔热措施等方法实现融合。

红外变形是改变目标原有热特征,或显示其他热特征使敌方识别出现错误,如在目标表面涂覆与光学伪装兼容的不同发射率的涂料,在热图中形成热迷彩,歪曲目标外形特征,实现与背景的融合。

（三）红外假目标

传统的假目标在可见光波段能够达到很好的示假效果,如果在此基础上结合合适的热源及其相应的控制技术,能够进一步逼真地模拟目标的明显热特征部位和背景的热图像,就构成了红外假目标。先进的红外假目标具有与真目标一致的外形和颜色,能模拟真目标的热特性,在自然条件下的升降温性能与真目标一致。

简易的假目标应用得当也能起到较好的作用。比如科索沃战争中,南联盟军队夜间采用铁皮覆盖在火堆上面,欺骗敌夜间的热红外和雷达侦察,取得了较好的效果。

（四）红外抑制器

红外抑制器用于直升机发动机尾喷口,利用发动机废气的能量从环境中抽吸进大量冷空气,并在很短的混合管内强化均匀混合达到降温目的,同时采用挡板遮蔽尾喷口高温部件,可防止直升机被红外制导导弹击中,对提高直升机的生存能力具有非常重要的作用。

（五）红外动态变形伪装

现有的红外防护系统(如红外隐身、红外遮蔽、红外伪装技术)基本上都是静态防护方法,有局限性。当环境温度变化时,由于目标和伪装的红外发射率随温度的变化未必一致,伪装后的目标和背景的差异可能会随着温度的变化而变得非常明显。红外动态变形伪装技术是一种新型的光学防护技术。动态变形伪装系统可以根据需要迅速从一种伪装状态变化到另外一种伪装状态。各种伪装状态下的图像特征弱相关,可使敌方光学侦察和跟踪、制导系统难以掌握目标真实的红外特征,无法完成对目标的侦察与打击,从而提高各类目标的战场生存能力。

红外成像系统处理的热图像实质上只是一幅单色辐射强度的分布图。目标的红外辐射强度由两个因素决定:目标表面温度和目标表面发射率。温度和发射率越高,红外辐射强度就越大。可以通过对目标红外发射率和温度的动态控制实现对目标红外热图像的动态改变。

红外动态变形伪装对抗技术的基本原理是不断地高帧频变换目标的红外辐射特征,当红外成像导弹利用相关性跟踪目标时,如果导引头在不同时刻得到的目标红外热图像相关度很低,小于红外成像制导武器的探测极限,导弹就难以稳定跟踪和锁定目标。

红外变形伪装主要依靠两方面的技术:一是电致变温技术;二是变发射率技术。半导体变温器件体积小,易控制,可制冷制热,成为目前最理想的变温材料之一。例如英国的 CV90 坦克就可以通过调节车身上近万个六边形的像素块的温度,实现其红外图像特征的变形技术,可以在夜间伪装成小汽车、雪堆甚至是垃圾桶。图 5-8 给出了 CV90 坦克将红外图像伪装成小汽车的情况。发射率材料通常是特定材料的薄膜,在外加电场的作用下,阳离子(如 H^+、Li^+、Na^+、K^+等)和电子(e^-)成对地注入膜层中,或者从膜层中成对地被抽取出来,薄膜会发生电化学反应,从而引起薄膜物理化学性质的改变。其宏观上的表现之一就是红外发射率的改变。

图 5-8　CV90 坦克红外变形隐身的效果

第四节　红外有源干扰技术

　　红外干扰技术主要针对红外制导武器的工作机理进行有针对性的干扰和对抗的技术,从技术手段上可分为红外有源干扰和红外无源干扰。红外无源干扰主要为红外隐身技术,红外有源干扰主要用于干扰红外制导武器、红外侦察与观瞄设备,多用于机动平台的自卫。红外诱饵弹和红外干扰机是当前最典型的两类红外有源干扰设备。它们主要是通过发射与被保卫目标相近的红外辐射信号去欺骗或干扰对方的红外点源制导武器。例如,红外诱饵弹被释放后,在对方红外点源制导武器的寻的视场中形成一个与被保护目标相近的假目标,从而诱骗导弹向其寻的。红外诱饵弹为一次性使用的干扰物。红外干扰机是利用主动发射与被保卫目标红外辐射相近的干扰信号,对采用调制盘体制的红外制导武器实施干扰,使其无法提取真实目标所在的角度信息,致使导弹丢失目标。红外干扰机通常安装在被保卫目标上,所消耗的主要是电能,为一种长期使用的装备。近年来,随着相关技术的进步,还发展了一种采用激光器或者其他非相干光源作为干扰源的新型红外定向干扰机,它可以在导弹逼近告警器的引导下对来袭目标的红外探测系统实施干扰效果更强、干扰距离更远的定向干扰。红外有源干扰多年来不仅一直是对付空-空、地-空红外制导武器攻击的主要机载光电对抗自卫设备,而且也是对付反坦克导弹红外瞄准具,舰艇对付空-舰红外寻的制导导弹的重要对抗手段。美国从 20 世纪 70 年代起就开始装备,是目前应用最为广泛的光电对抗装备之一。

一、红外干扰弹

红外干扰弹也称作红外诱饵弹、红外曳光弹,具有有效、可靠性高、廉价、效费比高的突出优点,是目前应用最广泛的红外干扰器材之一。

(一)分类和组成

红外干扰弹按照其装备的作战平台可分为车载红外干扰弹、机载红外干扰弹和舰载红外干扰弹。按功能来分,又分为普通红外干扰弹、气动红外干扰弹、微波和红外复合干扰弹、可燃箔条弹、无可见光红外干扰弹、红外和紫外双色干扰弹、快速充气的红外干扰气囊等具有特定或针对性干扰功能的红外干扰弹。

红外干扰弹由弹壳、抛射管、活塞、药柱、安全点火装置和端盖等零部件组成。弹壳起到发射管的作用并在发射前对红外干扰弹提供环境保护。抛射管内装有火药,由电底火起爆,产生燃气压力以抛射红外诱饵。活塞用来密封火药气体,防止药柱被过早点燃。安全点火装置用于适时点燃药柱,并保证在膛内不被点燃。图5-9中分别为美国F-22战机和俄罗斯苏-27战机释放红外干扰弹时的照片(图片引自环球军事)。

图5-9 F-22和苏-27战机释放红外干扰弹

(二)主要功能

1. 诱骗干扰

基于红外点源制导武器在对目标实施跟踪时,通常遵循以最强光源物体为寻的目标的准则。所以,可以利用发射比被保卫目标自身红外辐射更强的诱饵弹,将其诱骗到诱饵弹所在方向上来,主要用于飞机自卫。

2. 质心干扰

利用多个与被保卫目标红外辐射相当的诱饵,预先布设在被保卫目标周围,使对方红外制导武器在对目标区进行搜索或跟踪时,由于视场内同时出现多个目标,导致其无法识别真正所要攻击目标的质心位置,可用于保卫舰艇或舰艇编队。

3. 淡化干扰

利用几个可被对方红外成像观察或扫描系统同时发现的诱饵,冲淡被保卫目标原本在对方探测视场内的唯一性。通常淡化目标的个数越多,被保卫目标的生存概率也就越高。

(三) 干扰机理

红外干扰弹是一种具有一定辐射能量和红外辐射光谱特性的干扰器材,用来欺骗或诱惑敌方的红外侦测系统或红外制导系统。投放后的红外干扰弹可使红外制导武器在锁定目标之前锁定红外干扰弹,致使其制导系统跟踪精度下降或被引离攻击目标。

红外干扰弹被抛射后,点燃红外药柱,燃烧产生高温火焰,并在规定的光谱范围内产生强的红外辐射。普通红外干扰弹的药柱由镁粉、聚四氟乙烯树脂和黏合剂等组成,通过化学反应使化学能转变为辐射能,反应生成物主要有氟化镁、碳和氧化镁等,其燃烧反应温度高达 2 000~2 200 K。典型红外干扰弹配方的辐射波段为 1~5 μm,在真空中燃烧时产生的热量大约是 7 500 J/g。

由于红外制导导弹的控制部分通常由红外导引头和舵机组成。导引头和红外探测器能探测到红外辐射信号,从而截获、跟踪并攻击目标。目前装备的红外制导导弹多数是被动点源探测、比例导引的制导机制。当其在导引头视场内出现多个目标时,它将跟踪等效辐射中心(又称矩心)。设导引头已经跟踪上目标,对应于光点 A,此时目标上投放出一枚红外干扰弹诱饵,对应的光点为 C 点,其辐射强度比目标 A 的辐射强度大很多,如图 5-10 所示。当红外诱饵和目标同时出现在导引头视场内时,导引头跟踪二者的等效辐射中心,由于诱饵的红外辐射强度远远大于真目标,设诱饵红外辐射强度比目标红外辐射强度大一倍,则 AB 为 BC 距离的两倍,所以矩心 B 偏向诱饵一边,而且与真目标的距离越来越远。直到真目标从导引头的视场内消失,这时导引头就只跟踪辐射强度大的诱饵了。

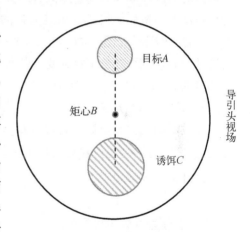

图 5-10 红外干扰弹干扰示意图

(四) 红外干扰弹的技术要求

红外干扰弹的主要战术性能可由辐射峰值强度、起燃(上升)时间、频谱特性、作用(燃烧)时间、弹出速度、气动特性六个参数进行描述。若需要红外干扰弹能有效地干扰红外导引头,它的性能要满足以下技术要求。

1. 辐射光谱与目标相近

红外制导导弹的工作波段是根据目标的光谱特性和大气窗口等因素进行选择的。因此红外干扰弹要尽可能使其光谱分布在导引头工作波段内最强。表 5-5 给出了国外几种导引头的工作波段。典型红外诱饵的燃烧光谱通常在 1~3 μm 及 3~5 μm 波段,舰载红外干扰弹的光谱可以达到 8~14 μm。

表 5-5   国外几种红外点源制导防空导弹的光谱波段

序　号	型　号	波长/μm
1	AIM 9B(美)	1.8~3.2
2	AIM 9E(美)	2.2~3.4
3	AIM 9D(美)	2.8~4.0
4	MATRA-R-530(法)	3.5~5.3
5	RED-TOP(英)	3.0~5.3
6	SRAAM(英)	4.1~4.9

2. 光谱辐射强度大

光谱辐射强度应大于目标对应的光谱辐射强度,二者比值越大,矩心越靠近红外干扰弹,目标移出现场越快。一般二者比值在 2~4 之间。

3. 点燃时间短

空对空红外导弹的发射距离有的大于 2 km,而导弹速度往往约为 $2.5Ma$,因此要求红外诱饵离开飞机后尽快燃放出足够强的光谱辐射强度。从点燃到燃烧到能量最大值的 90%所需时间称作上升时间 t_r,该时间基本上都控制在 0.2~0.25 s 左右。t_r 小于 0.2 s 也不可取,因为点火后,红外干扰弹要从装载飞机舱内的弹夹中弹出,必须保证弹出飞机外所需的时间,否则会发生安全事故。

4. 足够长的燃烧持续时间

持续时间 t_m 是指诱饵从燃烧到最大强度起到强度减弱到最大值的 10%时经过的时间。理论上 t_m 越长越好,机载红外干扰弹的 t_m 一般在 4~4.5 s 以上。保护水面舰艇的红外干扰弹的 t_m 一般要求大于 40 s。

(五) 新型红外干扰导弹

"此消彼长"是光电防护领域永恒的法则,为了有效干扰新型红外点源制导弹,近年来又发展了新型红外干扰弹,典型的主要有拖曳式红外干扰弹、气动红外干扰弹、喷射式红外干扰弹和干扰成像制导导弹的面源红外诱饵,这里简要介绍一下最后一种红外干扰技术。

面源红外诱饵能在预定空域形成大面积红外干扰"云",这种"云"不仅能模仿被保护体的红外辐射光谱,还能模仿其空间热图像轮廓和能量分布,造成一个假目标,以欺骗敌成像制导导引头。面源红外诱饵系统应满足以下技术条件:

(1) 辐射光谱与被保护目标相同或相近;

(2) 在主要成像波段的辐射强度比被保护目标高若干倍,以形成更强的图像;

(3) 有足够的燃烧时间,使敌导弹不能重新锁定目标。若燃烧时间不够,可以连续发射;

（4）有高精度方向系统引导发射，使诱饵完全位于敌成像寻的器的视场内。当面源诱饵与被保护目标的热图像同时出现在敌成像寻的器的视场时，二者的合成图像共同形成目标信息。无论敌传感器采用中心跟踪（形心或矩心跟踪）、边缘跟踪、特征序列匹配或相关跟踪算法，都是针对合成图像进行计算的。由于面源诱饵与被保护体在空间的分离，二者图像不可能完全重合，这就使得不管用哪种算法提供的跟踪指令都更偏向于诱饵。由于相对运动，诱饵与被保护目标必定逐渐远离，综合效果是导引头渐渐把导弹引向诱饵，而被保护目标却逐渐被挤向导引头视场边缘，最终从视场中消失，使导弹完全跟踪诱饵。

面源诱饵已成为对抗红外成像制导武器的重要手段，其效果与投放速度、方向、点燃时间、持续时间及导弹视场、速度等因素有关。美国海军的"多级烟云"（Multicloud）红外诱饵已研制出两种型号：其一是烟火材料型；另一种是用现有的 MK245 装药，采用专制漂浮部件，按一定时间间隔垂直布放空爆弹药，产生热烟云、热颗粒和扩散气体，歪曲保护目标的红外图像，使图像矩心远离保护目标。这样敌方基于成像导引的反舰导弹无论采用哪种跟踪机制（如边缘检测、矩心检测、相关匹配），都会得到错误信息。

二、红外干扰机

红外干扰机是针对导弹寻的器的工作原理而采取相应措施的有源干扰设备，其干扰机理与红外制导导弹的导引机理密切相关，其主要干扰对象为红外制导导弹。红外干扰机常安装在被保护平台上，使其免受红外制导导弹攻击，既可单独使用，又可与告警设备或其他设备一起构成光电自卫系统。

（一）红外干扰机的分类

根据分类方法的不同，红外有源干扰机可分为许多种类。按其干扰对象来分，可分为干扰红外侦察设备的干扰机和干扰红外制导导弹的干扰机两类。目前各国装备的大都是干扰红外制导导弹的干扰机。

按其采用的红外光源来分，可分为燃油加热陶瓷、电加热陶瓷、金属蒸气放电光源和激光器四类。燃油加热陶瓷和电加热陶瓷光源干扰机一般都有很好的光谱特性，适合于干扰工作在 $1\sim3~\mu m$ 和 $3\sim5~\mu m$ 波段的红外制导导弹。金属蒸气放电光源主要有氙灯、铯灯等，这种光源可以工作在脉冲方式，在重新装订控制程序后能干扰更多新型的红外制导导弹。激光器光源的红外干扰机也称相干光源干扰机或定向干扰机，这种干扰机干扰功率大，干扰区域（或称发散角）在 $10°$ 以内，因而必须在导引系统作用下对目标进行定向辐射。

按干扰光源的调制方式来分，可分为热光源机械调制和电调制放电光源红外干扰机两种典型形式。前者采用电热光源或燃油加热陶瓷光源，红外辐射是连续的；而后者的光源是通过高压脉冲来驱动。图 5-11 给出了一种热光源机械调制红外干扰机的结构组成原理图。其主要由控制机构、斩波控制、旋转机构、红外光源和斩波圆筒构成。红外光源发出能干扰红外点源制导导引头的红外辐射，可控调制器采用开了纵向窗格的圆柱体，它以特定角频率绕轴旋转，辐射出特定调制函数的红外辐射。热光源机械调制红外干扰机的电源是电热光源或者燃油加热陶瓷光源,其红外辐射是连续的。由干扰机理可知,若要起到干扰作用,必须将这些连续的红外辐射变成闪烁、调制的红外辐射。能起到这种断续透光作用的装置,称为调制器。

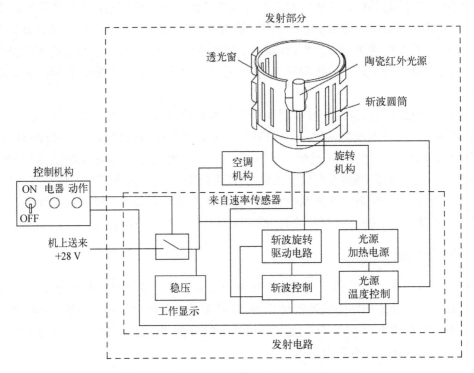

图 5 - 11　热光源机械调制红外干扰机的组成

(二) 红外有源干扰机的干扰原理

对于带有调制盘的红外寻的器,目标通过光学系统在焦平面上形成“热点”,调制盘和“热点”做相对运动,使热点在调制盘上扫描而被调制,目标视线与光轴的偏角信息就包含于通过调制盘后的红外辐射能量之中。经过调制盘调制的目标红外能量被导弹的探测器接收,形成电信号,再经过信号处理后得出目标与寻的器光轴线的夹角偏差或该偏差的角速度变化量,作为制导修正依据。当干扰机介入后,其干扰信号也聚集在“热点”附近,并随“热点”一起被调制,同时被探测器接收。干扰机的能量是按特定规律变化的,当这种规律与调制盘对“热点”的调制规律相近或影响了调制盘对“热点”的调制规律时,偏差信号将产生错误,致使舵机修正发生错乱,从而达到干扰的目的。

(三) 主要优点

主要优点表现在以下几点。

1. 具有较强的反干扰能力

红外干扰机可通过控制其辐射波长使之处于对方红外制导导弹的探测波长范围之内;干扰机与被保卫目标装在一体,使得对方寻的导弹无法从速度上将目标与干扰信号分开。所以红外干扰机具有较强的抗反干扰能力。

2. 具备长时间持续干扰能力

由于红外干扰机可以在载体能够提供电能或燃料的前提下长时间工作,因此与红外诱饵弹相比,更适合用于无导弹逼近告警器引导的工作环境。如果与红外诱饵弹配合使用,则可以弥补诱饵弹寿命短、弹药量有限的不足。

3. 结构简单、成本较低、适合大量装备

红外干扰机具有结构简单、成本较低的优点。由于体积小、重量轻,所以可以装载到大多数重要保护目标载体上。红外干扰机可重复多次使用,效费比高,适用于大量装备。

(四) 不足及局限性

1. 对载体要求较高

无论红外干扰机采用何种电加热光源或强光灯光源,都要对被保卫载体提出供电、体积、重量、安装位置等一系列要求。如果被保卫的目标红外辐射越强,干扰机所需的耗电量也就越大。

2. 容易成为自我暴露源

主动发射的红外干扰源与被保卫目标连为一体,如果被干扰方具有很强的抗干扰能力,则红外干扰机在某种程度上将有可能成为一个很强的自我暴露或目标指示源。

三、红外定向干扰机

(一) 红外定向干扰机基本原理

红外定向干扰机是在普通红外有源干扰机的基础上发展起来的,它是将干扰机的红外(或激光)光束指向探测到的红外制导导弹,以干扰导弹的导引头,使其偏离目标方向的一种新型的红外对抗技术。

与普通的红外有源干扰机不同,定向红外干扰机将红外干扰光源的能量集中在导弹到达角的小立体角内,瞄准导弹的红外导引头定向发射,使干扰能量聚焦在红外导引头上,从而干扰红外导引头上的探测器和电路,使导弹丢失目标。普通红外对抗技术所用的干扰光源是在大的空间范围内连续发射能量,相比之下,定向红外对抗节省了能量,增加了隐蔽性,不易被敌方探测到。然而定向红外干扰对抗是以系统的复杂性为代价的,必须增加导弹告警和跟踪系统。

红外定向干扰机的干扰光源通常使用非相干调制的氙弧光灯,但氙灯只能干扰工作在 $1~\mu m$ 和 $2~\mu m$ 波段的第一代红外制导导弹,对工作在 $3\sim5~\mu m$ 波段的新一代红外制导导弹则无能为力。使用相干的定向红外光源即激光器可以干扰新一代的红外制导导弹。因为干扰新一代的红外制导导弹,最重要的要求是干扰能量要足够大,以便使聚焦在红外导引头探测器上的能量尽可能高,还要求干扰光源的效率高、体积小、重量轻、寿命长、发射波长与导弹的工作波长匹配。相干的定向激光干扰光源能很好地满足上述要求。激光光源的高亮度、高定向性和高相干性,使其产生的相干能量很容易地聚焦在位于小束散角内的红外导引头上,从而很容易干扰红外导引头上的探测器和电路。

（二）红外定向干扰机的发展

20世纪80年代起，美国开始研究定向红外干扰系统的可行性。世界上第一台定向红外干扰机是 LOCAL 公司采用铯灯作光源研制成功的。此后，又出现了双氙灯作光源的"萤火虫"红外干扰机，可在开机瞬间达到辐射峰值。

自20世纪90年代以来，随着红外成像制导武器技术的发展，要求红外干扰机具有更强的干扰能量、更好的波长匹配性、更高的干扰效率，在此情况下，只有以激光作为干扰源方可全面达到上述要求。为此，开始出现研究以激光作为定向干扰源的技术与装备。

美国陆军发展的典型红外定向干扰机——先进战术红外干扰系统（ATIRCM），其主要作用是保护直升机。该系统采用的是开环干扰技术，即无需识别敌方导弹导引头的类型，而采用同样的干扰调制方式对付所有类型的导引头。为加强通用性，ATIRCM 中采用的部分组件是三军通用的，如其中的导弹预警系统。美国空军选择怀特实验室发展定向红外干扰系统，其中"激光红外对抗试飞试验"研究的是一种闭环定向红外对抗系统（DIRCM）。该系统设计目的主要是用于保护大型高价值飞机（如预警机等），使其不受红外制导导弹的威胁。

除美国大力发展红外定向干扰机以外，英国与美国合作，也已发展了用于保卫战斗机和喷气飞机用的定向红外干扰系统。此外，俄罗斯也研制出了可用于大型飞机或商用客机自卫的，以激光源作为干扰源的定向红外干扰系统。

随着红外有源干扰技术的不断发展，红外定向干扰已经逐渐成为红外干扰技术发展的必然趋势。可以预计，随着 $3\sim5~\mu m$ 中红外可调谐激光技术的发展，采用激光器作为干扰源的红外干扰系统将会成为今后红外对抗技术发展的主流。

思考题

1. 影响目标红外辐射的主要因素有哪些？
2. 红外波段大气窗口是如何划分的？各个窗口的特点有哪些？
3. 红外隐身伪装技术的基本原理是什么？
4. 典型的红外隐身伪装技术有哪些？
5. 不同红外波段在伪装隐身要求上的区别与联系有哪些？
6. 在应对红外点源制导与红外成像制导两类打击威胁时，采取的红外干扰防护措施要求有何差异？
7. 地面特种车辆可采用的红外隐身伪装技术有哪些？

第六章
光电防护效果检测与评估方法

第一节　可见光隐身伪装效果评估方法

一、主观伪装效果评价方法

主观伪装效果评价的基本方法是观察员根据评价指标,采用目视方式直接观察伪装场景,并对观察结果进行统计分析得出结论。该方法通常是在野外进行实验,通过预先设定的固定距离来作为观察的距离,再选取若干数量的人员在设定的距离范围内对伪装目标进行观察识别,将观察识别的结果进行统计分析,从而得出伪装目标能被发现和识别的概率情况(王展等,2017;安富涛等,2017)。

由于基于野外的评价方法需要耗费大量的人力、物力和时间,而且受天气等客观条件的影响比较大,所以有些国家和机构也在尝试采用虚拟场景进行主观评估实验。例如,奥地利国防部开发的用于量化观察者感觉反应的图像仿真系统。其工作原理是从野外实地伪装环境获取大量的背景图像,然后用投影仪将图像投射到大屏幕上,观察人员通过大屏幕去识别伪装效果,并记录识别的结果和时间。经过多次试验验证,当场景图像数量为60~70张,观察人员为50名左右时,评估效果最好。美国军方也采用了虚拟伪装场景的评估方法来代替实地评价的方法。其实现原理也是通过直接获取真实伪装场景的可见光图像来进行评估判断,区别在于他们分别进行了无目标、动态目标以及静态目标的评估实验,并且在评估过程中采用软件手段进行加工处理以获取更准确的评价信息(刘志敬,2012)。

主观伪装评价对于图像的识别评估比较有效,可以通过发现、未发现或难于发现来得出伪装的水平,但是由于受到客观条件以及主观能力因素的影响会使评估的结果不准确,而且也缺乏对伪装图像与背景之间相似程度的分析,从而使得这种评价手段在进行伪装评价时存在一定的局限性。

二、目标的能见度计算方法与测试

(一)目标的能见度计算方法

目标的能见度也称目标的视度或能见距离,指大气影响下处在一定背景上的目标,能被观察发现的距离阈值。目标能见度不同于目标在地球曲率和地形起伏影响下的可通视距离,也不同于目标视角随观察距离减小至人眼视角阈值时的可见距离。目标能见度与人眼的视觉特性、照明条件、大气透明状况、目标大小、目标与背景的亮度对比、观察时间、观察者的训练程度和心理状态等一系列因素有关。

根据大气影响大目标与背景的视亮度关系,可以得出目标与背景的视亮度对比为

$$K' = \frac{|L'_t - L'_b|}{\max(L'_b, L'_t)} \qquad (6-1)$$

当 $L_b > L_t$ 时,有

$$K' = \frac{K}{1 + \dfrac{L_{sky}(1 - \tau^R)}{L_b \tau^R}} \qquad (6-2)$$

当 $L_b < L_t$ 时,有

$$K' = \frac{K}{1 + \dfrac{L_{sky}(1 - \tau^R)}{L_t \tau^R}} \qquad (6-3)$$

式中,L'_t 为目标的视亮度;L'_b 为背景的视亮度;L_t 为目标的真实亮度;L_b 为背景的真实亮度;L_{sky} 为地平线处天空亮度;τ 为单位厚度大气的透射率,单位为 km^{-1};R 为观察者与目标之间的距离;单位为 km;K 为目标与背景的真实亮度对比。

应该指出,式(6-2)与式(6-3)中 τ 值取常数,在水平方向观察,且水平方向各处大气均匀时,这是正确的,但观察方向垂直水平面或者与水平面成某一角度时,计算方法存在差异。

根据国外实测值,天空亮度系数的参考值见表6-1。太阳照射角定义为太阳光线方向与水平观察方向之间的夹角。在大气的影响下($\tau^R < 1$),目标与背景的视亮度对比 K' 总是小于其真实亮度对比 K,而且随着观察距离 R 的增大,τ^R 变小;视亮度对比 K' 小至人眼的亮度对比阈值 ε 时,目标与背景将融合为一体而不能区分了。假定观察距离 R 增大到某一距离 R^* 时,视亮度对比 K' 恰好减小至人眼的亮度对比阈值 ε,R^* 即为目标的水平能见度。

表6-1   太阳照射角与天空亮度系数的关系

太阳辐射角/(°)	天空亮度系数		
	晴 天	多 云	阴 天
0~30	10~3	4~2	1.2
30~75	1.5~1.0	1.5~1.0	1.0
75~135	0.8~0.6	0.8~0.6	0.8
135~180	0.5~0.2	0.5	0.6

由式(6-2)与式(6-3)可求得:

当 $L_b > L_t$ 时,有

$$R^* = \frac{1}{a} \lg\left[\frac{L_b}{L_{sky}}\left(\frac{K}{\varepsilon} - 1\right) + 1\right] \qquad (6-4)$$

当 $L_b < L_t$ 时,有

$$R^* = \frac{1}{a}\lg\left[\frac{L_t}{L_{sky}}\left(\frac{K}{\varepsilon} - 1\right) + 1\right] \tag{6-5}$$

式中,a 为大气水平方向的消光系数,$a = -\lg\tau$。对目标实施光学伪装的一个主要手段就是降低目标与背景的亮度对比,从而缩短目标的能见度。

如果目标所处背景为天空背景,且目标为黑色,亮度接近于 0,则有 $L_b = L_{sky}$,$L_t = 0$,代入式(6-4),因为 $K = 1$,则 R^* 为

$$R^* = \frac{\lg\varepsilon}{\lg\tau} \tag{6-6}$$

ε 取常数时,水平能见度 R^* 可作为大气透明度的指标值。这种情况下的水平能见度又称气象能见度,用 R_m^* 表示,以区别于一般目标的水平能见度,R_m^* 是气象站观察的基本项目之一。

(二)目标的能见度测试

目标能见度测试采用的仪器主要是双目偏光能见度测定仪、激光测距仪。

1. 大气消光系数 a 的测量

在试验场地内选定一暗色目标(树林或山冈),使其背景为天空背景;选择两个不同的观察点 P_1、P_2,用激光测距仪测出 P_1、P_2 距暗色目标的距离 R_1、R_2,要求 $R_2 - R_1 > 500\,\text{m}$。用双目偏光能见度测定仪在两个观察点上分别测定暗色目标的清晰度 V_1、V_2,求得大气消光系数 a:

$$a = (\lg V_1 - \lg V_2)/(R_2 - R_1) \tag{6-7}$$

2. 测定观察员的亮度对比阈值 ε

能见度测试一般要求观察员裸眼视力不低于 5.2,亮度对比阈值合格,无色盲,立体视觉正常。

观察员测定双目偏光能见度测定仪附件照明指示器白屏上的小黑圆的清晰度值,按公式计算观察员的亮度对比阈值:

$$\varepsilon = K_0/V_c \tag{6-8}$$

式中,K_0 为照明指示器上白屏与小黑圆的亮度对比;V_c 为观察员观察到的小黑圆的清晰度值。

3. 测量目标能见度

用激光测距仪测出观察点与目标的距离 R,观察员分别用双目偏光能见度测定仪测得目标清晰度 V_t 和背景清晰度 V_b,计算目标的能见度 R^*,即

$$R^* = R + \frac{1}{a}\lg\left[(1 - V_b \cdot \varepsilon)(V_t - 1) + 1\right] \tag{6-9}$$

三、目标的光学发现概率测试与计算方法

(一) 目标发现概率的测试方法

目标伪装前后发现概率的变化,是评价伪装有效性的直观参数。目标发现概率的确定主要采用人工观测的方法,一般的确定方法如下:在有一定纵深的试验场内配置目标并进行伪装,目标数量 $N \geqslant 10$, 在设计的对抗距离上采用侦察器材(如航空相机、热像仪、SAR 雷达等)对试验场成像,由符合条件的判读人员对图片进行判读,判读员人数 $K \geqslant$ 10, 单个判读员对目标的发现概率为

$$Q_i = \frac{n_i}{N} \times 100\% \qquad (6-10)$$

式中, Q_i 为第 i 个判读员对目标的发现概率; n_i 为第 i 个判读员发现目标的个数; N 为目标总数。

目标平均发现概率为

$$Q = \frac{1}{M} \sum_{i=1}^{K} Q_i \qquad (6-11)$$

式中, Q 为目标的平均发现概率; M 为判读人员总人数。

除了对图片进行判读,试验中判读员也可在预定距离上裸眼观察,或者在预定距离上借助侦察设备直接观察目标区。

采用人工观测确定目标的发现概率是贴近实战的一种检测方法,可以较真实地反映伪装的效能,近年来随着数字图像工程的发展,图像增强、图像分割、自动目标检测等方法也逐步应用于目标发现概率的测试中,提高了结果的客观性和重复性。

但是这种由实验确定目标发现概率的方法具有其固有的缺点:① 成本高昂,试验需要调动大量侦察器材、地面装备、参试人员,需要征用较大的试验场地,并且需要比较长的测试周期,所需经费非常高昂。② 试验缺乏完备性,一方面某些侦察装备敌有我无;另一方面我方某些先进侦察装备由于处于保密状态或者由于使用成本过高而不能用于伪装检测,导致不能全面地评价伪装的有效性。③ 试验结果对伪装器材研制的指导性不足,试验给出总体的结果,没有细化伪装器材各项技术参数与目标发现概率的关系。

建立和完善伪装器材的各项技术指标与目标的发现概率关系式,指导伪装器材的研制,是提高伪装器材性能、降低研制成本、缩短研制周期的迫切需求。

(二) 目标光学发现概率的计算方法

目标光学发现概率是指在给定侦察距离上,肉眼或光学侦察器材发现目标的概率。光学发现概率的计算一般采用肉眼观察模型,需要如下已知条件:① 目标与背景的可见光亮度对比;② 观察器材(人眼)的性能;③ 大气状况,包括透射率和气幕亮度;④ 观察距离。这些条件也是发现概率的影响因素。下面对这些因素进行详细的介绍。

1. 目标与背景的可见光亮度对比

通常所说的目标与背景的可见光亮度对比定义如下:

$$K = \frac{|Y_t - Y_b|}{\max(Y_b, Y_t)} \quad\quad (6-12)$$

式中，Y_t 和 Y_b 分别为目标与背景的亮度，即采用 CIE1931 标准色度观察者光谱三刺激值描述目标与背景颜色时的 Y 值：

$$Y = k \sum_{\lambda=380}^{780} S(\lambda)\bar{y}(\lambda)R(\lambda)\Delta\lambda \quad\quad (6-13)$$

式中，k 为归一化系数，且 $k = \dfrac{100}{\sum\limits_{\lambda=380}^{780} S(\lambda)\bar{y}(\lambda)\Delta\lambda}$；$S(\lambda)$ 为 CIE 标准照明体 D_{65} 的相对光谱功率分布；$\bar{y}(\lambda)$ 为 XYZ 色度系统中的色匹配函数；$R(\lambda)$ 为物体的光谱反射率；$\Delta\lambda$ 为波长间隔。其中色匹配函数 $\bar{y}(\lambda)$ 可理解为标准色度观察者的眼睛敏感程度随波长变化的曲线。CIE 标准照明体 D_{65} 模拟自然界阳光能量的光谱分布。

2. 人眼视觉特性

人眼是一个非常灵敏的视觉器官，最初的伪装主要是欺骗敌方的目视侦察。现代的伪装除了对付敌方目视侦察，还要对抗敌各种仪器侦察，但各种成像侦察仪器的结果多数也要由肉眼判读。

人眼主要由三个部分构成：① 由角膜、虹膜、晶状体、睫状体和玻璃体组光学系统；② 作为感光元件的视网膜；③ 进行信号传输与处理显示的视神经与大脑。

视网膜上的感光细胞有 1.1 亿个，分为锥状细胞和杆状细胞两种。其中锥状细胞约 700 万个，具有高分辨力和颜色分辨力；杆状细胞约 1 亿多个，其视觉灵敏度比锥状细胞高数千倍，但不能分辨颜色。当人眼适应较亮的视场时（大于或等于 3 cd/m²），视觉由锥状细胞起作用，称为明视觉响应；人眼适应较暗的视场时，视觉只由杆状细胞起作用，由于杆状细胞没有颜色分辨能力，所以夜间眼观察到的景物呈灰白色。

人眼仅对波长范围 380~780 nm 的光线敏感，这个范围的光即称为可见光。自然界的颜色可分为彩色和消色两大类。各种彩色颜色之间既有色彩（色调、饱和度）差别，又有亮度差别，如绿色、黄色与褐色；而消色之间只有亮度差别，如黑色、白色与灰色。在近距离观察时，目标与背景的色彩差别和亮度差别对识别目标都很重要；但在远距离观察时，由于空气、烟尘的影响，彩色会失去色彩而接近消色，颜色之间只能依靠亮度来区分。同时，人眼区分颜色的亮度能力比区分色彩能力强。所以在光学伪装中，考察目标与背景间的亮度差别非常重要。

亮度对比度阈值是指人眼刚好把目标从背景中区分出来时所需的最低亮度对比值，在光学发现概率计算中非常重要。

对一较大目标（视角 $\alpha > 30'$），地面在日出和日落自然光照下的亮度变化范围内（12.73~636.3 cd/m²），实验得出的亮度对比度阈值约为 1.75%。

对于伪装来说，由于背景斑点的颜色比较复杂，有利于目标的隐蔽，所以实际亮度对比度阈值是实验室结果的 5~10 倍，即约为 0.1~0.2。在伪装中有：

（1）当目标（非线性）视角大于 30′，要求目标不可见时，必须满足对比度 $K \leq 0.05$；

（2）当目标视角小于 30′，要求目标不可见的对比度阈值应根据背景的斑驳程度而定，单调背景时 $K \leqslant 0.1$，斑驳背景时 $K \leqslant 0.2$；

（3）当要求目标明显可见时，必须满足 $K \geqslant 0.4$。

3. 大气状况，包括透射率和气幕亮度

光线在大气中传输时，大气分子、雾、尘埃对光产生散射和吸收，从而影响对目标的观察。

1）大气透射率

目标和背景反射的光线在大气中传输时发生衰减，大气的衰减程度以大气的透射率表示，单位厚度大气层的透射率可定义为

$$\tau = \frac{I_1}{I_0} \tag{6-14}$$

式中，τ 为单位厚度大气定向透射率，在 $0 \sim 1$ 之间取值，一般取 1 km 厚度的透射率，单位为 km^{-1}；I_1 为定向透过单位厚度大气的光强；I_0 为入射光强。

2）气幕亮度

大气的散射不仅衰减来自目标和背景的反射光，还散射来自太阳等光源的照明光，这些来自光源的散射光给目标和背景都附加了一个额外的亮度，即气幕亮度。

在地面水平观察时，气幕亮度可表示为

$$L_a = L_{sky}(1 - \tau^r) \tag{6-15}$$

式中，L_a 为气幕亮度；L_{sky} 为地平线处的天空亮度；r 为观察距离，单位为 km。

3）视亮度与视亮度对比

经过大气传输后，观察到的目标与背景的亮度称为视亮度。目标与背景的视亮度可以表示为

$$\begin{cases} Y'_t = Y_t \tau^r + L_{sky}(1 - \tau^r) \\ Y'_b = Y_b \tau^r + L_{sky}(1 - \tau^r) \end{cases} \tag{6-16}$$

式中，Y_t 为目标的真实亮度；Y_b 为背景的真实亮度。

不管目标与背景的真实亮度如何，随观察距离 r 增加或透射率 τ 的减小，其视亮度都会逐渐接近于地平线处的天空亮度，τ 越小变化越快。当目标的真实亮度小于天空亮度时，其视亮度随距离的增加而增大，如青山或森林远看比近看亮；当目标的真实亮度大于天空亮度时，其视亮度随距离的增加而减小，如雪山和白色建筑远看比近看暗。

目标与背景的视亮度对比为

$$K' = \frac{|Y'_t - Y'_b|}{\max(Y'_t, Y'_b)} \tag{6-17}$$

当 $Y_b > Y_t$ 时，有

$$K' = \frac{K}{1 + \dfrac{L_{sky}(1 - \tau^r)}{Y_b \tau^r}} \tag{6-18}$$

当 $Y_b < Y_t$ 时,有

$$K' = \frac{K}{1 + \dfrac{L_{sky}(1-\tau^r)}{Y_t\tau^r}} \qquad (6-19)$$

式中,Y'_t 为气幕亮度;Y'_b 为地平线处的天空亮度;Y_t 为目标的真实亮度;Y_b 为背景的真实亮度;L_{sky} 为地平线处天空亮度;τ 为单位厚度大气的透射率,km^{-1};r 为观察者与目标距离,km;K 为目标与背景的真实亮度对比。

上式中 τ 值取常数,在水平方向观察,且水平方向各处大气均匀时,这是正确的。但观察方向垂直水平面或者与水平面成某一角度时,计算方法存在差异,应加以修正。不同状态大气的透射率国外已经研究较多,并开发了专门的计算软件,如 HITRAN、MODTRAN等。天空亮度系数的参考值见表 6-2。

表 6-2　太阳照射角与天空亮度系数的关系

太阳照射角/(°)	天空亮度系数		
	晴　天	多　云	阴　天
0~30	10~3	4~2	1.2
30~75	1.5~1.0	1.5~1.0	1.0
75~135	0.8~0.6	0.8~0.6	0.8
135~180	0.5~0.2	0.5	0.6

在大气的影响下($\tau^r < 1$),目标与背景的视亮度对比 K' 总是小于其真实亮度对比 K,而且随着观察距离 r 的增大,τ^r 变小;当视亮度对比 K' 小至人眼的亮度对比阈值 ε 时,目标与背景将融合为一体而不能区分。

4. 观察距离

观察距离对发现概率的影响主要表现在两方面:随着观察距离的增加,大气对目标与背景亮度对比的影响加大,视亮度对比减小;随着距离的增加,目标的视角变小,人眼的亮度对比阈值增大。

（三）目标光学发现概率的计算理论

光学发现概率的计算主要基于人眼亮度对比阈值的正态分布。设随机变量亮度对比阈值 ε 的数学期望 $E(\varepsilon)=\mu$,均方差为 δ,则 ε 的概率密度函数为

$$p(\varepsilon) = \frac{1}{\sqrt{2\pi}\delta}e^{\frac{(\varepsilon-\mu)^2}{2\delta^2}}, \quad -\infty < \varepsilon < \infty \qquad (6-20)$$

亮度对比阈值 ε 小于等于目标与背景的视亮度对比 K' 时目标被发现,于是目标的发现概率为

$$P(\varepsilon \leqslant K') = \int_{-\infty}^{K'} \frac{1}{\sqrt{2\pi}\delta} \mathrm{e}^{\frac{(\varepsilon-\mu)^2}{2\delta^2}} \mathrm{d}\varepsilon \qquad (6-21)$$

上式的求解一般将其化为标准正态分布,再通过查标准正态分布函数数值表得出发现概率。

令 $t = \dfrac{\varepsilon - \mu}{\delta}$,则可将式(6-21)化为标准正态分布:

$$P(\varepsilon \leqslant K') = \int_{-\infty}^{\frac{K'-\mu}{\delta}} \frac{1}{\sqrt{2\pi}\delta} \mathrm{e}^{-\frac{t^2}{2}} \mathrm{d}t = \varPhi\left(\frac{K'-\mu}{\delta}\right) \qquad (6-22)$$

要求得上述发现概率,需要求得视亮度对比 K'、亮度对比阈值均值 μ、均方差 δ。亮度对比阈值的均值 μ 与目标的视角、背景的斑驳程度有关。

均方差 δ 的确定较复杂。早期研究者经过试验得出了电视屏幕上对不同长宽比的矩形图案图像被人眼所觉察的归一化信噪比 $\mathrm{SNR_p}$ 与探测概率 P 的关系曲线,如图6-1所示。探测概率为50%时 $\mathrm{SNR_p}$ 为1,探测概率90%时 $\mathrm{SNR_p}$ 为1.50。

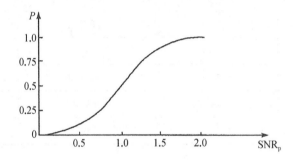

图6-1   探测概率与归一化信噪比关系

均方差 δ 可以按下式求得

$$\delta = \frac{\mu(k-1)}{x} \approx 0.391\mu \qquad (6-23)$$

式中 k 为表6-3中任一概率换算系数,即给定发现概率下的归一化信噪比;x 为与 k 相对应的发现概率所要求的临界值,即该概率下标准正态分布函数的积分上限,可在标准正态分布函数数值表中查得。

表6-3   概率换算系数 k 与临界值 x

要求达到的发现概率	概率换算系数 k	发现概率对应的临界值 x
0.90	1.50	1.280
0.95	1.64	1.645
0.99	1.91	2.33

（四）光学发现概率计算说明

1. 大气透射率的取值范围

大气透射率的取值对发现概率的影响非常大。大气透射率的取值范围可以根据气象能见度来估算。气象能见度可在气象数据中方便地查询。

如目标所处背景为天空，且目标为黑色，亮度接近于 0，则有 $Y_b = L_{sky}$，$Y_t = 0$，则气象能见度 R_m^* 为

$$R_m^* = \frac{\lg \varepsilon}{\lg \tau} \tag{6-24}$$

在 ε 取 1.75% 的条件下，按上式计算的 R_m^* 与 τ、a 的关系见表 6-4。以国内某城市为例，晴天的气象能见度约为 $12 \sim 30$ km，可估计晴天的大气透射率在 $0.75 \sim 0.88$ km^{-1} 之间（曹义等，2012）。

表 6-4　不同大气透明度下的气象能见度（按 $\varepsilon = 0.02$ 算出）

定向透射系数 τ/km^{-1}	消光指数 a/km^{-1}	气象能见度 R_m^*/km^{-1}	定向透射系数 τ/km^{-1}	消光指数 a/km^{-1}	气象能见度 R_m^*/km^{-1}
0.01	2.00	0.88	0.37	0.43	4.07
0.03	1.52	1.15	0.39	0.41	4.30
0.05	1.30	1.35	0.41	0.39	4.54
0.07	1.15	1.52	0.43	0.37	4.79
0.09	1.05	1.68	0.45	0.35	5.07
0.11	0.96	1.83	0.47	0.33	5.36
0.13	0.89	1.98	0.49	0.31	5.67
0.15	0.82	2.13	0.51	0.29	6.01
0.17	0.77	2.28	0.53	0.28	6.37
0.19	0.72	2.44	0.55	0.26	6.77
0.21	0.68	2.59	0.57	0.24	7.20
0.23	0.64	2.75	0.59	0.23	7.67
0.25	0.60	2.92	0.61	0.21	8.18
0.27	0.57	3.09	0.63	0.20	8.76
0.29	0.54	3.27	0.65	0.19	9.39
0.31	0.51	3.45	0.67	0.17	10.10
0.33	0.48	3.65	0.69	0.16	10.90
0.35	0.46	3.85	0.71	0.15	11.81

定向透射系数 τ/km^{-1}	消光指数 a/km^{-1}	气象能见度 R_m^*/km^{-1}	定向透射系数 τ/km^{-1}	消光指数 a/km^{-1}	气象能见度 R_m^*/km^{-1}
0.73	0.14	12.85	0.84	0.08	23.20
0.75	0.12	14.06	0.85	0.07	24.89
0.77	0.11	15.48	0.86	0.07	26.82
0.79	0.10	17.16	0.87	0.06	29.05
0.80	0.10	18.13	0.88	0.06	31.65
0.81	0.09	19.20	0.89	0.05	34.72
0.82	0.09	20.39	0.90	0.05	38.40
0.83	0.08	21.71	0.91	0.04	42.90

2. 望远器材对发现概率的影响

望远镜可以放大视角,使亮度对比阈值降低,一定程度上加大了对目标的发现概率。但是望远系统不能消除大气的影响,大气使目标与背景的视亮度对比下降限制了观察距离的增大,当视亮度对比下降到 1.75% 以下时,无论望远系统的放大倍率多大,都不能分辨目标。

3. 光照条件对发现概率的影响

由亮度 Y 的计算方法知,Y 值表示的是 D_{65} 光源照射下的结果,D_{65} 光源为人工日光,所以 Y 值反映的是日照条件下的观察结果。

在阴天、黎明、黄昏、黑夜等照度不良的条件下目标与背景的亮度对比降低,使发现概率降低。

(五) 光学发现概率计算的研究进展

1. 考虑色差的光学发现概率计算

光学发现概率的计算主要基于目标与背景的亮度差别,忽略了色调和饱和度的影响,为了弥补这个不足,发展了考虑色差的光学发现概率计算方法。

1) 色差阈值的确定

为了求得色差阈值,可以假设两个颜色,其三刺激值分别为 (X_1, Y_1, Z_1)、(X_2, Y_2, Z_2),且有

$$\begin{cases} X_2 = X_1 \\ Y_2 = Y_1 + \Delta Y \\ Z_2 = Z_1 \end{cases} \tag{6-25}$$

从而颜色 1 与颜色 2 只有亮度的差别,而没有色调和饱和度的差别,此时可应用已有的亮度对比阈值的结论,设人眼的亮度对比阈值 μ,则人眼恰能区分出这两种颜色时有

$$\frac{\Delta Y}{Y_1 + \Delta Y} = \mu$$

采用 CIELAB 色差公式可求得颜色 1 与颜色 2 的色差阈值为

$$\Delta E_{ab}^* = -118.681\left\{\left[1 - (1 - \mu) - 1/3\right] \cdot Y_1^{1/3}\right\} \tag{6-26}$$

CIEDE2000 色差公式比 CIELAB 色差公式更合理,通过下面的计算能很好地说明这个问题。仍取上述的只有亮度差别的颜色 1 与颜色 2 来求 CIEDE2000 色差,并取亮度对比阈值为 1.75%,则有

$$\frac{\Delta Y}{Y_2 + \Delta Y} = 0.017\ 5$$

(X_1, Y_1, Z_1) 颜色取典型林地型迷彩的颜色时,求得对应的 CIEDE2000 色差阈值如表 6-5 所示。

表 6-5　亮度对比阈值 1.75%时典型林地型迷彩的颜色色差值

序　号	颜色名称	X_1	Y_1	Z_1	Y_2	CIELAB 色差阈值	CIEDE2000 色差阈值
1	深绿	7.20	7.97	7.50	8.11	1.38	1.49
2	中绿	10.75	12.41	8.99	12.63	1.61	1.36
3	红土	15.02	15.01	10.10	15.28	1.74	2.01
4	浅绿	18.55	23.95	12.40	24.38	2.04	1.00

由表 6-5 可以看出,随着基准色亮度增加,CIELAB 色差阈值增加;CIEDE2000 色差却不遵循这个规律,表现为对绿色的色差阈值较小,土色允许的色差阈值较大,这与人眼对绿色分辨能力最强的实验结论是一致的。

2)大气对色差的影响

大气具有消色作用,即透过一定厚度的大气后,彩色物体看起来趋向于灰色。大气消色的主要原因是:大气对来自物体表面反射光线的衰减,以及大气散射带来的气幕亮度。设计计算中应考虑大气对色差的影响。

3)发现概率计算方法

基于色差的发现概率计算:在确定色差阈值后,计算给定距离上目标与背景的色差,根据人眼色差阈值的正态分布估算目标的发现概率。

2.光学成像侦察器材的发现概率计算

针对不同的光学成像侦察器材,可以仿照人眼光学发现概率的计算原理来计算目标的被发现概率。计算步骤如下:

(1)CIE1931 标准色度观察者光谱三刺激值 Y 是表征人眼观察的亮度,可将下式作为光学成像侦察器材的观测亮度:

$$Y = k\sum_{\lambda=\lambda_1}^{\lambda_2} S(\lambda)\,\overline{E}(\lambda)R(\lambda)\Delta\lambda \tag{6-27}$$

式中，k 为归一化系数，且 $k=\dfrac{100}{\sum\limits_{\lambda=\lambda_1}^{\lambda_2} S(\lambda)\,\overline{E}(\lambda)\Delta\lambda}$；$S(\lambda)$ 为 CIE 标准照明体 D_{65} 的相对光谱功率分布；$\overline{E}(\lambda)$ 为光学成像侦察设备色匹配函数；$R(\lambda)$ 为物体的光谱反射率；$\Delta\lambda$ 为波长间隔；$\lambda_1 \sim \lambda_2$ 为光学成像侦察设备的感光范围。

计算目标与背景的亮度，再计算经大气衰减后的亮度对比值。

（2）确定光学成像侦察器材的亮度对比阈值，即 50%发现概率下目标与背景的亮度对比，此时归一化信噪比为 1，根据探测概率与归一化信噪比关系，由目标与背景的亮度对比计算归一化信噪比，再求出发现概率。

（六）基于纹理分析的伪装目标发现概率计算

纹理是物体表面细节的总称，是所有物体表面都具有的内在特性。在图像分析中，纹理是一种不依赖于颜色或亮度变化能清晰反映图像中同质现象的重要特征。纹理特征可以体现图像中粒度或粗糙度、方向性、重复性或周期性等视觉属性，它所反映的内在特征是所有物体表面共有的，包含了与周围环境的联系以及物体表面结构组织排列的重要信息。因此，纹理特性是识别伪装图像与背景的性状属性相似程度的重要依据（王展等，2017）。

基于统计的纹理分析方法通过计算每个点的局部特征，再根据这些特征的分布情况来推导出一些统计量对纹理进行刻画描述。其中，灰度共生矩阵反映不同像素相对位置的空间信息，在一定程度上反映了纹理图像中各灰度级在空间上的分布特性，因此可以利用伪装图像与背景图像的灰度共生矩阵来描述两者纹理特征相似程度。

灰度共生矩阵是由图像灰度级之间的联合概率密度 $p(i, j, d, \theta)$ 所构成的矩阵，反映图像中任意两点间灰度的空间相关性。定义方向为 θ，间隔为 d 的灰度共生矩阵 $[p(i, j, d, \theta)]_{L\times L}$，$p(i, j, d, \theta)$ 为共生矩阵第 i 行第 j 列元素的值，它是以灰度级 i 为起点，在给定空间距离 d 和方向 θ 时，出现灰度级 j 的概率。根据不同的 d 和 θ 值，可能存在多个共生矩阵。在应用过程中，适当的选取 d，而 θ 取 0°、45°、90°、135°四个方向，以 ox 轴为起始，逆时针方向计算。如图 6－2 所示为灰度共生矩阵示意图 6－2(a) 为一幅 5×5 图像，图 6－2(b) 为其对应的共生矩阵。

2	1	2	0	1
0	2	1	1	2
0	1	2	2	1
1	2	2	0	1
2	0	1	0	1

(a) 5×5图像

i

j

0	2	2
2	1	2
2	3	2

(b)灰度共生矩阵

图 6－2　灰度共生矩阵示意图

灰度共生矩阵不能直接用于描述图像的纹理特征,在此基础上采用一些统计量来提取它所反映的纹理特征,这里主要用到以下几种:

1. 角二阶矩

$$E = \sum_{i=0}^{L-1} \sum_{j=0}^{L-1} p(i,j)^2 \tag{6-28}$$

角二阶矩是灰度共生矩阵元素值的平方和,所以也称能量,反映了图像灰度分布均匀程度和纹理粗细度。如果共生矩阵的所有值均相等,则角二阶矩小;相反,如果其中一些值大而其他值小,则角二阶矩大。粗纹理的能量矩较大,细纹理的能量矩较小。

2. 对比度

$$I = \sum_{n=0}^{L-1} n^2 \left\{ \sum_{i=0}^{L-1} \sum_{j=0}^{L-1} p(i,j) \right\} \tag{6-29}$$

对比度反映了影响纹理的清晰度和纹理沟纹深浅的程度。纹理的沟纹越深,其对比度越大,图像的视觉效果越清晰;反之,对比度小,则沟纹浅,效果模糊。灰度差即对比度大的像素对越多,这个值越大。灰度共生矩阵中远离对角线的元素值越大,对比度越大。

3. 熵

$$H = - \sum_{i=0}^{L-1} \sum_{j=0}^{L-1} p(i,j) \lg p(i,j) \tag{6-30}$$

熵值是图像所具有的信息量的度量。若图像没有任何纹理,则熵值接近为零;若图像充满着细纹理,则图像的熵值最大;若图像中分布着较少的纹理,则该图像的熵值较小。

4. 相关性

$$C = \sum_{i=0}^{L-1} \sum_{j=0}^{L-1} \frac{ijp(i,j) - u_1 u_2}{\sigma_1^2 \sigma_2^2} \tag{6-31}$$

其中,$u_1 = \sum_{i=0}^{L-1} i \sum_{j=0}^{L-1} p(i,j)$, $u_2 = \sum_{i=0}^{L-1} j \sum_{j=0}^{L-1} p(i,j)$, $\sigma_1 = \sum_{i=0}^{L-1} (i-u_1)^2 \sum_{j=0}^{L-1} p(i,j)$, $\sigma_2 = \sum_{i=0}^{L-1} (i-u_2)^2 \sum_{j=0}^{L-1} p(i,j)$,相关性度量空间灰度共生矩阵元素在行或列方向上的相似程度,因此,相关值大小反映了图像中局部灰度相关性。当矩阵元素值均匀相等时,相关值就大;相反,如果矩阵元素值相差很大则相关值小。相关性衡量了邻域灰度的线性依赖性。

计算以上四个特征值,得到纹理特征矢量 $T = \{E, I, H, C\}$。但是图像特征矢量的各特征值有时相差很大,需要将特征分量归一化到相同的区间。采用高斯归一化方法分别计算特征分量值的均值 m 和标准差 σ。利用 Manhattan 距离计算迷彩图案和背景图像的纹理相似度,即以各特征差值的均方根作为相似度判断准则,并将其归一化到[0,1]区间,且当纹理完全相同时,相似度为 0。Manhattan 距离计算如下:

$$D(x,y) = \sum_{i=1}^{m} |x_i - y_i| \tag{6-32}$$

除此之外,图像的灰度共生矩阵建立好之后,也可以通过比较其对应的遮障面与背景的差异来研究二者在纹理特性方面的差别。假设背景的灰度共生矩阵为 $A_b = \{a_{ij}^b\}$,遮障面的灰度共生矩阵为 $A_t = \{a_{ij}^t\}$,则纹理分布相似度 S 定义为

$$S = 1 - \frac{1}{2} \sum_i \sum_j |a_{ij}^t - a_{ij}^b| \tag{6-33}$$

上式表示背景与遮障面的纹理特性交叉重叠区域的面积,S 越大则交叠面积越大,从而可以说明二者的纹理特性分布相似,伪装效果较好。

实际应用中背景区域的面积通常为目标区域的 9 倍,并且需要包围目标区域。可以获得若干个背景区域的共生矩阵块,每个共生矩阵块都可以获得一个相似度 S。因此可以定义平均相似度来研究遮障面与背景的总体纹理相似度,具体定义式如下:

$$\bar{S} = \frac{1}{2} \sum_j S_j (j = 1, 2, \cdots, K) \tag{6-34}$$

通过上述计算可得:当 S 越大,说明遮障面与背景在尺寸、形状、空间分布及颜色亮度等方面比较协调,进而可以说明遮障面具有良好的伪装效果;反之则说明伪装效果较差。

第二节　红外隐身伪装效果评估方法

一、目标的热红外探测距离计算

(一)最小可分辨温差(MRTD)

MRTD 是评价热成像系统温度分辨力和空间分辨力的重要参数,它不仅包含系统特征,也包含观察者的主观因素。定义为:对于处于均匀黑体背景中具有某一空间频率高宽比为 7:1 的四杆条带黑体目标标准条带图案,由观察者在显示屏上作无限长时间的观察。当目标与背景之间的温差从零逐渐增大到观察者确认能分辨(90% 的概率)出 4 个条带的目标图案为止,此时目标与背景之间的温差称为该空间频率的最小可分辨温差(曹义等,2012)。

$$\mathrm{MRTD} = \mathrm{MRTD}_0 \cdot \exp(\beta_s \cdot f) \tag{6-35}$$

式中,MRTD_0 为 MRTD 的极限值,即实验室条件下四杆条带图案(条带长宽比为 7:1)的最小可分辨温差值;β_s 为系统的消光指数;f 为空间频率;R 为观察距离;D 为目标的有效尺寸。

在红外热成像系统中用单位毫弧度中的周期数来表示系统的空间频率。故有

$$f = \frac{n}{D}R \times 10^{-3} \tag{6-36}$$

式中,n 为目标的可分辨周期数,即条带图案线对数,亦称任务困难程度函数。

美军测定红外前视装置(FLIR)探测和识别距离的战地手册上提供了 FLIR 性能数据如表 6-6 所示。

表 6-6 FLIR 性能数据

	1978(8~12 μm)	1974(3~5 μm)
$MRTD_0$	0.011 2	0.017 1
β_s	0.633	1.006

表中 $MRTD_0$ 数据与红外前视装置的总灵敏度有关,此值为实验室条件下的数据,实用中应予以修正,其修正值以 $MRTD' = C \times MRTD_0$ 表示(C 为修正系数)。根据美军 20 世纪 70 年代末期到 80 年代初期,利用两种机载红外前视系统对地面条纹图案靶标的测试结果发现,由背景温度的不均匀性所引起的动态范围调节,MRTD 的测试值要比实验室的测试值高出一个数量级。而且,这些试验都是在日落 2 小时后进行的,白昼有太阳辐射条件下可能会高出更多。修正系数可按以下条件取值:无太阳辐射时 C 取 10,有太阳辐射时 C 取 20。

对非 7:1 形状的目标必须以等效条带长宽比 $m(m = 2nL/D)$ 进行校正,即以 $(m/7)^{1/2}$ 除以 MRTD,$(m/7)^{1/2}$ 称为 MRTD 的形状校正系数。

综上,修正后的 MRTD 为

$$MRTD = C \cdot \sqrt{\frac{7D}{2nL}} \cdot MRTD_0 \cdot \exp\left(\beta_s \cdot \frac{nR}{D} \times 10^{-3}\right) \qquad (6-37)$$

式中,L 为目标长边的长度,m;D 为目标短边的长度,m;C 为常数,太阳照射时 $C = 20$,无太阳照射时 $C = 10$;$MRTD_0$ 为 MRTD 的极限值;β_s 为系统的消光指数;R 为观察距离,m;n 为任务困难程度函数。

背景温度空间分布的不均匀性所引起的亮暗起伏会对发现和识别目标形成干扰,使任务困难程度函数值增大,即在背景干扰的条件下分辨目标的线对数必须提高到更高水平才能发现和识别目标。观察试验表明,背景干扰对分辨目标的影响可分为无、低、中、高 4 个等级。探测发现目标时,n 的取值如下,无干扰:0.5;低干扰:1.0;中等干扰:2.0;高干扰:3.0。而要识别目标,则取为发现目标时的 4 倍。

(二)目标的热红外探测距离

如前所述,目标与背景的辐射温差还受大气衰减的影响,人眼能通过热成像系统发现目标的基本要求是:在目标对系统的张角大于探测水平对应的最小视角时,目标与背景的实际温差在经过大气传输衰减到达热成像系统时,仍大于或等于该热成像系统对应该

目标空间频率的 MRTD。即有

$$\Delta T \cdot \tau(R) \geqslant \mathrm{MRTD} \qquad (6-38)$$

式中,ΔT_0 为目标与背景的真实辐射温差,单位为 K;τ 为单位厚度大气透射率,单位为 km^{-1};R 为热像仪到目标的距离,单位为 km。

上式取等号时,可求出目标的热红外探测距离。需要注意的是,最小可分辨温差 MRTD_0 一般是背景为 300 K 时的测量结果,所以采用公式时背景温度一般应在 300 K 左右。

二、目标与背景辐射温差测试

目标与背景的辐射温差一般指目标与背景平均辐射温度的差别。在热红外波段,目标与背景的差异由二者辐射温差决定。热红外伪装性能不仅取决于伪装材料表面性质,同时与整个材料的一系列性质及环境,特别是天气情况有关。随着天气变化及昼夜交替,背景中的物体及伪装材料的温度迅速变化,随之改变的还有二者间的辐射温差,而且背景中的不同物体(草、树、岩石等)温度变化不一致,所以不同的地域、不同的季节、不同的天气情况、一天中的不同时段对伪装材料的性能要求都不同。这种不稳定性使目标与背景间辐射温差的测试和评价变得非常复杂。

我国现行相关标准的测试要点如下(曹义等,2012)。

(1)试验仪器设备:热像仪温度分辨率优于或等于 0.1℃,具有温度测量与计算系统,在已知环境温度和热像仪与目标、背景距离的情况下,能计算出目标、背景的实际辐射温度。

(2)试验场地:根据目标的类型选择相应背景的场地,场地的面积不小于 50 m×50 m。

(3)天气要求:晴,白天最低日照强度不小于 800 W/m²,持续时间不少于 4 h;风速小于 2 m/s;大气气象能见度应大于 10 km。

(4)测试方法:目标按要求配置,可充分接受日照。热像仪可拍摄到目标的全部图像和周围背景不小于 9 倍目标面积的区域,目标位于整幅热图的中央。在目标周围,距离目标前后 10 m、左右 30 m 范围内的优势背景中确定 10 个以上的测温点。用热像仪的区域测温系统测出伪装目标在热像仪上的表观温度;以同样的方法测出背景测温点周围与伪装目标面积相当区域的区域温度,由热像仪温度计算系统,计算出目标与周围背景的真实辐射温度差,温差取绝对值。

(5)通常要求目标与背景辐射温差不大于 4 K。

美军关于伪装网系统的军用标准 MIL-PRF-53134 对伪装网与背景的辐射温差的测试规定如下:

MIL-PRF-53134 采用伪装网面辐射温度与环境气温的差值表征伪装网热红外伪装效果。测试在室外进行,伪装网在空旷场地中按设计展开,保证网面可充分接受日照。测试时段分为白天与夜晚,测试时记录 3~5 μm、8~14 μm 的热图。白天测试期间天气条件满足太阳辐照度大于 800 W/m²,风速小于 2 m/s;伪装网在此条件下暴露 1 h 后开始记录热图,热图应包含网面受太阳照射最严重的部分;重复测试 3 次,两次测试时间间隔不小

于 15 min。夜晚测试天气条件满足极少量云覆盖(少于 10%),对风速无要求;重复测试 3
次,时间间隔不小于 15 min。环境气温由黑体确定,黑体发射率不小于 0.98,避免阳光
直射,温度与气温相等,黑体到热像仪的距离与伪装网相等且在同一个视场中,由热图
中黑体的辐射温度确定环境气温。找出白天热图中伪装网面辐射温度最高的 1 m² 区
域,计算此区域的平均辐射温度与环境气温的差值,最后求出 3 次测试的平均温差值;
找出夜间热图中伪装网面辐射温度最低的 1 m² 区域,计算此区域的平均辐射温度与环
境气温的差值,最后求出 3 次测试的平均温差值。规定平均温差值均应小于 8℃,期望
达到 5℃ 以内。

　　相比较而言,美军标准规定了伪装网使用的两个极限天气条件,这是根据实践得出的
最不利于伪装网的热红外伪装性能的两个天气条件。在白天,大于 800 W/m² 的强烈日照
和小于 2 m/s 的风速使伪装网面辐射温度出现极高值,而此时植被等背景元素由于大热
惯量维持较低的辐射温度;在夜间,伪装网的小热容使其比背景中的物体更易降温,同时
无云的天空具有极低的辐射温度,加剧了伪装网的辐射热损失,从而使伪装网面辐射温度
出现极小值。从试验天气选择来说,美军标准更全面。但美军标准采用了目标辐射温度
与气温的差值进行评价,没有直接采用目标与背景之间的温差。

三、目标的热红外发现概率

(一) 热红外发现概率计算

　　目标的热红外发现概率估算的原理与可见光发现概率计算原理类似。早期研究者
经过试验得出了电视屏幕上对不同长宽比的矩形图案图像被人眼所觉察的信噪比
SNR_p 与探测概率 P 的关系曲线,如图 6-3 所示(假定探测概率为 50% 时,归一化信噪
比值 SNR_p 为 1)。图 6-3 中的曲线与人眼对不同亮度对比值目标的探测曲线类似,也
属于正态分布曲线,在探测概率 50% 对应的信噪比为数学期望(均值)。实际应用中为
求得其他探测概率下的 MRTD 值,可用概率换算系数 k 乘以探测概率为 50% 的均值的
方法解决。

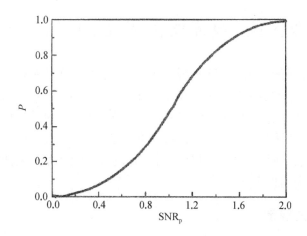

图 6-3　探测概率与归一化信噪比之间的关系

由 MRTD 定义知,系统所给定的 MRTD 值,是针对长宽比为 7∶1 的标准图案,在探测概率为 90% 的条件下确定的,图 6-3 中 90% 探测概率对应的换算系数为 1.5,故对应探测概率为 50% 下的均值为

$$\mu = \text{MRTD}/1.5 \qquad (6-39)$$

MRTD 正态分布的方差由下式求得

$$\sigma = \frac{\mu(k-1)}{x} = 0.391\mu \qquad (6-40)$$

式中,k 为概率换算系数,取探测概率 90% 时的 1.5,x 为与 k 相对应的发现概率所要求的临界值,即该概率下标准正态分布函数的积分上限,90% 概率对应 1.28。

综上,可求得红外侦察条件下目标的发现概率为

$$P = \int_{-\infty}^{\Delta T} \frac{1}{\sqrt{2\pi}\sigma} \cdot e^{-\frac{(t-\mu)}{2\sigma^2}} \mathrm{d}t = \Phi\left(\frac{\Delta T - \mu}{\sigma}\right) \qquad (6-41)$$

式中,ΔT 为经过大气衰减后目标与背景的辐射温差。

(二) 热红外发现概率测试

热红外发现概率的测试主要分为地面红外热像仪观察试验和空中红外热像仪伪装效果检验。地面试验中观察员可直接在热像仪显示器上判读,指出目标位置;空中检验时观察员判读空中飞行得到的热图。发现概率的计算方法与光学发现概率测试采用的方法相同。

热红外发现概率的测试都在晴天进行,要求气象能见度大于 10 km。由于热红外伪装效果在一天的不同时段存在差异,地面测试时要求每隔 1~2 h 测试一次;空中检测时要求在凌晨、傍晚、正午和子夜等时段进行。

第三节　高光谱伪装效果评估方法

高光谱图像可以通过物体的光谱信息来检测识别目标,而伪装则主要通过迷彩、遮障等技术,使目标跟背景的表面特征差异降低或消除。但迷彩、遮障等伪装器材,它们的光谱特征跟背景总会有一定差别,所以即使可以模拟背景的颜色以及外形等特征,以此对付传统侦察,但难以消除材料与背景在光谱特征方面的差别。光谱成像技术对伪装技术提出了更高的要求,也为伪装效果评估提供了新的方法,因此在伪装效果评价方面引入光谱成像技术具有重大的现实意义。

一、军用标准相关规定

现有的多光谱成像技术给伪装带来了一定的挑战,同时高光谱遥感技术也正变得普

及,所以伪装材料的高光谱伪装性能显得非常重要。但是,相关的性能评价标准目前却比较缺乏(曹义等,2012)。

表 6-7 美国军用标准 MIL-PRF-53134 超轻型伪装遮障光谱反射率通道要求

波长/nm	绿 色		黑 色	
	最小反射率/%	最大反射率/%	最小反射率/%	最大反射率/%
600	0	10	0	10
660	0	10	0	10
700	10	33	10	20
720	18	40	15	25
740	30	50	20	30
760	40	60	30	35
800	40	60	30	35
1 200	40	60	30	35
1 400	30	50	20	30
1 800	20	40	0	20
2 500	0	20	0	10

美国的军用标准中规定了光谱通道,即伪装涂料的光谱反射曲线在红光和近红外波段介于规定的最大、最小值之间。早期的美国军用标准绿色涂料光谱通道波长范围为600~900 nm。1996 年颁布的关于超轻型伪装遮障的美国军用标准 MIL-PRF-53134,对绿色涂层光谱通道要求扩展到 2 500 nm(表 6-7)。MIL-PRF-53134 规定的伪装遮障由黑色、深绿、浅绿三色装饰布构成,除了规定绿色光谱反射通道,还规定了黑色材料的光谱反射通道。

伪装装饰材料的高光谱伪装性能评价目前还没有确定的标准。详尽合理的评价标准应该结合高光谱伪装识别的研究建立。在国内,利用高光谱数据进行伪装识别的相关研究开展较早。有学者选定绿色植物 680 nm 左右的吸收峰和 700~740 nm 反射率急剧增大的光谱特征进行迷彩伪装的识别,对所选样本(瑞典伪装网、美国伪装网等)具有高达 99% 的识别率。对于绿色伪装涂料来说,目前红边波段是高光谱伪装的重点。

二、高光谱伪装性能评价方法

高光谱探测技术是利用光谱成像仪来获取目标的二维空间信息以及光谱信息。高光谱成像仪在探测目标时,将被测物的辐射分解成不同波段的谱辐射,被测物在各个分解后的波段上分别成像,这些波段具有波段窄且连续的特点,通常在 400~2 500 nm 范围内分解的波段宽度小于 10 nm,波段数能达几十甚至上百个。而大部分地表目标的吸收峰半宽度为 20~40 nm,高光谱图像的光谱分辨率足够区分出具有诊断性光谱特征的地面目标。而传统的光学探测器的波段宽度一般为 100~200 nm,且光谱不连续,较难发现与背景在较宽波段内辐射量相近的目标。

对于光学伪装而言,主要是提高目标与背景的反射光谱的相似度。目标的反射光谱特性与背景越相似,则越不易被探测,伪装效果越好。同时利用高光谱成像技术探测伪装目标时,主要利用的是高光谱数据中的光谱信息,通常将光谱特性相同或相近的被测物视为同一类,只有当目标和背景的光谱差异超过一定阈值时,才能将目标和背景区分开来,从而完成目标的探测。因此可以考虑将伪装目标和背景光谱相似性作为评价伪装效果的指标。

(一)目标与背景的光谱反射特性比较

光谱反射曲线是目标与背景间光学特征差别的内在因素。在可见光波段,光谱反射曲线的差别可转化为色差进行比较;而在紫外、近红外波段,可采用光谱曲线通道来规定。目前光谱曲线强调较多的伪装材料有两类:白色雪地型伪装材料和绿色伪装材料。

由于雪地在紫外波段反射率非常高,通常超过 70%,同时大气对太阳的紫外辐射具有很强的衰减作用,到达地面的紫外辐射主要在 300~380 nm 波段,所以模拟雪地的白色伪装材料通常要求在 300~380 nm 波段的反射率大于 70%。

绿色植物在背景中分布广泛,为了模拟绿色植物的光谱反射曲线,美国军用标准规定了绿色伪装涂料的光谱通道,见图 6-4 和图 6-5,伪装涂料的光谱反射曲线必须在规定的最大值和最小值之间。

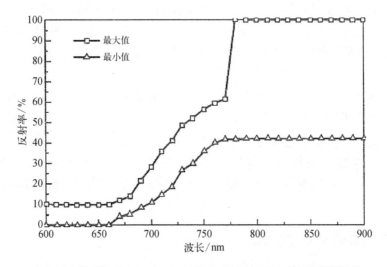

图 6-4　美军标 MIL-C-46168D(1993)绿色涂层光谱通道要求

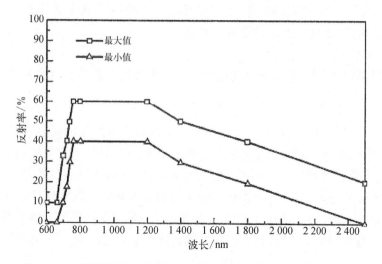

图 6-5　美军标 MIL - PRF - 53134(1996)绿色涂层光谱通道要求

除了采用光谱通道评价目标与背景的光谱反射特性差异,还可采用近红外成像、多光谱成像等方法评价目标与背景光谱反射曲线的差异。

(二) 光谱信息提取

1. 光谱特征

在高光谱数据分析中,通常将每一个像元用一个由该像元各波段图像的灰度值构成的向量表示:

$$X = [x_1, x_2, \cdots, x_n] \tag{6-42}$$

式中,X 称为该像元的光谱向量,其中 x_i 为第 i 波段对应图像中像元的灰度值,n 为波段数。设高光谱图像中有 m 个像元均对应于同一地物,用这 m 个像元的平均光谱向量 M 表征该地物的光谱特征:

$$M = \frac{1}{m} \sum_{k=1}^{m} X_k \tag{6-43}$$

使用光谱角(spectral angel, SA)距离作为光谱特征距离的度量。设目标和背景的平均光谱向量分别为 M_t、M_b,则其光谱角距离定义为

$$SA(M_t, M_b) = \cos\langle M_t, M_b \rangle \frac{M_b M_t^T}{[(M_t M_t^T)(M_b M_t^T)]^{1/2}} \tag{6-44}$$

式中,M^T 表示 M 的转置。公式计算得到的是向量 M_t、M_b 间的广义夹角的余弦值,将其作为光谱特征距离 d_s,其值越小说明其光谱特征相似性越好。从公式可以看出,光谱角距离大小与向量的模无关,即不会受到向量模大小的影响。因此,光谱角距离对于乘性干扰具有良好的抗干扰性,不易受照度变化的影响。使用光谱角距离来度量光谱特征相似性可以消除或减弱部分通过改变地物光谱向量模而产生光谱变异的同物异谱现象的影响,如

太阳入射角、地形、坡向和观测角等。因此使用光谱角距离来度量光谱特征相似性,就应用于伪装评价而言,更具客观性和普遍适用性。

2. 光谱导数特征

设高光谱图像波段数为 n,光谱向量为 X 对应像元的光谱导数向量 X' 定义如下:

$$X' = \left[\ln x_2 - \ln x_1, \ \ln x_3 - \ln x_2, \ \cdots, \ \ln x_n - \ln x_{n-1} \right] \tag{6-45}$$

式中, X' 为 $n-1$ 维向量。光谱导数反映了光谱曲线斜率及变化情况,是对光谱曲线形态特征的描述,可以增强光谱曲线在坡度上的细微变化,通常这些变化与地物的吸收特性有关,是物质的本质特性的体现。同时,使用光谱导数特征描述伪装目标和背景的相似度,可以进一步消除部分大气效应,增强伪装效果评价的客观性。因此选择目标和背景光谱导数特征相似性作为伪装效果评价的又一重要因素。同样采用平均光谱导数向量间的广义向量角来度量其相似度,其计算方法类似光谱特征距离的计算,定义光谱导数特征距离为 d_{d}:

$$d_{\mathrm{d}} = \mathrm{SA}(M'_{\mathrm{t}}, \ M'_{\mathrm{b}}) \tag{6-46}$$

3. 光谱曲线形状

光谱的曲线形状相似与否,可以通过绝对关联度来进行判断,方法如下:

假设高光谱图像共有 k 个波段, m 种伪装目标, n 种背景环境,目标光谱的数列为 $X_i = \{ x_i(s), \ s = 1, 2, \cdots, k \}$, $i = 1, 2, \cdots, m$,背景光谱的数列为 $X_j = \{ x_j(s), \ s = 1, 2, \cdots, k \}$, $j = 1, 2, \cdots, n$。

(1) 对目标光谱 Y_i 和背景光谱 Y_j 分别进行初值化,使光谱之间具有可比性。

$$Y_i = \left\{ \frac{x_i(s)}{x_i(1)}, \ s = 1, 2, \cdots, k \right\} = \{ y_i(s) \}$$

$$Y_j = \left\{ \frac{x_j(s)}{x_j(1)}, \ s = 1, 2, \cdots, k \right\} = \{ y_j(s) \}$$

(2) 对 Y_i 和 Y_j 进行一阶微分,找到目标光谱和背景光谱曲线上各点的斜率:

$$\partial_i(s + 1) = y_i(s + 1) - y_i(s)$$
$$\partial_j(s + 1) = y_j(s + 1) - y_j(s)$$

式中, $s = 1, 2, \cdots, k - 1$。引入关联系数:

$$\xi(s + 1) = \frac{1}{1 + | \ \partial_i(s + 1) - \partial_j(s + 1) |}$$

(3) 计算绝对关联度:

$$r_{i, j} = \frac{1}{k - 1} \sum_{s=2}^{k} \xi(s)$$

绝对关联度通过比较曲线上各点斜率的相近程度来判定两条曲线的几何形状是否相似。该方法的优点是去除了光谱矢量大小对形状判断的影响。同时,关联度大小由两条参与比较的光谱曲线唯一确定,具有可比性和对称性。关联度越大,说明两条曲线的形状越相似;关联度越小,则光谱曲线形状相差越大。

4. 光谱泛相似测度

由于地物光谱的可变性,采用单一光谱特征无法全面反映光谱间的相似性。因此采用了一种新型光谱相似性测度,即光谱泛相似测度(spectral pan-similarity measure, SPM)。该测度兼顾了地物光谱矢量大小、光谱曲线形状和光谱信息量,并被证明具有更强的光谱判别能力和更小的光谱识别不确定性。对于任意两个归一化的光谱矢量 $r_i = (r_{i1}, r_{i2}, \cdots, r_{iN})^{\mathrm{T}}$ 和 $r_j = (r_{j1}, r_{j2}, \cdots, r_{jN})^{\mathrm{T}}$,假设 N 为波段数,SPM 计算如下:

$$\mathrm{SBD}(r_i, r_j) = \sqrt{\frac{1}{N} \sum_{k=1}^{N} (r_{ik} - r_{jk})^2} \qquad (6-47)$$

$$\mathrm{SID}(r_i, r_j) = \sum_{k=1}^{N} p_{ik}(I(r_{jk}) - I(r_{ik})) + \sum_{k=1}^{N} p_{jk}(I(r_{ik}) - I(r_{jk})) \qquad (6-48)$$

$$\mathrm{SPM}(r_i, r_j) = \mathrm{SID}(r_i, r_j) \times \sin\left(\sqrt{\mathrm{SBD}(r_i, r_j)^2 + \mathrm{SSD}(r_i, r_j)^2}\right) \qquad (6-49)$$

其中,SBD 表征两个光谱矢量之间的欧氏距离;SSD 表征两个光谱曲线形状之间的差异;SPM 是光谱矢量间的皮尔森相关系数;SID 表征两个光谱信息量的差异;$I(r_{ik}) = -\log p_{ik}$ 表示 r_i 的第 k 个波段的自信息;$p_{ik} = r_{ik} / \sum_{n=1}^{N} r_{in}$ 表示 r_i 的第 k 个波段的概率。SPM 指标由 SBD、SSD、SID 组成,且 SPM 值越小,两个光谱越相似。对于第 i 个特征波段内伪装目标和周围背景光谱的 SPM 指标,实际应用常采用目标区域的平均特征光谱和 8 个背景区域内的平均特征光谱计算如下:

$$\mathrm{TSPM}_i = \frac{1}{8} \sum_{j=1}^{8} \mathrm{SPM}(s_{i,0}, s_{i,j}), \quad (1 \leq i \leq 7) \qquad (6-50)$$

其中,$s_{i,0}$ 表示第 i 个特征波段内伪装目标的平均特征光谱;$s_{i,j}$ 表示第 i 个特征波段内第 j 个背景区域块的平均特征光谱;$\mathrm{SPM}(s_{i,0}, s_{i,j})$ 表示第 i 个特征波段内目标区域与第 j 个背景区域块的 SPM 指标。TSPM 值越小,说明第 i 个特征波段内伪装目标与背景光谱越相似。

(三) 基于欧氏伪装系数的伪装评估方法

目前常用的伪装评估方法重点在于对背景与目标的一些传统特征参数进行分析计算,以此来对伪装效果进行评估。虽然这些方法比较客观,使隐身效果进行量化,能对背景跟目标的融合性能进行反映,但对应用光谱成像侦察探测来说,其主要通过光谱某些特征来对目标进行检测,目前采用的评估方法对光谱成像侦察方面的伪装效果无法体现。这使得面对多种侦察手段的现代化战争,无法对目标隐蔽性能以及战场上的生存能力进行全面评价。因此对光谱成像技术在伪装效果评价方面的研究具有重要的现实意义。

对基于光谱信息的伪装评估方法,目标与背景的光谱相近程度称为类似度,目标与背景是否属于同一类就是根据类似度的大小来度量。通常以光谱距离的大小来对类似度进行衡量。光谱距离小,则类似度大;反之,则类似度小。

常用的光谱距离如下。

(1) 明氏(Minkowski)距离

$$d_{ij}(q) = \Big[\sum_{k=1}^{n} \mid x_{ik} - x_{jk} \mid^{q} \Big]^{1/q} \qquad (6-51)$$

(2) 绝对值距离($q=1$)

$$d_{ij}(1) = \sum_{k=1}^{n} \mid x_{ik} - x_{jk} \mid \qquad (6-52)$$

(3) 欧氏距离(Euclidean Distance)($q=2$)

$$d_{ij}(2) = \Big[\sum_{k=1}^{n} \mid x_{ik} - x_{jk} \mid^{2} \Big]^{1/2} \qquad (6-53)$$

(4) 马氏距离(Mahalanobis Distance)

$$d_{ij}^{2} = \frac{(X_i - X_j)^{\mathrm{T}}}{\sum_{ij} (X_i - X_j)} \qquad (6-54)$$

实际目标检测算法以及目标分类算法中,很多都是以欧氏距离为基础。因此为了能够更好地评估伪装效果,可以定义欧氏伪装系数 K 作为伪装效果的评估指标,定义式如下:

$$K = \frac{1}{\sqrt{\sum_{k=1}^{n} \mid x_{ik} - x_{jk} \mid^{2}}} \qquad (6-55)$$

式中,考虑到不同的传感器获得的光谱数据的范围不同,因此上式中光谱向量 x_i 跟 x_j 都做归一化处理,其中 x_i 代表目标点的光谱向量,x_j 代表目标点周围的背景均值向量,背景窗口大小的选取根据实际目标的大小进行设定;n 为参与计算的波段总数。

因此,如果光谱越相似,则 $\sqrt{\sum_{k=1}^{n} \mid x_{ik} - x_{jk} \mid^{2}}$ 越小,进而 K 值越大,说明具有更好的伪装效果,不容易被探测到;反之,则 K 值越小,伪装效果较差,容易被探测到。

(四) 其他伪装评估方法

1. 基于 BP 神经网络评估模型

描述目标的特征属性之间不只存在横向并列关系,也有可能存在纵向递进关系,简单的线性加权模型无法描述不同评价指标之间的复杂非线性关系,这是影响传统评估方法客观有效性的重要原因。

神经网络在学习及训练过程中改变突触权重值的特点,使其具有较强的自适应和自组织能力。考虑到评价指标的复杂非线性关系,国外有学者采用神经网络构建评估模型,随后国内学者也将融合后的评价指标体系作为神经网络的输入,并将已知对应样本评估结果作为网络的期望输出,传输路径从"输入层→若干隐层→输出层",得到实际输出并与期望值比较,若误差大于设定阈值则对各隐层的权重值进行反馈修正,如此进行大量训练得到优化后的模型,伪装评估效果真实度和可靠性较高。其评估模型的工作流程如图 6 - 6 所示。

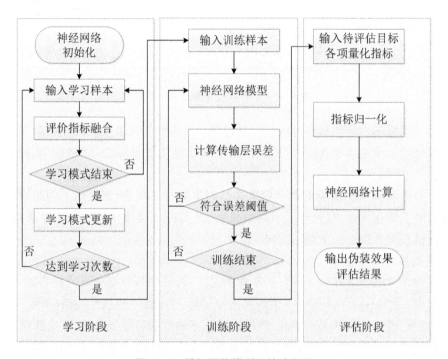

图 6 - 6　神经网络模型评估流程图

　　神经网络模型用于伪装效果评估分为三个主要阶段,学习阶段和训练阶段是保证评估模型客观准确的关键,神经网络的优势在于可以通过学习和训练使得模型中指标权重参数不断修正和完善,使得评估结果真实可靠。除此之外,还有学者提出训练神经网络模型的核心因素不只是评价指标的选取,观测者对于感兴趣区域的关注力度也是需要深入研究的一个分支。

　　神经网络模型的优势在于利用测试数据对模型进行训练,从而评估未知目标的伪装效果。但训练样本的数量和质量与评估结果的准确性成正比,而为模型提供大量可靠的已知样本数据是神经网络伪装评估模型的难点,这样的矛盾关系限制了神经网络评估模型在军事领域的广泛应用。

　　2. 有限时间发现概率模型

　　现代化战争遵循"快"吃"慢"的规则,能够在完成作战任务前不被敌方侦察锁定,伪装的作战行动就能得到基本保障。有国外学者提出了时间限制搜索(TLS)模型在目标检测中的发展和应用,该模型是为了更好地描述观察者在时间约束条件下的搜索行为而建立的。搜索过程的三个主要组成部分是:① 平均检测时间(图像的特征);② 与虚警、误警信息相关的出现时间;③ 在进入另一个视场(FOV)之前搜索视场所花费的时间。

TLS 模型描述了观察者在典型视场切换过程中的搜索响应,大面积的搜索通常使用宽视场(WFOV),而感兴趣的区域则用窄视场(NFOV)进行探测。宽视场用于探测感兴趣区域,窄视场用于确定潜在目标的属性,若反馈给系统虚警(FA),则返回宽视场探测。这个搜索过程时间线如图 6-7 所示。

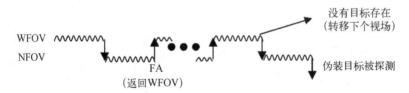

图 6-7　TLS 模型搜索过程时间线

采用发现概率表征伪装目标在被探测过程中显著性特征被侦察的先后顺序。有限时间搜索模型的概念是建立在经验公式之上,且人眼对伪装目标的发现概率依赖于观测时间,会随时间增加而增加。

基于有限时间搜索模型的伪装效果评估的重要意义在于,它反映了伪装目标暴露可能性在时间域的连续性,且符合人眼判别机制,尤其符合现代化战场的生存法则,为军事目标的评估模型开创了一个新的方向。

3. 多属性决策模型

上述评估方法建立在单一的目标和背景之间,若已知伪装要求及伪装等级,且存在多个伪装样本,采用不同评价指标评估伪装效果实际上就属于多属性决策问题。区别于用综合评价指标描述伪装效果的方法,该模型首先需确定伪装效果等级,定义决策方案集和评价指标组成的属性集,并将两个集合实现多对多组合生成决策矩阵,最后通过计算加权灰关联系数对模型求解,过程如图 6-8 所示。

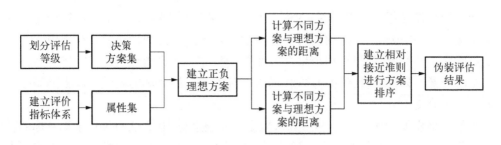

图 6-8　多属性决策模型流程图

第四节　激光干扰效果评估方法

激光干扰是采用高能激光直射敌方的光学接收系统,使其内部的光学系统或者探测元件等达到过载饱和甚至烧毁,即使达不到烧毁的程度,也能淹没其接收的目标信号,其工作原理类似于电子干扰的噪声干扰。本部分采用作用距离和探测概率作为评估指标来衡量激光干扰系统的工作性能(刘松涛等,2022;张文攀等,2013)。

一、激光系统作用距离方程

如图 6-9 所示,假设激光发射系统在 R 点向目标 T 发射激光,激光经过目标漫反射,激光接收系统在 C 处接受目标的反射激光。C 在水平面的投影点为 C',角 α 与 β 分别表示目标在接受系统方向上的仰角和水平面上目标和发射系统与目标和接收系统投影之间的夹角。若激光探测系统为激光测距仪或激光雷达等发射与接收系统投影之间的夹角。若激光探测系统为激光测距仪或激光雷达等发射与接受器系统,则 $\alpha = \beta = 0$。设目标与系统的距离为 L,目标与接收系统的距离为 R,激光发射功率为 P,光束发散立体角为 φ,照射在目标上的激光束光斑面积为 S,则目标被照的单位面积上的光功率,即照度为

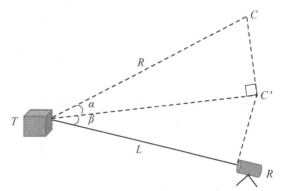

图 6-9　激光系统空间关系示意图

$$H = \frac{P}{S} \tag{6-56}$$

设目标表面的反射系数为 ρ(它与目标表面状态即材料有关),则目标单位面积上反射的光功率为

$$P_f = \frac{\rho P}{S} \tag{6-57}$$

设反射是理想的漫反射,则目标单位面积在单位立体角内反射的光功率为 P_f/π,设接收设备光学系统的接收面积为 S_C,则接收面积对应的接收立体角为 S_C/R^2。由于发射系统与接收系统位置不同,垂直于接收方向上目标的被照面积 S' 的计算,根据目标表面积小于或者大于光斑面积可以分为两种情况,其中 φ_1 为反射系数相对于目标的立体角。

$$S' = \begin{cases} \varphi_1 L^2 \cos \alpha \cos \beta \\ S \cos \alpha \cos \beta \end{cases} \tag{6-58}$$

则理想接收的功率为

$$P_C' = \frac{P_f S_C S'}{\pi R^2} \tag{6-59}$$

考虑发射和接收系统各光学表面对光的反射和吸收以及光在大气中传输衰减的作用,设发射系统光的透过率为 τ_t,接收系统透过率为 τ_C,大气透过率为 τ_α,则总透过率为

$$\tau = \tau_t \cdot \tau_C \cdot \tau_\alpha \tag{6-60}$$

实际接收的功率为

$$P_{\mathrm{C}} = \frac{\tau P_{\mathrm{f}} S_{\mathrm{C}} S'}{\pi R^2} \tag{6-61}$$

将式(6-56)至式(6-60)代入式(6-61)中,可得

$$P_{\mathrm{C}} = \begin{cases} \dfrac{\rho \tau_{\mathrm{t}} \tau_{\mathrm{C}} S_{\mathrm{C}}}{\pi} \cdot \dfrac{P \tau_{\alpha} \varphi_1 \cos\alpha \cos\beta}{\varphi R^2}, & \text{目标面积小于光斑面积} \\[4mm] \dfrac{\rho \tau_{\mathrm{t}} \tau_{\mathrm{C}} S_{\mathrm{C}}}{\pi} \cdot \dfrac{P \tau_{\alpha} \cos\alpha \cos\beta}{R^2}, & \text{目标面积大于光斑面积} \end{cases} \tag{6-62}$$

式中,$\tau_{\alpha} = e^{-(L+R)}$;$\alpha$ 为大气消光指数。

当 $\alpha = \beta = 0$ 时,有

$$P_{\mathrm{C}} = \begin{cases} \dfrac{\rho \tau_{\mathrm{t}} \tau_{\mathrm{C}} S_{\mathrm{C}}}{\pi} \cdot \dfrac{P \tau_{\alpha} \varphi_1}{\varphi R^2} \\[4mm] \dfrac{\rho \tau_{\mathrm{t}} \tau_{\mathrm{C}} S_{\mathrm{C}}}{\pi} \cdot \dfrac{P \tau_{\alpha}}{R^2} \end{cases} \tag{6-63}$$

设接收系统的最小接收功率为 $P_{\min}$,则与上述两种情况相应的最大作用距离为

$$R_{\max} = \begin{cases} \left[\dfrac{\rho \tau_{\mathrm{t}} \tau_{\mathrm{C}} S_{\mathrm{C}} \cdot P \tau_{\alpha} \varphi_1 \cos\alpha \cos\beta}{\pi P_{\min} \varphi} \right]^{\frac{1}{2}}, & \text{目标面积小于光斑面积} \\[4mm] \left[\dfrac{\rho \tau_{\mathrm{t}} \tau_{\mathrm{C}} S_{\mathrm{C}} \cdot P \tau_{\alpha} \cos\alpha \cos\beta}{\pi P_{\min}} \right]^{\frac{1}{2}}, & \text{目标面积大于光斑面积} \end{cases} \tag{6-64}$$

二、激光系统的探测概率

设激光接收系统探测器的响应度为 R_{e},入射到探测器上的激光信号功率为 P_{c},则信号电流为

$$i_{\mathrm{s}} = P_{\mathrm{c}} \cdot R_{\mathrm{e}} \tag{6-65}$$

设信号脉冲为矩形,宽度为 τ,系统噪声为白噪声,则平均虚警率(每秒虚警次数)为

$$\overline{P_{\mathrm{fa}}} = \frac{1}{2\sqrt{3}\,\tau} e^{-I_{\mathrm{t}}^2 / 2 I_{\mathrm{n}}^2} \tag{6-66}$$

式中,I_{t}、I_{n} 分别为阈值电流峰值振幅和噪声电流峰值振幅。

阈值信噪比为

$$\frac{I_{\mathrm{t}}}{I_{\mathrm{n}}} = \left[-2\ln(2\sqrt{3}\,\tau\,\overline{P_{\mathrm{fa}}}) \right]^{\frac{1}{2}} \cdot a \tag{6-67}$$

当信号存在时,信号加噪声电流 $i_{\mathrm{t}} > I_{\mathrm{t}}$ 的概率为正确发现信号的概率,即探测概率

$P(D)$，则

$$P(D) = \frac{1}{2}\left[1 + \mathrm{erf}\left(\frac{I_s - I_t}{\sqrt{2}I_t}\right)\right] = \frac{1}{2}\left[1 + \mathrm{erf}\left(\frac{I_s/I_n - a}{\sqrt{2}a}\right)\right] \tag{6-68}$$

式中，$\mathrm{erf}(x)$ 为高斯误差函数。

三、激光干扰效果的评估

（一）激光压制干扰概率

设目标受激光能量密度阈值为 ω，目标接收的激光能量密度值为 W，则激光干扰压制概率为

$$P_Y = 1 - e^{-\alpha\left(\frac{W}{\omega}\right)\beta} \tag{6-69}$$

式中，α、β 为取决于目标受损类型确定的经验常数或某个变量函数。

对于人眼，压制概率即为致盲概率；对于光电器件，压制概率为致眩、烧毁器件的概率。资料表明，人眼所能接收的激光照射的极限，若激光波长为 $1.06~\mu\mathrm{m}$，则 $\omega = 5\times10^{-6}~\mathrm{J/cm^2}$；若激光波长为 $0.53~\mu\mathrm{m}$，则 $\omega = 5\times10^{-7}~\mathrm{J/cm^2}$。对于光学系统，例如玻璃等典型的非金属材料，当其表面的激光能量密度达到 $300~\mathrm{J/cm^2}$ 时，不到 $1~\mathrm{s}$ 就会炸裂。

（二）强激光干扰时探测概率的计算

设激光接收系统的光学系统对准目标，接收系统与目标的距离为 R_t，干扰激光与接收系统的距离为 R_j，干扰激光相对于接收系统的仰角为 θ_1，水平面中接收系统投影和目标连线之间的夹角为 θ_2，设接收系统的瞬时视场角为 α，则仅当 $\theta_2 < \alpha/2$ 时，干扰激光才能进入接收系统。设目标面积大于发射激光在目标 T 处光斑的面积，干扰激光功率为 P_j，发散立体角 φ_j，激光发射系统的激光功率为 P_s，则干扰激光在接收系统 C 处的照度为

$$H_j = \frac{P_j \tau_{aj}}{R_j^2 \varphi_j} \tag{6-70}$$

式中，$\tau_{aj} = e^{-aR_j}$ 为 TC 之间的大气透过率。

由于接收系统的光学系统对准目标，则接收系统在干扰方向上的有效接收面积为

$$S' = S_C \cos\theta_1 \cos\theta_2 \tag{6-71}$$

接收系统接收的干扰激光功率为

$$P_{Cj} = H_j \tau_C S' = \frac{P_j \tau_{aj} \tau_C S_C \cos\theta_1 \cos\theta_2}{R_j^2 \varphi_j} \tag{6-72}$$

式中，τ_C 为接收系统的透过率。

接收系统接收的目标反射激光功率为

$$P_{CS} = \frac{\rho \tau_t \tau_C S_C}{\pi} \cdot \frac{P_S \tau_{as} \cos \alpha \cos \beta}{R_t^2} \qquad (6-73)$$

式中，$\tau_{as} = e^{-a(Rt+L)}$ 为 TC 和 TR 之间大气透过率。

设接收系统探测器的响应度为 R_e，则信号电流为

$$i_S = P_{CS} R_e \qquad (6-74)$$

干扰电流为

$$i_j = P_{cj} R_e \qquad (6-75)$$

则激光接收系统目标的反射功率产生的电流峰值振幅与干扰激光功率产生的电流峰值振幅之比为

$$\frac{I_S}{I_j} = \frac{P_{CS} R_e}{P_{Cj} R_e} = \frac{\rho \tau_t P_S \tau_{as} R_j^2 \varphi_j \cos \alpha \cos \beta}{\pi P_j \tau_{as} R_t^2 \cos \theta_1 \cos \theta_2} \qquad (6-76)$$

令入射到激光接收系统探测器上干扰激光功率与目标反射激光功率之比为干信比 K，使干扰奏效时接收系统探测器上必须接收到的干扰激光与目标反射激光的最小功率比为压制系数 K^*，则

$$\frac{i_S}{i_j} = \frac{P_{CS}}{P_{Cj}} = \frac{1}{K} \qquad (6-77)$$

要使干扰奏效，则必须满足 $i_S/i_j \leqslant 1/K^*$。

综上所述，强激光干扰下的探测概率为

$$P(D) = \frac{1}{2}\left[1 + \mathrm{erf}\left(\frac{I_S/I_j - a}{\sqrt{2}\,a}\right)\right] \qquad (6-78)$$

第五节　高能激光目标毁伤效应评估方法

一、高能激光系统效能评估模型

高能激光系统是能够产生高能激光，并将所产生的激光束输送到目标处，通过激光与目标相互作用而完成特定任务的装置。高能激光系统所能执行的任务多种多样，但概括起来不同任务对高能激光系统能力的需求主要包括以下几个方面（刘松涛等，2022）：

（1）出光能力，即系统产生高能激光的能力。任何一个高能激光系统，都需要具备产生一定性能的高能激光的能力。所产生高能激光的性能主要包括激光输出功率、激光持续时间、激光光束质量、激光波长等。

（2）光束控制与发射能力。大多数应用情况下，高能激光系统需要将所产生的高能

激光传输到目标处,这就要求系统具备光束控制与发射能力,其目的是使高能激光准确、集中、稳定地辐照到目标上。描述光束控制与发射性能的主要参数包括系统发射光束质量、系统发射口径、系统跟踪精度、系统瞄准精度等。

(3)目标捕获能力。高能激光系统需要将激光传输到目标处,为此系统首先需要能够探测并稳定地捕获目标,即具备对目标的捕获能力。对于天光背景下的点目标,捕获能力用一定天光背景下系统能探测到,且能进行稳定闭环跟踪的目标的最低亮度来描述。

影响高能激光系统效能的因素除了以上所述的系统固有能力外,还与下面两个过程有关。一是目标损伤过程,目标损伤并不是高能激光系统的固有能力,它与高能激光系统使用场景和任务相关,但它确实是效能评估的中心环节;二是大气传输过程,高能激光从系统发射输送到目标,一般要通过大气来传输。大气传输与系统使用环境和使用场景相关,是影响系统效能的重要因素。

以上分析了影响高能激光系统效能的因素,下面探讨高能激光系统效能评估的 ADC 模型。为了突出重点、简化模型,首先对 ADC 模型作以下假设:

(1)对于可用性 A,假设系统在开始执行任务时只有两种状态:可用状态和不可用状态。系统处于可用状态的概率为 a,处于不可用状态的概率为 $1-a$。

(2)对于可信性 D,假设系统在初始状态正常的情况下,在执行任务过程中不发生故障的概率为 d,发生故障的概率为 $1-d$;同时假设系统如果发生故障,则故障在执行任务之前不可修复(即不考虑系统的维修性)。

(3)在系统出现故障的情况下,其能力为 0。

在以上假设情况下,系统效能为

$$E = \begin{pmatrix} a & 1-a \end{pmatrix} \begin{pmatrix} d & 1-d \\ 0 & 1 \end{pmatrix} \begin{pmatrix} C \\ 0 \end{pmatrix} = adC \tag{6-79}$$

式中,C 为系统状态正常时的能力,是高能激光系统效能评估模型重点关注的内容。

二、目标毁伤的表征方法

高能激光对目标毁伤效应的评估是一件困难而复杂的工作。首先表现为激光对目标辐照效应本身物理过程的复杂性。激光对目标的毁伤往往是利用了目标本身的一些特性,很多情况下激光辐照仅仅是作为诱因起到“四两拨千斤”的作用。激光对目标毁伤的这一特点导致激光对目标毁伤的物理过程不仅包括激光与物质相互作用的过程,还包括目标本身的响应过程,这就导致了目标毁伤效应评估是一个困难的问题。激光对目标毁伤效应评估的另外一个难点在于如何定义毁伤。如果目标在激光辐照下其功能退化或丧失了,则可以认为目标被毁伤了,但目标的功能又与其任务相关。由于不同的目标具有不同的功能,不同的任务又有不同的需求,这就导致如何定义目标的毁伤成为一个复杂的问题。

以上两个问题中,第一个问题在多数情况下应该是激光辐照效应研究关注的重点,第二个问题才是毁伤效应评估中特别关注的。本节主要讨论目标毁伤效应的评估方法,这里假设涉及目标毁伤的物理问题已经解决,而重点探讨目标毁伤的表征方法以及如何将毁伤与目标处激光参数联系起来的方法。

要对高能激光系统作用下目标的毁伤效应进行评估,首先需要明确的一个问题就是什么是毁伤。描述目标的毁伤需要三个要素,分别是毁伤的定义、毁伤表征量和毁伤判据(刘晶儒等,2014)。

(一) 毁伤的定义

目标是为完成某项任务或功能而存在的。目标的毁伤并非是目标的消失,而是目标功能的丧失,使其不能完成预定的任务,这是目标毁伤定义的基本出发点。例如某光电探测系统,其任务是对 30 km 外的目标进行探测。如果在高能激光系统的作用下,其探测距离缩短至 30 km 以下,则此系统不能完成预定的任务。在这种情况下,就可以将光电系统的毁伤定义为探测距离小于 30 km。

以上例子中,将毁伤定义为目标恰好不能完成任务时的功能。这种定义与任务密切相关,在实际评估应用中是很不方便的。根据目标功能丧失的程度不同,可以有多种毁伤的定义,这些不同的毁伤定义就构成了不同的毁伤等级。仍然以上述光电探测系统为例,还可以将毁伤定义为探测器饱和或探测器烧毁。这两种定义方法与具体的任务联系不是很紧密,在评估应用中具有较好的普适性。

总之,对于目标毁伤,应该从完成任务的功能丧失这一基本点出发,选取实际应用中比较适合的毁伤定义方法。

(二) 毁伤表征量

毁伤表征量的选取是联系目标毁伤和目标处激光参数的一个重要环节。一般的毁伤表征量有以下三种选取方式:

(1) 选取激光参数作为毁伤表征量。例如光电系统的饱和毁伤就可以用入射到系统入口的激光功率密度来表征。选取激光参数作为毁伤表征量的优点是目标毁伤参数直接与目标处的激光参数相联系,使得毁伤评估过程大大简化;其缺点是对于某些影响因素复杂的毁伤过程,很难获得各种不同情况下的毁伤阈值。

(2) 选取目标功能参数作为毁伤表征量。例如光电探测系统的探测距离不小于 30 km 就是使用系统功能作为毁伤表征量的。这种表征量与任务密切相关,但在整个高能激光系统效能评估过程中,需要建立专门的模型来将目标处的激光参数与目标功能联系起来。

(3) 选取目标毁伤过程中的某一中间参数作为毁伤表征量。例如对于光电探测系统的烧毁毁伤,可以使用探测器的温度作为毁伤表征参数。这种毁伤表征方法结合了以上两个方法的优点。

(三) 毁伤判据

为了使目标发生毁伤,对毁伤表征量需要满足的数量关系的要求就是毁伤判据。例如在光电探测系统干扰毁伤中,要求系统入口处的激光功率密度大于某一值就是光电探测系统干扰毁伤的判据,其中的某一值即通常所说的毁伤阈值。再如在光电探测系统烧毁毁伤中,要求探测器的温度大于材料的熔化温度就是烧毁毁伤的判据,材料熔化温度就是毁伤阈值。

通过毁伤的定义、毁伤表征量的选取和毁伤判据的确定三个过程,就可以完成对目标毁伤的表征。当然以上三个过程的每一个过程的难度都是很大的。首先需要对目标的功能和任务有详细的了解;其次需要对目标的结构有详细的了解;另外还要对激光毁伤的物理过程有详细的了解。

三、目标毁伤效应评估方法

目标毁伤效应的评估方法包括两个方面:① "估"的方法,即由目标处激光参数获取目标毁伤表征量的方法;② "评"的方法,即评判毁伤表征量是否满足毁伤判据的方法。"估"的方法主要是物理的方法,可以通过理论也可以通过实验,或者二者结合。"评"的方法主要是数理统计方法。由于数理统计方法对于不同系统具有通用性,因此我们重点讨论目标毁伤效应"估"的方法。

根据上述讨论可知,目标毁伤效应评估方法与毁伤表征量的选取密切相关。当直接选取目标处的激光参数为毁伤表征量时,"估"的方法比较简单,主要是对激光参数进行处理,例如把功率密度转换为能量密度等。

当目标毁伤采用目标功能参数或中间参数来表征时,就需要将目标处的激光参数转换为毁伤表征参数,这种转换必须依据目标毁伤的实际物理过程来建立。下面给出使用物理仿真法来进行"估"的流程:

(1)建立"激光参数"和"毁伤表征量"之间的物理仿真模型。

(2)通过测量和其他方法得到物理仿真模型中的参数。

(3)设计实验验证物理仿真模型。

(4)使用通过验证后的仿真模型,计算不同激光参数下的毁伤表征量。

以上步骤中,物理仿真模型的验证是非常重要的一个环节。一方面,只有经过验证的仿真模型才能用于评估;另一方面,即使是经过验证的仿真模型得出的计算结果,在用于评估时还需给出计算结果的不确定度。当然在实际应用中,得到仿真计算数据的不确定度是一项非常困难的工作,它涉及仿真模型的验证与确认。

在评判毁伤表征量是否满足毁伤判据时,要注意各个参量的随机特性。无论是目标处的激光参数还是目标毁伤判据中的阈值参数,它们都不是确定的量,而是有一定概率分布的随机量。因此评判毁伤表征量是否满足毁伤判据不是简单的两个数比大小,而是在统计意义下的比较。当目标处的激光参数和毁伤阈值参数都有确定的概率分布时,可以使用概率论中的方法计算其联合概率密度分布,获取毁伤概率;在没有确定概率分布的情况下,可以采用蒙特卡洛的方法来计算毁伤概率。

四、光电探测系统毁伤评估

下面以光电探测系统为例,对典型目标在高能激光系统作用下的毁伤效应评估进行介绍。光电探测系统是通过对目标成像的方法来探测目标的,如果它在激光的作用下丧失了对目标成像的功能,就可以认为它被毁伤了。前面已经提到,目标丧失其功能有不同的程度,这就构成了目标的不同毁伤等级。针对光电探测系统,考虑其两种毁伤等级:探测器饱和毁伤和探测器烧毁毁伤。

(1)饱和毁伤。探测器在正常工作的情况下,随着入射光功率密度的增加,其输出也将成比例地增加。当光功率密度增加到一定的程度时,探测器输出将不再发生变化,这时探测器发生了饱和。在这种情况下,探测器将暂时丧失对目标的探测能力。这种由于探测器发生饱和而使系统暂时丧失探测能力的毁伤称为饱和毁伤。

(2)烧毁毁伤。在入射光能量的作用下,探测器的温度将升高。当入射光功率密度强到足以使探测器温度升到熔化温度时,探测器将被烧毁,探测系统将永久失去对目标的探测能力。这种由于探测器发生烧毁而使系统永久丧失探测能力的毁伤称为烧毁毁伤。

无论是饱和毁伤还是烧毁毁伤,其毁伤效应都发生在探测器上。另一方面,光电探测系统作为一个整体而言,其毁伤主要是由入射到系统入口处的激光引起的。因此对于毁伤表征参量的选取,也可以有不同的方法。

第一种选取方法是选取入射到光电探测系统入口处的激光功率密度为毁伤表征参量。例如对于饱和毁伤,在不能确切知道光电探测系统具体结构和器件参数的情况下,可以对系统进行激光辐照实验。通过调节入射到系统入口处的激光功率密度,观察系统的输出,绘制入射激光功率密度和系统输出的关系曲线,通过曲线就可以得到发生饱和时对应的入射激光功率密度阈值。

在这种情况下,使用入射到系统入口处的激光功率密度作为毁伤表征量,通过实验的方法获取毁伤判据,即

$$I_{t} > I_{sat} \tag{6-80}$$

第二种方法可以选取探测器的某一物理量作为表征参量。例如对于烧毁毁伤,可以选取探测器的温度作为毁伤表征量,毁伤判据为探测器的温度超过探测器材料的熔化温度。

$$T_{DET} > T_{melt} \tag{6-81}$$

针对这种毁伤表征方法,还需要将表征参量和入射激光功率密度联系起来,这可以通过建立仿真模型来解决。

假设入射到目标入口处的激光功率密度为 I_{t},则光电探测系统探测器处的激光功率密度为

$$I_{DET} = I_{t} \cdot \tau'_{0} \cdot G \tag{6-82}$$

式中,τ_{0} 为光学系统对激光的透过率;G 为光学系统增益。

$$G \approx \frac{D^{2} - D_{obs}^{2}}{4 \cdot r_{e}^{2}} \tag{6-83}$$

式中,D 为光学系统口径;D_{obs} 为中心遮拦部分的直径;r_{e} 为探测器平面上光斑半径。

$$r_{e} = 0.46 \cdot \left(\frac{1.22\lambda}{D} \right) f \cdot \beta \tag{6-84}$$

式中,λ 为激光波长;β 为系统光学质量;f 为光学系统焦距。

则探测器的温度可以通过下式计算:

$$T_{\text{DET}} = T_0 + \cfrac{I_{\text{DET}}(1 - R)\alpha}{\rho \cdot C_{\text{P}}\left\{1/\Delta t + k\alpha\sqrt{\pi}\bigg/\left[r_{\text{e}} \cdot \arctan\left(\sqrt{\cfrac{4 \cdot k \cdot \Delta t}{r_{\text{e}}^2}}\right)\right]\right\}} \qquad (6-85)$$

式中,T_0为初始温度;R 为探测器表面对激光的反射率;α 为探测器对激光的吸收系数;ρ 为探测器材料密度;C_{P}为探测器材料比热;Δt 为激光在探测器上的驻留时间;k 为探测器材料的热导率。

思考题

1. 常用的光学隐身伪装效果评估方法有哪些? 不同方法的各自特点是什么?
2. 热红外隐身伪装效果评估中的主要评估参数有哪些? 这些参数如何测试并获取?
3. 典型的高光谱伪装性能评价方法有哪些?
4. 激光干扰评估的基本原理是什么?
5. 高能激光系统能力评估时主要包括哪几个方面?

参考文献

安富涛,王森,2017.地面装备目标特征测评方法研究现状及展望[J].兵器装备工程学报,
    38(4):82-86.

蔡伟,赵晓枫,等,2016.发射平台伪装与光电防护[M].西安:火箭军工程大学印刷厂.

曹义,刑欣,唐耿平,等,2012.隐身伪装技术基础[M].长沙:国防科技大学出版社.

陈伯良,李向阳,2022.航天红外成像探测器[M].北京:科学出版社.

程海峰,曹义,张朝阳,等,2012.伪装装饰材料性能检测与评价[M].长沙:国防科技大学
    出版社.

崔建涛,2015.高光谱遥感图像解混技术研究[D].杭州:浙江大学.

付小宁,王炳健,王荻,2012.光电定位与光电对抗[M].北京:电子工业出版社.

韩裕生,李从利,等,2021.光电制导技术[M].北京:国防工业出版社.

李卉,2012.光电防御系统作战效能评估方法研究[D].长春:中国科学院长春光学精密机
    械与物理研究所.

李旻,2017.激光武器的发展动向与分析[J].舰船电子工程,37(11):16-20.

李云霞,蒙文,等,2009.光电对抗原理与应用[M].西安:西安电子科技大学出版社.

刘京郊,2004.光电对抗技术与系统[M].北京:中国科学技术出版社.

刘晶儒,杜太焦,王立君,2014.高能激光系统试验与评估[M].北京:国防工业出版社.

刘松涛,王赫男,2012.光电对抗效果评估方法研究[J].光电技术应用,27(6):1-7.

刘松涛,王龙涛,刘振兴,2022.光电对抗原理[M].北京:国防工业出版社.

刘志敬,2012.光电干扰技术及干扰效果评估技术[D].长春:长春理工大学.

苏君红,2015.红外材料与探测技术[M].杭州:浙江科学技术出版社.

田国良,柳钦火,陈良富,等,2014.热红外遥感[M].北京:电子工业出版社.

王展,李洁,2017.基于背景的迷彩伪装设计与综合评价方法[M].北京:科学出版社.

薛模根,韩裕生,罗晓琳,等,2021.光电防御系统与技术[M].北京:国防工业出版社.

薛模根,罗晓琳,韩裕生,等,2021.末端综合光电防御系统与技术[M].北京:国防工业出
    版社.

阎吉祥,2016.激光武器[M].北京:国防工业出版社.

杨照金,崔东旭,2014.军用目标伪装隐身技术概论[M].北京:国防工业出版社.

张兵,高连如,2011.高光谱图像分类与目标探测[M].北京:科学出版社.

张合,江小华,2015.目标探测与识别技术[M].北京:北京理工大学出版社.

张文攀,刘艳芳,殷瑞光,等,2013.对激光精确制导武器干扰效果仿真评估标准初探
    [J].红外与激光工程,42(4):900-903.